Rudolf Cantz · Wesenszüge der Elektrizität

Rudolf Cantz

Wesenszüge der Elektrizität

in Experimenten
und typischen Anwendungen

Mit einem Abschnitt über
Datenverarbeitung
von Andreas Heertsch

1988
Verlag der
Kooperative Dürnau

3. Auflage 1988

Herausgegeben vom
Forschungslaboratorium am Goetheanum
im Rahmen der Anthroposophischen Buch Cooperative

Verlag der Kooperative Dürnau
D-7952 Dürnau, Im Winkel 11

Gesamtherstellung Kooperative Dürnau

ISBN 3-88861-016-8

«Eigentlich unternehmen wir umsonst, das Wesen eines Dinges auszudrücken. *Wirkungen* werden wir gewahr, und eine vollständige Geschichte dieser Wirkungen umfasste wohl allenfalls das Wesen jenes Dinges. Vergebens bemühen wir uns, den Charakter eines Menschen zu schildern: man stelle dagegen seine Handlungen, seine Taten zusammen, und ein Bild des Charakters wird uns entgegentreten.»

Johann Wolfgang Goethe

INHALT

7

Einleitung

Durch die Elektrizität hat unser Jahrhundert Umgestaltungen des menschlichen Daseins erfahren, wie sie innerhalb der Zeit geschichtlicher Überlieferung ohne Beispiel sind. Dabei muß jedoch festgestellt werden: Gerade das Wissen um die Elektrizität als solche, und ebenso die vielfältigen, oftmals recht genialen Ideen, welche dann die technischen Ausgestaltungen ermöglichten, sind nur einer kleinen Minderheit unserer Zeitgenossen wirklich vertraut. Dies, trotzdem in den zivilisierten Ländern im Physikunterricht der Schulen Elektrizitätslehre «durchgenommen» wird. Die Erinnerung daran bleibt meist, auch bei Kulturträgern, gering und unsicher. Die Folge ist, daß die Allgemeinheit oftmals überrascht hinnehmen muß, was der Fachwelt und Industrie an innovativen Techniken einfällt; vielleicht als Quittung dafür, daß die Fachleute im Ausdenken zu sehr alleingelassen und damit gewissermaßen kulturell ausgeklammert waren. Ähnliches gilt heute für die Chemie und Lebensmittel-Verarbeitung sowie weitere Gebiete.

Das vorliegende Elektrizitätsbuch entstand im Blick auf diese Situation. Vor dem Verfasser stand auch das Bestreben von Physiklehrern, insbesondere solcher von *Rudolf Steiner-Schulen*, nach einer lebensgemäßeren Gestaltung des Physikunterrichtes, und er verdankt wichtige Gesichtspunkte der gemeinsamen Arbeit mit ihnen.

Während nun die Veränderungen unseres praktischen Lebens durch Elektrotechnik und Elektronik uns heute überall begegnen und uns auch zunehmend bedrängen, blieb ein anderes mit unserem Jahrhundert einsetzendes Geschehen in der breiten Öffentlichkeit bis vor kurzem ziemlich unbeachtet: die Begründung einer erneuerten Wissenschaft vom Geistigen im Menschen und in der Welt in der Anthroposophie *Rudolf Steiners*, der schon gegen Ende des vorigen Jahrhunderts eine gründliche philosophische Vorarbeit dafür geleistet hatte [33-36]. Was *Goethe* als «anschauende Urteilskraft» beschrieben und betätigt hatte, findet sich bei *Steiner* in eine differenzierte Darstellung exakter geistiger Forschungsmethoden weitergeführt [37-40]. Mit der Problematik «Mensch und Elektrizität» hat dies auf zweierlei Weise zu tun: Einerseits ist die von *Steiner* allgemein geschilderte Erkenntnis-Methodik geeignet, in viele mit dem Verhältnis des Menschen zu seinen Betätigungen und seiner Umgebung zusammenhängenden Fragen tiefer einzudringen. Andererseits sind in Steiners Schriften und Vorträgen eine ganze Anzahl Bemerkungen über die Elektrizität in den verschiedensten Situationen zu finden. Beim Abfassen der vorliegenden Ausführungen wurde immer wieder auf seine diesbezüglichen und sonstigen Erkenntnisse zurückgegriffen, soweit als dies möglich, passend und für den Leser auch ohne besondere anthroposophische Vorstudien einsichtig erschien.

Geisteswissenschaft im Sinne *Rudolf Steiners* sucht in allem Wahrnehmbaren die Äußerung von Geistig-Wesenhaftem. Steiner beschrieb eine Stufenfolge für alles Entstandene [41]:

Wesen
Offenbarung
Wirksamkeit
Werk

Der heutige Mensch lebt zunächst mit seinem klaren Bewußtsein in einer «Werkwelt». Seine «strenge Wissenschaft» liefert eigentlich nur Aussagen über Verhältnisse im Gewordenen mit der Voraussetzung unveränderlicher Naturgesetze. In alten Überlieferungen dagegen finden sich Schilderungen göttlichen Schöpfungswirkens. Und moderne Informationstheoretiker kommen zu dem Ergebnis, daß organische Formen nicht bloß durch noch so komplexes Zusammenwirken physischer Gesetze mit statistischen Unsicherheiten entstanden sein können, daß vielmehr höher Informationsartiges hereingewirkt haben müsse [14]. Beides kann einen Erkenntnissucher unserer Zeit nicht befriedigen. Er sieht sich auf konkrete Beobachtung und deren geistige Verarbeitung gewiesen. Vor seinen physischen Sinnen hat er das «Gewordene». Aber – liegt es nicht doch in den Möglichkeiten des heutigen Menschen, erkennend auch an die dem «Werk» vorausgehenden Werdestufen geistig heranzukommen? Bei technischen Schöpfungen des Menschen ist dies prinzipiell klar. Jede Patentschrift z. B. umfaßt einen entsprechend gegliederten Inhalt: Nennung des Erfinders, Offenbarung der Erfindungsgedanken, Schilderung und Begründung der Wirkensweise (ggf. Nachweis der Wirksamkeit an einem funktionsfähigen Modell), sowie die Darstellung mindestens einer Ausführungsform. In einer sehr anderen Lage sind wir allerdings gegenüber demjenigen, was wir primär, z.B. in der Natur, schon vorfinden. Dort bemerken wir oftmals Schönheit und weisheitsvolle Einrichtung von Naturwesen. Unseren Sinnen zeigen sich dann nicht die ggf. von uns postulierten Wesen mit schöpferischer, gestaltender Intelligenz. Doch können wir solchen «übersinnlichen» Wesen trotzdem näherkommen.

Schon die altgriechische Philosophie weist den Forschenden auf die intensiv zu pflegende Seelenfähigkeit des «Staunens» über seine Wahrnehmung. Und *Goethe* erklärt, daß es dann gelte, nicht vorzeitig ein theoretisches Urteil zu fällen, sondern von den Dingen selber sich belehren zu lassen; denselben anzusehen, welche Gedankenformen zur Beschreibung ihnen entsprechen. *Rudolf Steiner* hat dann beschrieben [43], daß eine länger geübte Bemühung, sich in weisheitsvollen Einklang mit den Welterscheinungen zu setzen und eine innere Ergebenheit gegenüber den Tatsachen zu entwickeln, weiterführt: dazu, daß auf das zu Beobachtende hin jeweils spezifische Regsamkeiten in der Seele bewußt werden. «Und so wird, was Sinneswelt ist, wie zu einem Meer von in der mannigfaltigsten Weise differenziertem Willen.» In diesen spezifischen Willens-Qualitäten haben wir tatsächlich die Offenbarungen geistiger Weltwesen. –

In den ersten Kapiteln des Buches geht es um Begegnungen mit dem in der Elektrizität und dem Magnetismus waltenden Willen. Dies geschieht an Hand einer Anzahl von Experimenten, welche zum Teil in anderer Form als in den Physikbüchern, und möglichst konkret geschildert sind. Einige besondere dafür verwendete Apparate sind in einem Technischen Anhang (Kap. 28) in Schaltbildern und Kurzbeschreibungen dargestellt, so daß sie ggf. von interessierten Schülergruppen oder sonst praktisch nachgebaut werden können. – Nach dem ersten, wesentlich physikalischen Teil des Buches wird ein Blick auf die Gliederungsmöglichkeit von Elektrotechnik und Elektronik geworfen und anschließend werden typische Anwendungen der Elektrizität auch neuester Art besprochen, welche große Verbreitung und bedeutenden Einfluß auf die Zivilisation gefunden haben.

Bei alledem mußten sich die Ausführungen stets auf eine geeignete Auswahl beschränken. Für die eigentliche Aufgabe dieses Buches dürfte dies jedoch ausreichen. Denn wer die darin geschilderten Gegenstände gründlich kennengelernt haben wird, hat dadurch das Besondere des Einstiegs in die Welt des Elektrizitätswesens erfahren und wird die übrigen Gebiete dann viel weniger fremd und in ähnlicher Weise zugänglich finden. Verzichtet wurde auf eine nähere Erörterung der Fragen, welche den Antrieb der Kraftwerks-Generatoren betreffen. Die Diskussion darüber ist seit längerem Gegenstand vieler Veröffentlichungen, besonders in Bezug auf die Anwendung der Kernenergie, deren Schwierigkeiten und Gefahren immer weniger verharmlost werden konnten. Der Abschnitt über Datenverarbeitung mußte auf die wichtigsten grundsätzlichen Ideen und Gesichtspunkte beschränkt werden. Das Gebiet der Anwendungen ist so weitverzweigt und noch so sehr im Fluß, daß eine weitergehende Darstellung im Rahmen dieses Buches nicht in Betracht kommen konnte.

Die Autoren sind sich bewußt, daß die Darstellungen im Buch bezüglich ihrem Verständnis-Zugang sich auf recht verschiedenen Niveaus bewegen. Doch wurde nach Möglichkeit versucht, die Aufmerksamkeit gerade auf die Klippen für ein gedankliches Durchdringen zu lenken. Dabei war keine vorgefaßte Systematik zugrundezulegen. Ob elektrische «Felder» oder «Ladungen» das Primäre seien, sollte nicht statuiert werden. Die Blickpunkte sollten je nach der einzelnen Frage gewählt werden können. – Auch möge verstanden werden, daß Spannungsangaben in Volt und sogar eine Mikroampere-Angabe der Stromstärke schon in vorderen Abschnitten erscheinen, während diese Meßgrößen erst weiter hinten sinngemäß eingeführt werden. Im Blick auf die sehr verschiedenen Voraussetzungen bei den zu erwartenden Lesern und den möglichen Umfang des Buches, war solches kaum zu vermeiden. Es war eben angestrebt, wesentliche Züge eines heute schon unabsehbaren Gebietes herauszugreifen und teilweise neu zu beleuchten.

Der Naturwissenschaftlichen Sektion am Goetheanum danke ich für die Bereitstellung der erforderlichen Arbeitsmöglichkeiten und Hilfsmittel. Sehr herzlicher Dank gebührt den Herren Dr. Jochen Bockemühl und Dr. Georg Maier für viele wertvolle Anregungen und Hinweise, sowie Herrn Slobodan Velicki für die sorgfältigen Foto- und Zeichenarbeiten, und den Damen Käthe Ahrens, Ursula Meier und Christa Saladin für Reinschrift-Arbeiten.

1. Saugende Kräfte

Zwei jahrtausendealte Entdeckungen stehen am Ausgangspunkt unserer Kenntnisse von Elektrizität und Magnetismus: die Beobachtungen am Bernstein und am Magneteisenstein, welche eine merkwürdige Art von Saugfähigkeit dieser Mineralien offenbarten. Der heutige Mensch begegnet schon im frühen Kindesalter den Magnetwirkungen. Wir können versuchen, uns das damalige Erstaunen wieder deutlich zu vergegenwärtigen. Wir bemerkten ja ein Heranziehen über räumliche Abstände hinweg. Es war, wie wenn uns «Zauberei» als Tatsache entgegengetreten wäre. Schon das Wort «Magnet», dessen Herkunft – etwa von der Stadt Magnesia – nicht eindeutig geklärt ist, erinnert an «Magie»!

Psychologisch betrachtet mag der überraschend fremdartige Eindruck solcher Kraftwirkungen damit zu tun haben, daß der Mensch selber Gegenstände nur bewegen kann, indem er sie körperlich unmittelbar oder mittels Werkzeugen anfaßt, schiebt oder stößt, vielleicht auch bloß mit Luft anbläst oder mit Hilfe eines mechanisch abgeschlossenen, verdünnte Luft enthaltenden Hohlraumes (Mundhöhle, Röhrchen) ansaugt. Eine Anziehung oder Abstoßung ohne etwas dazwischen Wirksames liegt somit außerhalb unserer physisch-körperlichen Eigen-Erfahrung. *Rudolf Steiner* durchschaute, wie eigentlich «alle physikalischen Erklärungen versteckte Anthropomorphismen» sind [33], und wie die einfachsten mechanischen Zusammenhänge entsprechend dem, was wir mit unseren Gliedern erfahren haben, von uns – scheinbar «apriorisch» – verstanden werden. Dem Ideal solcher vordergründig mechanistischen «Erklärbarkeit» genügen die hier in Frage stehenden Erscheinungen eben nicht. Das machte sie zum aufregenden Rätsel für die theoretisch denkenden Physiker. Schon *Isaak Newton* (1643–1727), auf den die Vorstellung von einer allgemeinen «Gravitations-Anziehung» sowohl zwischen der Erde und ihren Gegenständen (Schwerkraft), als auch zwischen den Körpern im Weltenraum hauptsächlich zurückgeführt wird, stand selbst in größter Verlegenheit vor der mit einer solchen «Fernkraft» ihm auftauchenden Denkschwierigkeit. Er schrieb darüber in einem Brief [27]: «... daß ein Körper auf einen anderen über einen Abstand durch ein Vakuum hindurch wirken sollte, ohne die Vermittlung von etwas Anderem, durch und über welches seine Wirkung und Kraft vom Einen zum Anderen übertragen würde, ist für mich eine so große Absurdität, daß ich glaube, niemand, der in philosophischen Dingen eine kompetente Denkfähigkeit besitzt, kann jemals darauf verfallen.» Und doch mußte er resignieren gegenüber der Aufgabe, eine nähere Vorstellung von solchem Vermittelnden zu bilden: «Ich mache keine Hypothesen!»

Magnetversuche

Auf die Gravitationsfrage werden wir noch zurückkommen. Hier haben wir zunächst festzustellen: «Magnetische» und «elektrische» Kraftwirkungen über Abstände hinweg gibt es eben wirklich, und eine solche Tatsache kann niemand abstreiten. Dabei machen wir die Erfahrung, daß diese Anziehungs- und Abstoßungskräfte umso stärker werden, je kleiner die räumlichen Abstände sind. Bei Magneten zeigt sich, daß die Kräfte vor allem von zwei einander gegenüberliegenden Stellen ausgehen, welche man als die Pole des Magneten bezeichnet. Bei Experimenten mit zwei Magneten stoßen wir dann bekanntlich auf eine unterschiedliche Wirkung der zwei Pole von jedem dieser Magnete, derart, daß sich entweder Anziehung oder Abstoßung des genäherten Poles des anderen Magneten ergibt. Ferner war festgestellt worden, daß kleine stäbchenförmige Magnete, wenn man sie in ihrer Mitte so unterstützt, daß sie sich in beliebige Richtung einstellen können, dies so tun, daß sie in der Nord-Süd-Lage zur Ruhe kommen. So kam es zur Konstruktion des Magnetkompasses. Das nach Norden weisende Ende seiner Magnetnadel wurde «nordmagnetisch» und das andere «südmagnetisch» genannt. Da der Kompaß in verschiedensten Erdgebieten in gleicher Weise zu gebrauchen ist, konnte *William Gilbert* (1540–1603) lehren, die Erdkugel als einen einzigen, großen Magneten anzusehen.

Die obigen Benennungen haben dann die Konsequenz, daß wegen der Anziehungsregel für ungleichnamige Magnetpole die Erde als Magnet auf ihrer Nordhalbkugel als südmagnetisch und auf ihrer Südhalbkugel als nordmagnetisch zu gelten hat.

Im Schulunterricht können besonders die folgenden Experimente einen lebendigen Eindruck von den Magnetkräften vermitteln. Möglichst jeder Schüler sollte Gelegenheit bekommen, diese selbst zu erproben.

14

Wir nehmen zwei gleiche Magnete in Form von kurzen Zylindern, welche in Achsrichtung magnetisiert sind, in je eine Hand. Bei gegenseitiger Annäherung der beiden fühlen wir die anziehende – oder abstoßende – Kraft, je nachdem, welche Pole einander zugekehrt sind.

Sodann legen wir den einen dieser Magnete mit einer der kreisförmigen Polflächen auf eine glatte Tischplatte, und in einigem Abstand den zweiten. Je nachdem, welcher Pol des zweiten oben ist, erfolgt wiederum Anziehung oder Abstoßung über Entfernungen von einigen cm.

Bei einem weiteren Versuch auf möglichst genau horizontaler Tischplatte legen wir den einen Magneten mit horizontaler Achse so auf, daß er gerade noch nicht wegrollt. Das Anziehungsexperiment gelingt dann in Rollrichtung über eine größere Entfernung hin. Wenn wir ebenso das Abstoßungsexperiment versuchen, so tritt Überraschendes ein: der hingelegte Magnet macht eine schnelle Kehrtwendung und wird wiederum angezogen! Schon beim Halten der beiden Magneten in den Händen konnte im Abstoßungsfall eine Tendenz zum Ausweichen gespürt werden. Es besteht Ähnlichkeit mit dem «labilen» Gleichgewicht, wo bei der kleinsten Veranlassung Umschlagen eintritt.

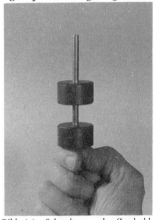

Bild 1.1.: Schwebeversuch. (Leybold-Heraeus, Physik). Zwei zylindrische Magnete, wobei der obere von dem Mittelstab geführt und durch Abstoßungskräfte getragen wird.

Wenn die beiden Magnete wie üblich mit achsialem Mittelloch versehen sind, können wir sie leicht gleitfähig auf einen Rundstab aus Messing (magnetisch neutral!) stecken, und dadurch beim Abstoßungsversuch das Umwenden verhindern. Bei aufrecht gehaltenem Stab ergibt dies den «Schwebe-Versuch» (Bild 1.1).

Einen weiteren Abstoßungsversuch mit Hilfe eines Hufeisen-Magneten und zwei Drahtstiften zeigt Bild 1.2.: Die Stifte stellen sich in einen nach den Köpfen zu geöffneten Winkel. Berührt man sie mit der Hand und will sie parallel stellen, so ist die seitliche Kraft deutlich wahrnehmbar.

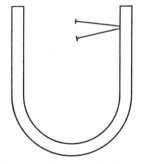

Bild 1.2.: Magnet mit 2 benachbarten Nägeln im Feld zwischen den Polen.

Großer Magnet

Aus einer Anzahl größerer, axial magnetisierter Oxidmagnetscheiben und zwei Flacheisen zur Polverlängerung kann ein äußerst kräftiger Magnet zusammengebaut werden (Bild 1.3). Eine weitere solche Platte aus Flacheisen, welche er an seine Polenden heranreißt, ist nur mit großer menschlicher Kraftanstrengung wieder zu entfernen, indem man sie zunächst seitlich wegbewegt, um die Anziehungsfläche zu verkleinern. – Ist dieser «Eisenschluß» wieder behoben, so kann dieser Magnet zu folgenden Versuchen benützt werden (weitere werden in späteren Abschnitten noch beschrieben):

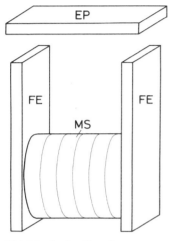

Bild 1.3.: Starker Versuchsmagnet aus 6 Oxidmagnetscheiben MS (je 72 mm Ø, 15 mm dick) und 2 Flacheisen FE (je 150 x 80 x 10 mm). Dazu ein weiteres solches Flacheisen als «Eisenschlußplatte» (EP).

Wir nehmen ein relativ kleines, längsmagnetisiertes Stäbchen, wie solche z.B. in manchen Magnetschlössern eingebaut sind. Um die «Äquatorebene» dieses Stäbchens schlingen wir ein feines Bändchen, an dem wir das Stäbchen in horizontaler Gleichgewichtslage hängend halten können. Im freien Raum stellt es sich dann wie eine Kompaßnadel schwingend allmählich in die erdmagnetische Nord-Süd-Richtung ein. Bringen wir nun den beschriebenen starken Magneten von weitem näher heran, und drehen ihn in der Horizontalebene in verschiedene Richtungen, so können wir schon bei 1 m Abstand deutliche Richtungsänderungen des aufgehängten Stäbchens bemerken. In nur 50 cm Abstand zwischen Magnet und Stäbchen zeigt sich dann auch schon ein bedeutend schnelleres Hin- und Herschwingen des letzteren. – Nachdem das Aufhängebändchen in dieser Entfernung noch ziemlich genau vertikal geblieben war, macht sich bei nur noch 15 cm Entfernung des großen Magneten schon ein Hingezogenwerden des Stäbchens geltend, und das Schwingen desselben um die Mittellage ist schon mit dem schnellen Flattern von Schmetterlingsflügeln vergleichbar (Bild 1.4). Eine einfache mathematisch-physikalische Berechnung ergibt, daß die Schwingfrequenz mit der Quadratwurzel aus der «magnetischen Feld-

Bild 1.4: Aufgehängtes Magnetstäbchen, im Feld des starken Versuchsmagneten, nach Anstoß schwingend.

stärke» wächst, welche der große Magnet am Ort des Stäbchens hervorruft (s. Kap. 7). Interessant sind dann besonders auch die verschiedenen Richtungsbeziehungen zwischen Stäbchen und Magnet in den verschiedensten gegenseitigen Lagen der beiden. Und sobald einer der Magnetpole dem Stäbchen besonders nahe kommt, wächst die Zugkraft im Aufhängebändchen derart, daß die Gefahr eines Herangerissenwerdens des Stäbchens an die Poloberfläche besteht.

Magnetfeld

In dem Raum um einen Magneten, soweit als darin Wirkungen desselben in Betracht kommen können, herrscht, wie man sagt, ein Magnetfeld. Dieser Begriff geht auf einen der allerbedeutendsten Physiker zurück, den Engländer *Michael Faraday* (1791–1867). Ihm gelang es, zu einer klaren Übersicht bezüglich der Wirkensrichtungen von Magneten beliebiger

Formen in deren Umgebung zu kommen. Wie dies möglich ist, sei zunächst an einem langgestreckten Stabmagneten verdeutlicht. Wir nehmen einen im Verhältnis zum Letzteren recht kleinen Kompaß zu Hilfe. Fahren wir, von irgend einer Stelle der Magnetoberfläche ausgehend, mit dem Kompaß jeweils stückchenweise in der Richtung, welche die Nadel dort einnimmt, immer weiter, so bewegen wir ihn längs einer alle diese Richtungen verbindenden «Feldlinie», bis wir an einem gegenüberliegenden Punkt der Magnetoberfläche ankommen (Bild 1.5). Vollführt man dies von den verschiedensten Oberflächenstellen aus, so erhält man ein ganzes Muster solcher Linien. In den Bildern 1.6 und 1.7 sind Feldbilder dargestellt, welche je für eine charakteristische Mittelebene des gezeichneten Magneten gelten. Bekannt sind auch die ungefähren Feldbilder, welche man mit Eisenfeilspänchen bekommen kann, die man z. B. auf ein über den Magneten gelegtes Kartonblatt aufstreut. Die Späne heften sich längs der Kraftrichtung aneinander, so daß hierdurch etwas wie ein Linienmuster erkennbar wird. Alle solchen zunächst für eine Ebene herstellbaren Bilder müssen selbstverständlich zusammen mit ihrer räumlichen Ergänzung vorgestellt werden. Durch den Magneten bestimmte, aber zunächst unsichtbare Strukturen durchziehen also dessen Umgebung. Sie offenbaren sich, wenn magnetisierbares Material wie z. B. Eisen sich darin orientieren kann.

Sinnige Betrachtung solcher Feldstrukturen führte *Faraday* zu dem Gedanken, daß deren Gestalten zu verstehen sind, wenn man sich ein Ziehen in Längsrichtung mit einem Auseinanderstreben in Querrichtung zusammenwirkend vorstellt. Auf einen solchen «Querdruck» weist uns auch der im vorigen Abschnitt beschriebene Versuch mit den 2 Drahtstiften.

Fassen wir nun noch das «Gegenüber» von Anfangs- und Endpunkten der Feldlinien ins Auge. Wir sprechen üblicherweise von den zwei Polen eines Magneten. Wo diese Anfangs- und Endpunkte am dichtesten liegen, haben wir die Oberflächenteile der Polgebiete vor uns. Wir können nun unsere Feldvorstellungen noch ergänzen, indem wir uns die Linien auch im Inneren des Magnetkörpers fortgesetzt denken, derart, daß sie wieder zu ihren Anfangspunkten hingelangen. Dabei werden wir sinngemäß voraussetzen, daß auch im Inneren des Magnetmaterials die *Faradayschen* Prinzipien von Längszug und Querdruck gelten. Demnach sind sie auch dort ohne gegenseitige Berührung oder gar Überschneidung verlaufend zu denken. Es ergibt sich hieraus, daß wir uns, genaugenommen, nicht

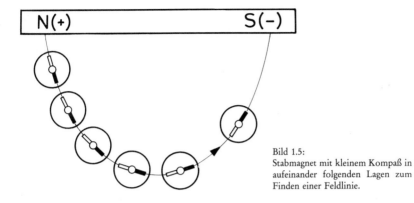

Bild 1.5:
Stabmagnet mit kleinem Kompaß in aufeinander folgenden Lagen zum Finden einer Feldlinie.

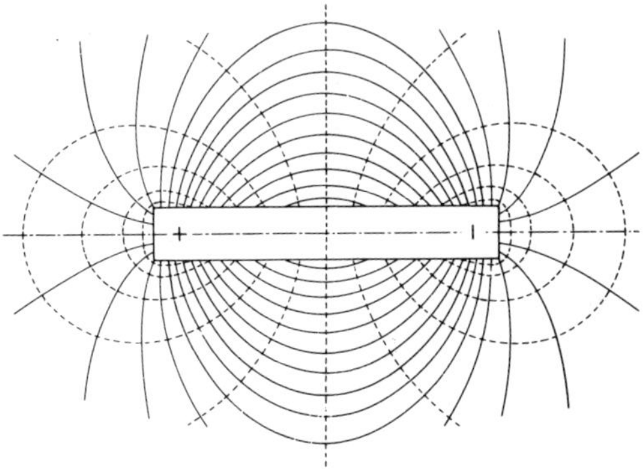

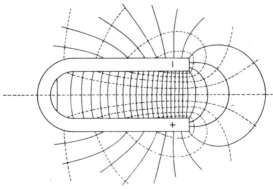

Bild 1.6:
Feldbild eines Stabmagneten

Bild 1.7:
Feldbild eines Hufeisenmagneten

19

etwa punktförmige Pole im Innern eines Magneten ausdenken dürfen! Vielmehr haben wir es nur mit «Polgebieten» ohne scharfe seitliche Abgrenzungen zu tun. – Es entspricht einer Verabredung, daß wir den Richtungssinn der Feldlinien im Außenfeld eines Magneten immer vom Nordpol zum Südpol hin ansetzen. Ein über den Inhalt der Anziehungs/Abstoßungsregel und deren Beziehung zu dem genannten Richtungssinn hinausgehender, qualitativer Unterschied zwischen Nordmagnetismus (Pluspol) und Südmagnetismus (Minuspol) von physikalischen Magneten ist nicht gefunden worden. Ferner gibt es keinen Magnetismus mit nur *einem* Pol.

Auf welcher «Seins-Ebene» haben wir nun das Magnetfeld im Außenraum zu suchen? Da der Einfluß der Luft auf die gewöhnlichen magnetischen Erscheinungen außerordentlich gering ist, können wir den Umgebungsraum des Magneten für das Folgende wie einen nicht von Stofflichkeit erfüllten zugrundelegen. Das konkrete Feld darin bezeichnet für jeden Punkt desselben eine ganz bestimmte, nach Richtung und Größe angebbare Einflußmöglichkeit auf hineinzubringende Gegenstände kleinster Abmessungen, z.B. Meß-Sonden. Bei größerern magnetisierbaren Teilen würde das zu untersuchende Feld schon wesentlich verändert.

Das «Feld» bezeichnet also eine bestimmte, den Raum durchziehende Konfiguration, welche notwendige, aber nicht allein für einen sinnenfälligen Effekt hinreichende Bedingungen umfaßt. Mit *Hermann Bauer* [1] können wir den magnetischen und elektrischen Feldern «ein Dasein im Raume an der Grenze der Sinneswelt» zuschreiben. Sie sind physisch, aber für unsere Sinne noch unwahrnehmbar.

Zunächst war festgestellt worden, daß Magnete Eisen anziehen, und daß harte Stahlsorten «bleibend» magnetisch gemacht werden können. Weitere Versuche ergaben bald, daß auch die Metalle Nickel und Cobalt magnetisch affiziert werden. Endlich stellte sich heraus, daß in der Nähe der Pole sehr starker Magnete auf die verschiedensten Stoffe gewisse, allerdings äußerst schwache Kraftwirkungen stattfinden, teils so, daß diese ebenfalls im Sinne einer Anziehung wirken, teils aber auch, daß Abstoßungstendenz eintritt. Dementsprechend begann man, 3 Klassen von Stoffen hinsichtlich des Verhaltens im Magnetfeld zu unterscheiden; wir nennen sie

bei kräftigen Wirkungen   ferromagnetisch
bei schwacher Anziehung   paramagnetisch
bei schwacher Abstoßung   diamagnetisch.

Elektrostatische Kräfte

Bei Reibungselektrizität können wir bekanntlich ebenfalls Anziehungs- und Abstoßungseffekte beobachten. Wir haben es dabei mit völlig anderen stofflichen Gegebenheiten zu tun. Vor allem die modernen Kunststoffe in Gestalt von Folien, Geweben, Platten oder Stäben, auch Fußboden-Belägen, bringen leicht und oft unerwünscht solche Effekte hervor, welche z. b. zu bevorzugter Staubablagerung auf solchen Flächen führen.

Entsprechend wie im magnetischen Fall spricht man hier von einem elektrischen (elektrostatischen) Feld in dem dabei in Frage kommenden Raumgebiet. Für solche Felder gelten genauso die *Faradayschen* gestaltbestimmenden Prinzipien eines Längszuges und eines Auseinanderstrebens in Querrichtung der Feldlinien. Doch haben wir bei der Elektrizität eine weitere Möglichkeit, wie die Pole «plus» und «minus» an die Stofflichkeit gebunden erscheinen. So kann wohl ein einzelner, in ein elektrisches Feld gebrachter Gegenstand auf einer Seite positiv und auf der Gegenseite negativ elektrisch wirken, wie ein in ein Magnetfeld gebrachtes Eisenstück auf der einen Seite nordmagnetisch und auf der anderen südmagnetisch wird. Doch ist im elektrischen Fall auch eine Trennung der Polaritäten möglich. Es zeigen sich z. B. Oberflächengebiete auf einem Rohr aus PVC (Polyvinylchlorid) oder Acrylglas «negativ aufgeladen», während sich die zugehörige positive Polarität von dem Lappen, mit welchem das Rohr durch Reiben elektrisiert wurde, inzwischen auf die ganze gegenständliche Umgebung in dem Raum verteilt hat. Ein Unterschied ergibt sich auch, wenn einerseits von einem Magneten, andererseits von einem elektrisch geladenen Körper kleine Gegenstände angezogen werden. An einem Dauermagneten bleiben die Nägel oder Eisenfeilspäne solange hängen, bis wir sie wieder künstlich entfernen. Bei Papierschnitzeln, welche elektrisch angezogen werden, beobachten wir unter Umständen ebenfalls ein Hängenbleiben; oft kommt es jedoch auch zu einem Wiederwegschleudern der Schnitzel. Im letzteren Fall hat dann das betreffende Schnitzelchen als Ganzes die gleichnamige Ladung von dem elektrisierten Körper mit übernommen, so daß Abstoßung eintritt. Extrem trockenes Papier bleibt eher hängen, indem es seine entgegengesetzte Ladung weitgehend behält.

Allgemein sind die mechanischen Kraftwirkungen im elektrostatischen Fall bei weitem nicht von der Gewalt, wie solche von Magneten

hervorgebracht werden können. Die Kräfte, welche dann von «Elektromotoren» entwickelt werden, beruhen auch keineswegs auf elektrostati-
scher Wirksamkeit, sondern wiederum auf entsprechender Anwendung
von Magnetismus, welcher mittels elektrischen Stromes hervorgerufen
wird (s. Kap. 7!).

Psychische Relevanz

Der Mensch steht heute einer vielfältigen Anwendung der magnetischen
und elektrischen Kräftewelten gegenüber, und unsere Zivilisation drängt
zu weiterer Vermehrung derselben. Dies führt immer stärker zu der Frage, in welchem Verhältnis diese Kräfte zum Wesen des Menschen stehen.
Das Hinschauen auf vordergründige soziale Auswirkungen greift noch
nicht tief genug. Es gilt, einen Sinn für unterschiedliche Kräfte-Qualitä-
ten zu entwickeln. Vor langer Zeit erfuhr der Autor mündlich von einer
Äußerung *Rudolf Steiners* (literarisch bisher nicht aufgefunden) über die
Lokomotiv-Antriebe, etwa so: Werden wir mit Dampfkraft gefahren, so
werden wir «geschoben», mit Dieselkraft «gestoßen» und mit elektrischer Kraft «durch den Raum gesaugt». Der letztere Bahnmotor funktioniert ja durch elektrisch erregte magnetische Anziehungskräfte zwischen
einem in der Lokomotive fest eingebauten elektromagnetischen Pol-
kranz und den Polen, welche sich am Läuferumfang des Motors in jedem
Moment elektromagnetisch neu ausbilden (Kap. 17). Wenn wir ein Gefühl für die 3 verschiedenen Antriebskräfte genauer ins Bewußtsein rufen, so werden wir das Geschoben- oder Gestoßenwerden als einen vielleicht groben, aber im Grund ehrlichen Vorgang erleben, den im Elektromotor wirkenden Sog aber doch einigermaßen unheimlich. Ja, können solche Anziehungs- und Abstoßungskräfte uns nicht so erscheinen,
daß sie wie im Bilde etwas hinstellen, was wir innerhalb des Seelischen
kennen als ein Wirken von Sympathie und Antipathie, jener Grundkräf-
te des Seelenlebens? Dort finden wir diese in der *Gefühls*-Sphäre, und der
Mensch hat es in der Hand, sich von diesen Tendenzen zum Sinnvollen,
Guten oder auch zum Schlechten führen zu lassen: zum unbeherrschten
Ansichreißenwollen oder Vonsichstoßen. In den physisch-technischen
Magnetwirkungen haben wir nun etwas, wo Sympathie- und Antipathie-
Artiges sogleich wie in der *Willens*-Sphäre, und eben gewaltsam auftritt. –

Im Unterschied zu den starken, technischen Magnetkräften ergibt der Erdmagnetismus mit seinen im Verhältnis dazu geringen Feldstärken nur Richtwirkungen und damit Orientierungshilfen; nicht nur für den Menschen mit dem Kompaß, sondern auch für tierische und sogar Mikro-Organismen. Außerdem ist seine lenkende und teilweise abweisende Wirkung auf bestimmte kosmische Strahlungen von Bedeutung.

Die Verwunderung über die Magnetwirkungen ist nun beim Erwachsenen meist längst vergessen; durch die Gewöhnung ist sie seinem Bewußtsein entsunken. Es entspricht jedoch einer modernen Lebenseinstellung, sich diese noch nicht recht bewältigte Fremdheit gerade bewußt zu vergegenwärtigen.

Gravitation

Betrachten wir im Vergleich zu den auf Zweipoligkeiten gegründeten Kräften des Elektrischen und Magnetischen noch dasjenige, was – seit *Newton* – als Gravitationskräfte gedeutet wird, indem Schwere-Erscheinungen auf der Erde und postulierte Anziehungskräfte zwischen den Körpern im Weltraum als gleichartig verursacht zusammengefaßt werden. Im Jahre 1683 hatte *Newton* sein «Anziehungsgesetz» formuliert, und ein Jahrhundert später fand der französische Physiker *Charles Auguste Coulomb* (1736–1806), daß sich ein Gesetz gleicher mathematischer Form für die gegenseitige Anziehung sowohl zweier elektrischer Ladungen, als auch zweier magnetischer Pole aufstellen ließ. Die gemeinsame Formel für die Anziehungskraft F kann man folgendermaßen schreiben:

$$F = k \cdot \frac{m_1 \cdot m_2}{a^2}$$

Rechts steht zunächst ein angepaßter Faktor k, dann im Zähler

a) das Produkt der beiden Massen
b) das Produkt der beiden Ladungsmengen
c) das Produkt der beiden Polstärken

und im Nenner das Quadrat des Abstandes a. Dieses für die ominösen «Fernkräfte» aufgestellte Anziehungsgesetz prägte weitgehend die Physik des vorigen Jahrhunderts. Mittels der von *Coulomb* ersonnenen hochempfindlichen Drehwaage war es gelungen, entsprechende Messungen für alle 3 Gebiete mit Erfolg auszuführen. So konnten entsprechende Meßgrößen definiert, oder die betreffende Konstante k ermittelt werden. Damit war also auch das Gewicht eines Körpers als Wirkung einer Anziehungskraft zur Erde hin gedeutet. Aber hier ergab sich etwas Besonderes. Die Schwere zeigt sich nämlich nicht nur als eine zum Erdmittelpunkt gerichtete Kraft. Wir stellen z.B. einen Wagen mit Rädern geringstmöglicher Reibung auf eine recht genau horizontale Fläche. Der Kraftstoß, welchen wir brauchen, um dem Wagen eine bestimmte Geschwindigkeit zu erteilen, muß jetzt umso größer sein, je größer die «schwere Masse» des Wagens ist. Diese setzt unserer Bemühung ihren «Trägheitswiderstand», sozusagen eine Anti-Kraft, entgegen. Wir fühlen dadurch die Schwere des Wagens. Einen im Idealfall gleich großen Kraftstoß müssen wir in Gegenrichtung anwenden, um den rollenden Wagen wieder zum Stillstand zu bringen. Dabei erleben wir den vorher dem Wagen erteilten Bewegungsimpuls jetzt als aktiv vom Wagen ausgehend. Es ist weithin üblich, auch diese Tendenz des Wagens, weiterzurollen, mit dem Ausdruck «Trägheitswirkung» zu belegen – aber dies schlägt eigentlich einem gesunden Sprachempfinden ins Gesicht! Etwas harmloser ist es, hier von Beharrungsvermögen zu sprechen. Aber warum nicht von «Schwungwirkung»?

Weitere Besonderheiten der Schwere sind die folgenden: Ein Zweiradfahrer muß bekanntlich eine Kurve in Schrägstellung durchfahren, um nicht zu Boden zu gehen. Fahren wir mit der Eisenbahn durch eine Kurve, so scheinen umgekehrt die Gebäude und Masten schräg zu stehen. Am auffälligsten dann, wenn wir kurzzeitig vorher die Augen schließen und dann wieder zum Fenster hinausblicken. Noch krasser können wir im Flugzeug erleben, daß die Erdoberfläche beim Schleifenflug wie eine abfallende Dachfläche mehr neben uns als unter uns zu sehen ist, und dabei so eine Art Torkelbewegung um uns herum ausführt, während wir selber uns viel schwerer fühlen als normal. In einem Lift fühlen wir uns im Moment eines Abwärtsstarts oder des Haltens nach dem Aufwärtsfahren plötzlich leicht, und beim Aufwärtsstart oder beim Aufsetzen unten besonders schwer. – Vergegenwärtigen wir uns ferner Bewegungen im Weltraum, z.B. eine die Erdkugel mit abgestellten Treibdüsen umkreisende Satellitenkapsel. Sie führt eine Bewegung aus, bei welcher sie, anstatt zur Erde zu fallen, in gleichem Abstand von dieser dahinsaust. Zugleich befinden sich die Insassen in einem sehr merkwürdigen Verhältnis zu ihrer Umgebung. Wenn einer einen Gegenstand aus der Hand losläßt, schwebt dieser relativ langsam in einer fast zufällig erscheinenden Richtung z. B. zur Kapselwand. Ein gewöhnliches Zubodenfallen gibt es nicht. Eine Flüssigkeit in eine Tasse zu gießen, einen Löffel zum Schöpfen zu gebrauchen, ist unmöglich. Auch fühlen diese Raumfahrer dann keine Körperschwere in Gestalt eines Druckes etwa gegenüber einem Sitz; vielmehr müssen sie z. B. durch einen Gurt daran gehalten werden. Dies alles, obwohl die Kapsel z. B. nur etwa 300 km oberhalb der Meeresoberfläche dahinfliegt und dabei nur etwa 4,7 % weiter vom Erdmittelpunkt entfernt ist als auf der letzteren. Das heißt, daß die Anziehungskraft nach *Newton* dort nur um 9,1 % geringer wäre als auf der Meereshöhe.

Es sind also nicht einfach Anziehungseffekte, welche in den Schwere-Erscheinungen physikalisch und sinnenfällig zutage treten. Und doch postuliert *Newton* in seinem «system of the world» eine Anziehungskraft gemäß seiner Formel, welche dann im Zusammenwirken mit der Zentrifugalkraft, d. h. also wiederum einer «Massenkraft», die Phänomene hervorbringe. Auch die Bewegungen der Himmelskörper versteht er so, daß bei ihnen eine gegenseitige Kompensation dieser beiden Kräfte stattfinde. Wir können fragen, wodurch sich eine solche künstlich anmutende gedankliche Konstruktion rechtfertigen läßt, nachdem in den *Keplerschen* Gesetzen noch rein hypothesenfrei der Sachverhalt ausgedrückt war. Für die rechnerische Behandlung astronomischer Bewegungen erwies sich allerdings *Newtons* Ansatz als genialer Kunstgriff insofern, als ein zum Quadrat der Entfernung umgekehrt proportionaler Einfluß explizit erfaßt werden konnte. Nur folgt daraus für die freien Bewegungen im Weltenraum nicht, daß eine entsprechende Gravitations-«Kraft» hier physisch eingreifen würde. Im Kosmos herrscht somit nicht ein Ziehen und Zerren, wie im Falle magnetischer oder elektrischer Anziehungswirkungen. Die Bewegungen folgen, wie dies in der Bedeutung des griechischen Mysterienwortes «Kosmos» schon liegt, einer genauen und schönen Ordnung, aber ohne Zwang, harmonikal im Sinne *Johannes Keplers*. Dies gilt nun auch für die vom Menschen hinausbeförderten Raumfahrzeuge, sobald sich diese ohne einen weiteren Antrieb in einer entsprechenden Bahn bewegen. Es wird dabei der «schwerelose» Zustand zur Tatsache. Allerdings nur, bis wieder irgendwelche Antriebs- oder Abbrems-Düsen in Betrieb gesetzt werden. Im damit verbundenen Abweichen von der rein kosmisch bedingten Bahnbewegung treten der angewendeten Kraft proportionale Schwere-Effekte ein.

Rudolf Steiner forderte dazu auf, an Stelle des Hinzudenkens von Kräften zu den Weltenkörpern darauf hinzuschauen, wie sie miteinander ein Ganzes darstellen. Ja er gebraucht das Beispiel: «Wenn ich meine Hand an die Stirne lege, so wird es mir nicht einfallen, zu sagen: meine Stirne zieht die Hand an» [48] (6. Vortrag). Wir hatten *Newtons* eigene Bedenken kennengelernt, materiellen Körpern eine ihnen selbst innewohnende Wirkung in die Ferne zuzuschreiben. Dafür können wir volles Verständnis haben.

Andererseits haben wir es beim Magnetismus und bei der Elektrizität zwischen bestimmten Körpern mit mechanischen Anziehungswirkungen zu tun, welche sie ohne entsprechende Vorbehandlungen nicht hätten. Daß tonangebende Physiker meinten, solche mechanischen Wirkungen könnten nur durch Vermittlung über einen quasi-mechanisch gedachten Äther erklärt werden, haben wir psychologisch zu verstehen versucht. Rein erkenntnistheoretisch ist ein solches Bedürfnis nach mechanistischer Erklärbarkeit nicht zu rechtfertigen. *Goethe* blickte unbefangen auf den Magneten und das mit ihm Geschehende: er nannte es ein Urphänomen. Und er sagte: «Die Phänomene sind selbst die Lehre.» [15]. Sie können als Äußerungen verschiedener Arten von Weltenkräften gesehen werden. Wir lernen diese in dem Maße kennen, in welchem wir deren Wirkungen unter den mannigfaltigsten Umständen zu studieren vermögen. Es kommt dabei auch die Herkunft der Kräfte in Betracht. Beim Naturmagneten denken wir z. B. an einen vorherigen Blitzeinschlag in nächster Nähe des nachherigen Fundortes, wodurch das Mineral nach dem in Kap. 7 beschriebenen Prinzip magnetisiert wurde. Dasselbe wird auch unter Verwendung maschinell erzeugten elektrischen Stromes zur Herstellung künstlicher Magnete angewandt. Und die Voraussetzung für elektrische Anziehung schaffen wir ebenfalls vorher z. B. durch Reiben. Die Materialien, an denen diese Kräfte nachher in Wirksamkeit treten, bergen diese somit auf Grund von Tatsachen aus ihrer Vergangenheit.

2. Versuche mit elektrischen Ladungen

Wir lenken im Folgenden den Blick auf die Zusammenhänge bei elektrischen Aufladungen, d.h. auf das Gebiet der Elektrostatik. «-Statik» ist hierbei nicht so eng zu verstehen, daß jede zeitliche Änderung ausgeschlossen sein sollte; vielmehr gehören die Vorgänge des Entstehens von Ladungen (z.B. durch Reibung) und des Verschwindens von solchen insoweit mit hinein, als es dabei nicht speziell darauf ankommt, wie schnell diese Änderungen erfolgen (sobald die Änderungsgeschwindigkeiten als solche wesentlich bestimmend in die Wirkungen eingehen, spricht man von «Elektrodynamik»).

In der heutigen Zeit der Kunststoffe macht wohl jeder seine Erfahrungen mit dem Entstehen von Elektrizität durch reibende Berührung. Verpackungsfolien bleiben an der Hand hängen, beim Ausziehen eines Pullovers über der Unterkleidung knistert es, und es erscheint ein in der Dunkelheit sichtbares Glimmern. Oder wir nehmen ein Fünkchen und einen leichten, stechenden Schmerz wahr, wenn wir daran sind, eine Türklinke oder ein Geländer anzufassen. Schon in der Mitte des 16. Jahrhunderts hatte *William Gilbert* in London eine Anzahl Materialien untersucht, ob sie gleich dem früher allein dafür bekannten Bernstein Anziehungswirkungen zeigen, und er hatte diese Kraft nach dem griechischen Namen des Bernsteins eine «vis electrica» genannt.

Einige Grunderfahrungen sammeln wir zweckmäßig mit dem schon weiter oben erwähnten Rohr aus PVC, welches am besten etwa 80 cm lang sein und ca. 3 bis 4 cm Außendurchmesser haben sollte. Die Probekörperchen für die Versuche können wir dem in einem Papierlocher angesammelten Abfall entnehmen. Reiben wir nun das Rohr *nur ein kurzes Stück weit*, z.B. mit einem Wollhandschuh, so zeigt sich, daß ausschließlich von der geriebenen Stelle eine Wirkung ausgeübt werden kann. Wir können von Wirksamkeits-Inseln sprechen und bezeichnen das PVC-Material als «Isolator» = Inselbildner für die Elektrisierung. Wollen wir den Versuch mit verschiedenen Stellen des Rohres wiederholen, so muß es dazwischen unelektrisch gemacht werden. Dazu nehmen wir ein Schwammtuch, das zuerst naß gemacht und dann gut ausgedrückt wird, und wischen mit diesem die Rohroberfläche ab; daraufhin wird das Rohr sofort kräftig schwingend durch die Luft bewegt und so ohne irgend eine nochmalige Berührung getrocknet.

Diesem Versuch stellen wir den folgenden gegenüber: Auf einen isolierenden Untersatz, etwa eine Dose aus Polystyrol, setzen wir eine oben offene Blechbüchse und hängen eine Anzahl abgeknickter Papierstreifen über deren oberen Rand, so daß die längeren Enden dieser Streifen an der Zylinder-Außenfläche nach unten hängen. Wir können nun die Blechbüchse elektrisieren, indem wir die Oberfläche des vorher kräftig geriebenen PVC-Rohres mit der Blechbüchse an einer beliebigen Stelle derselben zur Berührung bringen und den ganzen Vorgang mehrmals wiederholen. Jetzt zeigt sich eine Spreizung sämtlicher Papierstreifen gegen außen (Bild 2.1). Wir haben also von der einen Stelle aus der ganzen Büchse elektrische Aktivität vermittelt, indem das metallische Material deren Ausbreitung über die gesamte

Bild 2.1: Blechbüchse auf Polystroldose, geladen, mit gespreizten Papierstreifen.

Oberfläche ermöglichte. Berühren wir anschließend die Büchse an irgend einer Stelle mit dem Finger, so gehen die Papierstreifen in ihre Ruhelage zurück; die elektrische «Ladung» hat sich über den Finger auf die Körperoberfläche des Experimentators und meist noch weiterhin verteilt und damit praktisch bis zur Unmerklichkeit verdünnt. Im Gegensatz zu einem Isolator würden wir das Metall, aber auch den menschlichen Körper richtigerweise als «Dissipatoren» (von dem lateinischen Wort dissipare = ausbreiten, verteilen) bezeichnen. Statt dessen hat sich der Ausdruck «Elektrizitäts-Leiter» oder «Konduktor» eingebürgert. Eine solche Bezeichnung schließt eigentlich, streng begrifflich betrachtet, schon mit ein, daß diese Materialien noch von Isolierendem umgeben sind (z. B. isolierende Stützen und Luft). Nur unter diesen Umständen ist eine Anordnung geeignet, die elektrische Wirkensmöglichkeit an einen bestimmten Ort zu «leiten». Eine Wasserleitung kann ja auch nicht bloß in einem langgestreckten Loch «ohne etwas herum» bestehen, sondern es muß eine Rohrwand von genügender Festigkeit mit inbegriffen sein.

28

Für die Isolations- oder Dissipations-Eigenschaften der verschiedenen Stoffe gibt es zwischen bestimmten Kristallen und Kunststoffen auf der einen Seite und Metallen wie Silber, Kupfer, Gold, Aluminium auf der anderen Seite eine ungeheure Spanne von Abstufungen. Als Meßgröße dafür wurde der «spezifische Widerstand» eingeführt, welcher in Kap. 8 erläutert wird. Zu berücksichtigen ist auch, daß für Versuche wie die vorstehend geschilderten nicht völlig trockenes Papier oder Holz noch als Dissipatoren wirken und somit geeignet sind, elektrische Ladungen zu übernehmen oder abzuleiten, während dieselben Stoffe für sonstige Zwecke praktisch als nichtleitend anzusehen sind.

Bei dem Versuch mit der isoliert aufgestellten Blechbüchse hatten wir eine Abstoßungswirkung auf die Papierstreifen, als «Elektrizitätsnachweis» benutzt. Die Streifen hatten eine Ladung derselben Polarität wie die Büchse angenommen, mit der sie in Kontakt waren. Auf diesem Abstoßungsprinzip beruhen die einfachen Elektroskope mit zwei parallel herabhängenden Metallfolienblättchen, sowie das «Braunsche Elektrometer» (Bild 2.2), welches (als Spannungsmesser, s. Kap. 8!) zu Messungen der Stärke von Aufladungen dienen kann. Diese einfachen Instrumente sind allerdings nicht zur unmittelbaren Unterscheidung zwischen einer positiven und einer negativen Elektrisierung geeignet. Sie gelingt dann nur, indem man eine Hilfs-Ladung bekannter Polarität noch dazubringt. Wird dadurch der Aus-

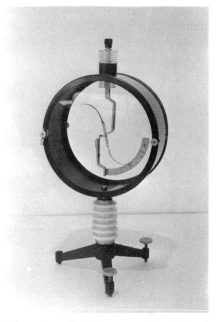

Bild 2.2: Braunsches Elektrometer, auf 2000 Volt aufgeladen. Der um den Mittelpunkt drehbare, sehr leichte Zeiger wird von dem mäanderförmigen Aufhängebalken abgestoßen.

schlag vergrößert, so handelt es sich um dieselbe Polarität, bei Verminderung um die entgegengesetzte.

Um die Erscheinungen des Entstehens und Verschwindens von Ladungen einschließlich der sogenannten Influenzwirkungen in gut über-

schaubarer Weise studieren zu können, ist ein polaritätsanzeigendes Meßinstrument von großem Vorteil. Als solches benutzen wir einen modernen elektrometrischen Verstärker (Ladungsverstärker), welchem ein Zei-
gerinstrument mit Nullpunkt in der Skalenmitte nachgeschaltet ist. Es
kann hiergegen eingewandt werden, daß wir auf Grund des vorangehend
Dargestellten ja noch nicht verstehen können, wie diese Meß-Anordnung funktioniert. Doch gibt es Gründe, weshalb wir dieses Verständnis
beim Leser auf einen späteren Zeitpunkt glauben verschieben zu dürfen.
Da die Anordnung die gewünschten Meßwerte nach der rechten, positiven und der linken, negativen Seite eben tatsächlich liefert, können wir
damit schon einmal systematisch die fraglichen Verhältnisse untersuchen. Die so gewonnenen Resultate werden uns dann später auch zum
Verständnis der Meß-Anordnung zugute kommen. Diese ist mit ihrer
Funktionsweise im «Technischen Anhang» genau beschrieben.

Hier sei an Hand von Bild 2.3 das für unseren Gebrauch Wichtige angegeben. Ein sonst allseitig geschlossenes, längliches Metallgehäuse hat
auf seiner Oberseite eine quadratische Aussparung. In dieser ist auf gleicher Ebene, aber isoliert, die «empfindliche Platte» EP angebracht. Mittels eines Drehknopfes am gegenüberliegenden Ende des Metallkastens

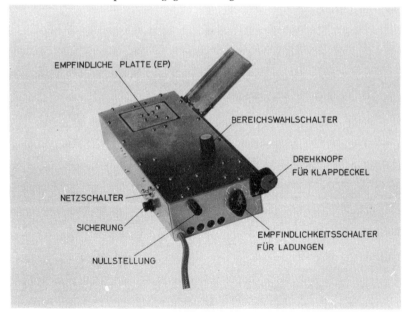

Bild 2.3: Empfindlicher elektrometrischer Verstärker (Ladungsverstärker).

kann über eine entsprechend lange Bedienungsachse ein Klappdeckel betätigt werden, der die Öffnung mit der EP abdecken oder freigeben kann. An derselben Stirnseite wie dieser Drehknopf sind dann noch ein Empfindlichkeits-Wahlschalter, eine Null-Kontrolle und die Anschlüsse für das Anzeigeinstrument zu finden. Der Empfindlichkeitsschalter ist so eingerichtet, daß er in seinen Zwischenstellungen die EP mit dem Gehäuse verbindet, womit also die EP ladungsfrei gemacht werden kann; dazu wird dann auch der Klappdeckel geschlossen.

Erste Versuche mit dem polaritätsanzeigenden Meßgerät führen wir wie folgt aus: Das Metallgehäuse wird mit einer «Erdleitung» verbunden. Der Empfindlichkeitsschalter, welcher bei Nichtgebrauch auf einer der Zwischenstellungen stehen soll, bleibt nach dem Einschalten des Geräts noch in dieser, bis wir uns überzeugt haben, daß der Instrumentzeiger genau auf 0 steht. Der Knopf für die Nullkontrolle ermöglicht ein Nachstellen. Danach drehen wir den Schalter in die unempfindlichste der 3 Empfindlichkeitsstufen und öffnen den Klappdeckel. Jetzt nehmen wir z. B. ein Lineal aus Acrylglas und reiben es mit einem Wollhandschuh. Wenn wir dieses nun der EP nähern, so schlägt der Zeiger aus, und geht beim Wegnehmen des Lineals wieder zurück. Machen wir aber den gleichen Versuch bei geschlossenem Klappdeckel, so reagiert der Zeiger nicht auf die Annäherung des Lineals. Der Metalldeckel wirkt also, wie man sagt, als Abschirmung!

Ebenso können wir (bei wieder geöffnetem Deckel) das Elektrisiertwerden durch Reibung bei den verschiedensten Materialien untersuchen. Sogenannte organische Kunststoffe in fester Form nehmen fast immer die negative Polarität an, Mineralglas normalerweise die positive. In mancher physikalischen Sammlung ist dann ein Glas-Rundstab zu finden, dessen eine Hälfte glatt und dessen andere aufgerauht ist. Mit diesem können wir die überraschende Feststellung machen, daß das Reiben der rauhen Seite zu einer negativen Elektrisierung führt, während beim Reiben der glatten Seite erwartungsgemäß eine positive erscheint.

Nähern wir statt des geriebenen Gegenstandes den Wollhandschuh der EP, so geht der Zeigerausschlag auf die jeweilige Gegenseite, aber meist weniger weit. Auch sollte man für diesen Versuch nach dem Reiben nicht lange warten. Denn die Isolation der Wollfasern gegenüber der Hand des Experimentators ist meist relativ unvollkommen.

Auch Metalle können, wenn sie an einem isolierenden Stiel gehalten werden, durch Reiben elektrisiert werden. Dies gelingt besonders, wenn die Gegenfläche nicht nur isolierend, sondern auch relativ hart ist, damit punktuell ein genügender Flächendruck entsteht. Eine kleine vernickelte Messingkugel von 1,7 cm Durchmesser am Ende eines langen, relativ dünnen Isolierstiels mit Metall-Handgriff, welche wir als «Probekugel» im Folgenden verschiedentlich verwenden werden, wird beim Reiben auf einer isolierenden Platte positiv elektrisch, was sich wieder beim Annähern dieser Kugel an die EP zeigt (Bild 2.4).

Bild 2.4: Ladungsverstärker mit Anzeige-Instrument. Die geladene Probekugel, der EP genähert, bewirkt einen Zeigerausschlag.

Bei allen diesen Versuchen verschwindet der Zeigerausschlag wieder, wenn wir den elektrisierten Gegenstand nachher weit genug von der EP wegbringen; ebenso, wenn wir die Klappe schließen.

Für unsere weiteren Experimente ist es zweckmäßig, wenn wir zum Hervorrufen von Elektrizität nicht auf das Reiben angewiesen sind, welches ja verständlicherweise nicht jedesmal eine gleich starke Elektrisierung erbringt. Wir benutzen statt dessen ein kleines Hilfsgerät, das – an eine 220 Volt-Steckdose angeschlossen – eine Spannung von Plus oder Minus 1240 Volt liefert. Es enthält einen Diodengleichrichter in Spannungsvervielfacher-Schaltung und Schutzwiderstände, so daß eine versehentliche Berührung mit der Hand ungefährlich bleibt. Eine nähere Beschreibung dieser Gleichspannungsquelle findet sich im Technischen Anhang (Kap. 28). Damit wir die Spannung von dieser einfach durch Berühren mit der Probekugel «abgreifen» können, befestigen wir je einen Steck-Kabelschuh an der Plus- und an der Minus-Apparateklemme des Gerätchens (Bild 2.5). Wir machen nun das Meßgerät mit der EP durch Einstellen der mittleren Empfindlichkeitsstufe (evtl. nach vorheriger Null-Nachstellung) und Öffnen des Klappdeckels betriebsbereit. Die Gleichspannungsquelle setzen wir in Reichweite, aber so, daß sie beim Einschalten noch keine störende Ausschlagsänderung des Instrumentzeigers bewirkt. Die Probekugel mit Isolierstiel machen wir elektrisch neu-

Bild 2.5: Kleines Hilfsgerät mit Netz-Gleichrichter für + oder – 1240 Volt, für Elektrostatik-Versuche

tral, indem wir wie oben den letzteren mit dem zuerst nassen und dann stark ausgedrückten Schwammtuch auf der ganzen Isolierfläche abwischen und durch Schwingen in der Luft abtrocknen, sowie die Kugel mit dem geerdeten Metallgehäuse des Meßgerätes in Berührung bringen. Wir überzeugen uns von der Ladungsfreiheit der Probekugel samt ihrem Stiel, indem wir diese in die Nähe der EP (wenige cm Abstand) halten. Nun berühren wir mit der Probekugel z.B. den positiven Kabelschuh an der eingeschalteten Spannungsquelle und halten die Kugel darauf wieder in die Nähe der EP: der Zeiger geht auf die positive Seite; nach Umschalten der Gleichspannungsquelle auf die Minusseite und dem Berühren des negativen Kabelschuhs mit der Probekugel geht der Zeiger entsprechend auf die negative Seite.

Nun schalten wir das Meßgerät auf die Stufe geringster Ladungs-Empfindlichkeit. Beim Wiederholen der letztgenannten Versuche ergeben sich jetzt viel kleinere Ausschläge. Nun aber können wir die an der Gleichspannungsquelle «aufgeladene» Kugel auch direkt mit der EP zur Berührung bringen, wodurch sich ein größerer Ausschlag ergibt. Während aber vorher die Ausschläge beim Wiederentfernen der Kugel nach Null zurückgingen, bleibt diesmal der Ausschlag genau bestehen, und dies auch dann, wenn wir jetzt den Klappdeckel über der EP schließen. Während also bei der bloßen Annährung eines elektrisierten Gegenstandes nur eine «reversible» Beeinflussung (sogenannter Influenzvorgang) auf die EP ausgeübt wurde, haben wir jetzt durch die metallische Berührung der EP eine bleibende «Ladung» vermittelt, welche, wenn wir weiter nichts unternehmen, erst in längerer Zeit infolge von Unvollkommenheiten der Isolation sich wieder verlieren wird. – Wir führen jetzt den Versuch noch weiter, indem wir die Kugel neu aufladen und nochmals die EP damit berühren: der Zeigerausschlag verdoppelt sich; und beim weiteren Wiederholen vergrößert er sich weiterhin entsprechend. Indem wir so die Elektrizität gewissermaßen herüberlöffeln können, wird uns der Begriff «Ladung» deutlicher.

Um diese Aufladung der EP wieder zu beseitigen, brauchen wir dann nur am Spalt zwischen der EP und dem Metallgehäuse die Probekugel zur metallischen Berührung mit beiden zugleich, oder den Empfindlichkeitsschalter in eine der Zwischenstellungen zu bringen: der Zeiger geht auf Null. Wir können aber auch, statt dessen, die Probekugel jetzt an der Gleichspannungsquelle mit der umgekehrten Polarität aufladen und die EP damit wieder berühren. Dies bewirkt dann eine Verminderung des vorher erreichten Ausschlags im entsprechenden Maß!

Der Versuch mit dem «Herüberlöffeln» darf uns allerdings nicht dazu verführen, eine elektrische Aufladung uns etwa flüssigkeitsähnlich vorzustellen. Dies können wir an den folgenden Becherversuchen nach *Faraday* (1791–1867) erfahren. Wir nehmen nochmals den Blechzylinder auf der isolierenden Polystyroldose und laden diesen auf, indem wir den positiven Kabelschuh-Pol unserer 1240 Volt-Spannungsquelle mit dem Blech kurzzeitig zur Berührung bringen. Das Meßgerät haben wir in einigem Abstand davon stehen, so daß sich dessen Zeiger bei geöffnetem Deckel und mittlerer Empfindlichkeitsstufe während des Ladevorganges nicht störend bewegt. Jetzt können wir mit der Probekugel eine Ladung außen vom Zylinder abnehmen und durch Annähern der kleinen Kugel an die EP einen Ausschlag nach rechts bekommen. Darauf entladen wir die Kugel, indem wir mit ihr den Metallkasten des Meßgerätes berühren. Nun wiederholen wir den Versuch so geändert, daß wir die Probekugel zum Aufladen nur mit der Innenfläche des Blechzylinders, etwa in Mittelhöhe, oder wenn der letztere einen blechernen Boden hat, mit diesem in Berührung bringen. Beim Wiederprüfen der Probekugel bleibt nun der Zeiger auf Null! Wir müssen somit feststellen, daß sich in diesem Innenbereich des Zylinders keine Ladung ausgebildet haben kann; d. h. daß die «Ladungsdichte» trotz der metallischen Leitfähigkeit des Zylinders nicht überall gleich und merklich ist. Wir finden nun auch, daß die Aufladung der Probekugel ein Maximum zeigt, wenn wir diese am Rand der Außenfläche vornehmen. An Enden, Kanten, Ecken und gar Spitzen drängen sich die elektrischen Feldlinien am dichtesten zusammen, und die Feldwirkungen werden dort am intensivsten. All dies zeigt, daß wir uns den elektrisierten Blechzylinder keinesfalls wie «mit Elektrizität gefüllt» vorstellen dürfen. Vielmehr haben wir durch das Aufladen die Möglichkeit geschaffen zu Wirkungen des elektrischen Feldes, welches sich von dem Zylinder nach den Gegenständen besonders seiner näheren Umgebung hin ausbreitet.

Nun können wir noch ein zunächst paradox erscheinendes Versuchsergebnis herbeiführen. Wir «wissen», daß wir einen geladenen Gegenstand wieder entladen können, indem wir denselben mit dem Ende eines geerdeten Drahtes (oft auch nur mit unserer Hand) berühren. Tun wir dies bei unserem geladenen Blechzylinder von außen, so muß diese Entladung gelingen: wir können dann mit der Probekugel nirgends mehr eine Ladung von dem Zylinder abnehmen. Nun laden wir den Zylinder neu und gehen mit dem Ende des geerdeten Drahtes, ohne den Zylinder damit irgendwo außen zu berühren, ins Innere desselben dorthin, wo wir vorher mit der Probekugel gar keine merkliche Ladung abnehmen konnten, bis zur Berührung, und müssen nun feststellen, daß auch jetzt eine Entladung eintritt. Mit der Feldvorstellung läßt sich aber auch dieses Ergebnis in Einklang bringen. Schon durch das Annähern des Drahtes an den Zylinder erfolgt eine Änderung des gesamten Feldes, und durch das Hereinführen des Drahtendes in das vorher fast feldfreie Innere, mit der Annäherung an die Innenfläche, eine immer stärkere Ausbildung eines Feldes zwischen dieser Fläche und dem Drahtende, bis dann – evtl. schon kurz vor einer metallischen Berührung durch Überspringen eines kleinen Funkens – die Entladung erfolgt. Im Gegensatz zu dem Erdungsdraht als einem von weit draußen bis in das Zylinder-Innere reichenden Gebildes stellte – im früheren Versuch – die Probekugel an ihrem dünnen Isolierstiel keinen Gegenstand dar, welcher eine wesentliche Feldänderung bewirken und der Probekugel eine Ladung hätte vermitteln können.

Ein nächster Versuch mag sich sinngemäß daran anschließen: Nachdem der Blechzylinder wieder aufgeladen ist, strecken wir den Finger der

Bild 2.6: Abnahme einer influenzierten Ladung von der Fingerspitze mit der Probekugel.

einen Hand bis auf einen Abstand von etwa 4 cm nach diesem Zylinder hin, und führen mit der anderen Hand die Probekugel, sie am Handgriff haltend, so vor die Fingerspitze hin, daß sie, diese berührend, noch näher der Zylinderfläche gegenübersteht (s. Bild 2.6!). Nach der Berührung fahren wir mit der Probekugel weg und bringen sie in die Nähe der EP: es ist ein deutlicher Zeigerausschlag zu bemerken, und zwar jetzt nach links, also der Seite entgegengesetzter Polarität. So können wir sagen, daß die positive Ladung des Zylinders – wiederum durch «Influenz» – eine entgegengesetzte Ladung über die Fingerspitze nach der Probekugel herangezogen hat. Durch die nachherige Trennung der Kugel vom Finger bleibt diese Ladung auf der Probekugel, ohne wieder abfließen zu können, bis wir sie, z.B. das Meßgerät-Gehäuse mit ihr berührend, wieder unelektrisch machen.

Wenn wir irgendwelche elektrischen Wirkungen der beschriebenen Arten feststellen, können wir uns mit der Faradayschen Feldvorstellung, welche dann vor allem von *James Clerk Maxwell* (1831–1879) mathematisch durchgearbeitet wurde, orientieren. Elektrische Feldlinien laufen von einem elektrisierten Gegenstand zu anderen Gegenständen. In den Bildern 2.7 und 2.8 ist jeweils links eine geladene Metallkugel dargestellt, und dieser steht, wiederum auf isolierender Stütze, ein länglicher Metallzylinder gegenüber. Ganz rechts eine geerdete, z.B. ebenfalls metallische Wand. Nach den schon beim Magnetfeld erwähnten Regeln ergibt sich ein Feldbild für die Mittelebene wie gezeichnet. In der Raumgeometrie der Feldbilder wie in derjenigen von Flüssigkeitsströmungen gelten mathematische Beziehungen gleicher Form. Die Feldlinien entsprechen den «Stromlinien», natürlich mit dem Unterschied, daß im elektrischen Feld – soweit sich dieses in einem nichtleitenden Medium ausbildet – keine strömende Bewegung und keine Trägheits- bzw.

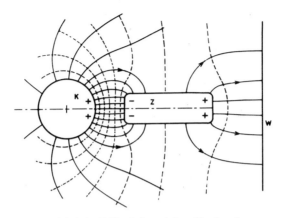

Bild 2.7: Elektrisches Feld zwischen geladener Kugel, vorher ungeladenem Metallzylinder und geerdeter Wand.

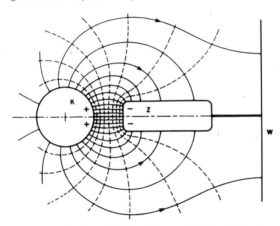

Bild 2.8: Elektrisches Feld in Anordnung wie in Bild 2.7, jedoch für ebenfalls geerdeten Metallzylinder.

Schwung-Effekte statthaben. Doch spricht man wegen der Analogie auch hier von einem Gesamt-«Fluß» (Q) und auch von einer Flußdichte (D) des elektrischen Feldes. – Der geladenen Kugel schreibt der Physiker eine bestimmte «Spannung» (U), auch Potential genannt, gegenüber der Wand zu. Diese Spannung verteilt sich über die Länge jeder Feldlinie und wird dort, wo diese Linie an der Wand ankommt, zu Null. Der Wert ihres Absinkens pro Längeneinheit auf dieser Linie für jeden Ort auf derselben wird «elektrische Feldstärke» (E) genannt. Spannung wird somit als etwas über die Länge hin Wirkendes (Linienintegral über die Feld-

37

stärke) begrifflich gefaßt. «Ladungen» finden wir dann immer dort, wo Feldlinien anfangen und wo sie aufhören (oder allgemeiner: in ein anderes Medium übertreten). Ladungen sind also über die Fläche, und der Gesamtfluß ist über den Querschnitt des elektrischen Feldes verteilt (Flächenintegral über die Fluß-Dichte). So haben wir also in den gezeichneten Bildern 2.7 und 2.8 nicht nur auf den Metallkörpern, welche «auf Spannung» sind, positive Ladungen, sondern auch auf den geerdeten Körpern, deren Spannung mit Null zu bezeichnen ist, Ladungen entgegengesetzter Polarität. Bild 2.8 unterscheidet sich von Bild 2.7 dadurch, daß der mittlere Metallzylinder durch einen Draht mit der geerdeten Wand verbunden ist.

Das räumliche Hingeordnetsein geeigneter Meßgrößen auf Abstände einerseits und auf Querschnitte oder Grenzflächen andererseits wird uns im Gebiet des Elektromagnetischen immer wieder begegnen. – Ein weiterer Versuch mag die vorigen Experimentalreihen ergänzen. Wir legen eine kreisrunde Metallplatte auf den Tisch und verbinden sie mit der Erde. Auf diese Platte dann eine mindestens ebenso große Platte aus gutem Isoliermaterial (PVC, Polystyrol, Acrylglas) und darauf eine weitere kreisrunde Metallplatte, soviel kleiner, daß nach jeder Seite ein Rand von mindestens etwa 3 cm Breite verbleibt. Die letztere Platte muß mit einem gut isolierenden Handgriff (in Richtung der Kreisachse) von etwa 15

Bild 2.9: Versuch mit Plattenkondensator: Links unten geerdete Platte; rechts oben abgehobene obere Platte. Auf- und abspringende Papierschnitzel. Hinten links Hilfsgerät.

bis 20 cm Länge versehen sein. Diese Platte laden wir nun mittels unserer netzbetriebenen Spannungsquelle durch Berühren mit deren spannungsführendem Kabelschuh auf 1240 Volt auf. Dann fassen wir sie am Handgriff möglichst weit oben und ziehen sie in möglichster Parallel-Lage nach oben weg. Wenn wir ihr jetzt den Fingerknöchel der anderen Hand nähern, können wir einen Funken von 1 bis 2 cm Länge aus der Platte «ziehen»: Diesem entspricht eine Überschlagsspannung, welche das 20 bis 30fache der ursprünglichen Ladespannung beträgt. Wir stellen also fest, daß nach einer solchen entgegen der Anziehungsrichtung erfolgten Bewegung der oberen Platte eine elektrische Wirkung über einen vielfach vergrößerten Abstand hinweg stattfinden kann. Die Größe der «Ladung» blieb dabei im Idealfall ungeändert, indem die Isolation ein «Abfließen» verhindert. Praktisch wird man allerdings in den meisten Fällen einen gewissen Ladungsverlust im Zusammenhang mit feinen Absprühvorgängen kaum vermeiden können. Jedenfalls wird man diese durch Verrunden der Kanten des Plattenrandes zu minimalisieren versuchen. – Statt einen Funken zu ziehen, können wir mit der neu aufgeladenen und abgehobenen Platte auf den Tisch gestreute Papierschnitzel zum Auf- und Abspringen nach dieser hin veranlassen (Bild 2.9).

Elektrisiermaschine

Um kräftige elektrische Wirkungen hervorzurufen, erfand schon gegen die Mitte des 17. Jahrhunderts *Otto von Guericke* (1602–1686) die erste Reibungselektrisiermaschine, indem er eine Kugel aus Schwefel herstellte und diese auf eine Drehachse setzte. Eine moderne, für den Schul-Physikunterricht geeignete Maschine zeigt Bild 2.10. Ein weites PVC-Rohrstück (ca. 30 cm Durchmesser), um eine Kurbelachse montiert, wird mittels eines porösen «Reibzeugs» (Polyester/Glasfaser-Gewebe mit Rückseite aus offenporigem Schaumstoff) elektrisiert und gibt seine Ladung über einen scharfkantigen, das Rohr beinahe berührenden Metallstreifen (sog. Kamm) an eine Konduktorplatte mit verrundetem Rand ab. Das Reibzeug, auf einer geeignet gebogenen Blechplatte montiert, die mit Federkraft gegen das Rohr gedrückt wird, bildet den Gegenpol und kann über eine Steckbuchse geerdet werden (Es empfiehlt sich, das Reibzeug von Zeit zu Zeit mit einer trockenen Handbürste zu reinigen.)

Bild 2.10: Elektrisiermaschine mit PVC-Trommel (Hersteller: Berufsbildendes Gemein-schaftswerk an der Freien Waldorfschule Kassel). Links federnd anliegendes Reibzeug, rechts Konduktorplatte.

Schon mit wenigen Kurbelumdrehungen kann die Konduktorplatte auf eine solche elektrische Spannung gebracht werden, daß ein Funke von bis zu 5 cm Länge auf den Fingerknöchel der genäherten Hand überspringt. Es werden Spannungswerte von 100 000 Volt erreicht; doch ist die auf der Konduktorplatte dabei angesammelte «Ladung» viel zu gering, um den Experimentator zu gefährden. Deutliche Zeigerausschläge an dem oben beschriebenen Meßgerät durch Einwirken auf dessen EP ergeben sich schon über mehrere Meter Abstand hinweg. – Ein auf einem Isolierschemel stehender Mensch, der die Hand auf den Konduktor der Maschine legt, kann so aufgeladen werden, daß sich dessen Haare «sträuben». Das Heruntersteigen des Betreffenden im aufgeladenen Zustand könnte je nach dem Fußboden oder den Gegenständen, mit denen er sonst zusammenkommt, eine zwar nicht gefährliche, aber doch unangenehme Funkenentladung vom Körper her zur Folge haben. Besser ist es, wenn er noch oben stehend mit der Hand am Konduktor mit diesem zusammen wieder «entladen» wird. Dies kann nach dem von *Benjamin Franklin* 1752 erfundenen Prinzip des «Blitzableiters» geschehen. Der Zweite, der vorher die Maschine gedreht hat, streckt einen spitzen Gegenstand, z. B. Bleistift, dem Konduktor entgegen und berührt ihn dann vollends mit der Spitze. Dabei erfolgt eine sanfte Sprüh-Entladung zwischen Spitze und Konduktor, die beim Abdunkeln des Raumes auch gesehen werden kann.

Für ein nächstes Experiment mit der Elektrisiermaschine stellen wir der Konduktorplatte eine zweite solche Platte in etwa 3 cm lichtem Abstand parallel gegenüber, die wir über eine «Laborstrippe» (isolierte Kupferlitze mit Bananensteckern) mit dem Reibzeuganschluß verbinden. Beim Drehen der Kurbel kommt es dann jeweils nach wenigen Umdrehungen zum Überschlagen eines Funkens zwischen den Platten. Wir geben nun dem Fuß der zweiten Konduktorplatte eine leicht nachgiebige Unterlage, z. B. ein zusammengefaltetes Papiertaschentuch. Jetzt kann beobachtet werden, wie sich die letztere Platte während jedes Auflade-vorgangs deutlich sichtbar auf die andere zubewegt und nach erfolgtem Überschlag wieder zurückkippt. Ein feines Sprühgeräusch, das hauptsächlich von der Elektrisiermaschine herrührt, macht sich bei jedem Aufladevorgang bemerkbar. Seine Zunahme bis zum Überschlag weist deutlich auf das Anwachsen der Spannung. Sowohl die für die Plattenbewegung maßgebliche Kraft, als auch die Ansammlung und Speicherung der elektrischen Ladungen auf den einander gegenüberstehenden Platten haben wir als elektrische Anziehungswirkungen zu betrachten. Die Funkenbildung hat dann jedesmal ein weitgehendes Verschwinden von Ladungen und Kraft zur Folge; der Funke spielt somit die Rolle eines Vernichters des elektrischen Zustandes.

Die Anordnung mit den zwei einander nahe gegenüberstehenden Konduktorplatten wird als Kondensator (= Verdichter der elektrischen Ladungen) bezeichnet. Die Ansammlungswirkung wird umso größer, je größer die Flächen sind und je geringer der Abstand zwischen diesen ist; das Letztere nur solange, als kein Überschlag erfolgt. Ein viel wirksamerer Kondensator war Mitte des 18. Jahrhunderts in Gestalt der «Leidener Flasche» erfunden worden [10]. In ihrer verbreitetsten Form besteht sie aus einem Glaszylinder mit Boden, der auf seiner Innen- und Außenfläche je eine Belegung mit Aluminiumfolie trägt. Die innere Belegung ist über eine zentrale Stange mit einem kugelförmigen Oben-Anschluß verbunden, die äußere mit einer Steckbuchse. Zwecks sicherer Isolation gegen Oberflächen-Gleitfunken über den oberen Glasrand reichen die Metallbelegungen nur bis weit unter diesen. So kann eine größere Leidener Flasche z. B. bis zu einer Spannung von 40 000 Volt aufgeladen werden, und ihre Ladung wird dabei trotz der kleineren Spannung etwa das Zwanzigfache im Vergleich mit dem vorher z. B. bis zum Überschlag bei 80 000 Volt aufgeladenen Konduktorplattenpaar. Indem wir dann eine Entladegabel mit Kugelenden und gut isolierendem langem Handgriff benützen, können wir, die rechte Kugel an den mit Erde verbundenen Gürtelreif der Leidenerflasche anlegend, zwischen dem Konduktorrand der Maschine und der linken Kugel einen Entladefunken überspringen lassen, der nun durch den sehr scharfen und lauten Knall und eine viel größere Helligkeit auffällt. Die größere Ladungsmenge erfordert übrigens schon zum Aufladen eine viel länger dauernde Kurbelarbeit (ca. 70 bis 80 Umdrehungen)! Entsprechende Vorsicht ist auch beim Umgang mit der stark aufgeladenen Leidener Flasche geboten: eine Entladung durch den menschlichen Körper könnte jetzt sehr ernste Folgen haben. Schon erheblich kleinere Ladungsmengen haben auf die ersten Experimentoren im vorletzten Jahrhundert äußerst schockierend gewirkt.

Nach dem Entladen durch einen Funken ist ein Kondensator oft noch nicht ganz frei von elektrischer Spannung, so daß beim Berühren Vorsicht geboten ist. Sogar wenn nochmals über eine Direktverbindung entladen wurde, kann ein Hochspannungskondensator wie von selbst wieder Spannung annehmen. Durch die vorausgegangene Ladung werden viele Isoliermaterialien so beansprucht, daß sie dies für lange Zeit nicht ganz «vergessen» können. So wie die Muskulatur unseres Arms nach längerem seitlichen Drücken gegen eine Wand nachher den Arm spontan nach außen führt, tritt hier eine «dielektrische Nachwirkung» ein, und dies bei Leidener Flaschen aus gutem Glas sogar viel weniger als bei modernen Kondensatoren in raumsparender Bauweise.

Neuerdings wird der hier angeführte Effekt auch für bestimmte Zwecke künstlich herbeigeführt. Die Kunststoff-Chemie hat Materialien entwickelt, welche bleibend elektrisch polarisiert werden können, indem man sie unter der Einwirkung eines von außen angesetzten kräftigen elektrischen Gleichspannungsfeldes erstarren läßt. In Analogie zu den (Dauer-) Magneten werden solche Produkte als «Elektrete» bezeichnet. Der Elektret ist dann fähig, elektrische Feldwirkungen auszuüben; doch ist er – als Isolator – nicht als Gleichstromquelle verwendbar.

Gegenüber den in Kap. 1 beschriebenen Magnetversuchen haben wir bei elektrischen Ladungen viel mehr Möglichkeiten des Manipulierens. Zwar sind die mathematischen Verhältnisse innerhalb eines elektrischen Feldes und innerhalb eines magnetischen Feldes genau einander entsprechend. Doch die Beziehungen zur Stofflichkeit sind bei Elektrizität und Magnetismus sehr verschieden, und bei der ersteren viel mannigfaltiger. Wir können Ladungen trennen oder z.B. schon durch punktuelle Berührung irgendwohin übertragen oder zum Verschwinden bringen. Für die beschriebenen Experimente waren auch ganz bestimmte Reihenfolgen der Handhabung (wie Rituale) einzuhalten, um jeweils ein sinngemäßes Ergebnis zu bekommen.

3. Ladungstransport durch die Luft

Wir verbinden den Konduktor der Elektrisiermaschine mit einer Spitzen-Elektrode auf einem Isolierständer, und richten diese Spitze gegen eine etwa 50 cm davon entfernte zweite Konduktorplatte. Letztere verbinden wir mit der Erde, indem wir noch ein empfindliches Mikroamperemeter in diese Verbindung legen. Das Reibzeug wird ebenfalls geerdet. Wenn wir jetzt an der Maschine drehen, so wird das Mikroamperemeter einen Strom von z. B. etwa 0,5 Mikroampere anzeigen. Zugleich können wir bemerken, daß wir aus dem Konduktor der Maschine nur noch Funken von einigen mm Länge erhalten, obwohl das Geräusch des Sprühens wie beim normalen Arbeiten der Maschine an dieser zu hören ist. An der Spitze bemerken wir dann bei genügender Abdunkelung des Raumes ein Leuchten und feine Strahlen wie winzige Blitze, welche von der Spitze ausgehen. – Halten wir die Hand in etwa 10 cm Entfernung vor die Spitze, so bemerken wir einen von derselben herkommenden Luftzug – dabei stellen wir fest, daß das Mikroamperemeter nur noch einen ganz geringen Ausschlag zeigt: wir fangen jetzt mit der Hand den Ladungstransport größtenteils ab. Dieser aber bedeutet elektrischen «Strom», zu dessen Messung das Mikroamperemeter eingerichtet ist (Kap. 8), der jedoch so schwach ist, daß wir ihn nicht spüren. – Auch auf andere Art können wir einen Teil des Stroms von der zweiten Platte weglenken: durch Blasen, besonders mit einem Ventilator oder Haartrockner.

Bei all diesen Versuchen schafft die Spitze mit ihrer Form die Möglichkeit, daß die von der Maschine erzeugte Elektrizität in die Luft übergehen kann. Wir denken uns die Feldlinien an dieser Spitze so konzentriert und die Feldstärke damit so groß, daß die Isolationsfähigkeit der Luft dort durchbrochen wird.

Anstelle einer lokalen Feldkonzentration wie derjenigen an einer Spitzenelektrode kann auch auf andere Weise die Luft veranlaßt werden, einen Ladungstransport bzw. Stromdurchgang zu ermöglichen. Wir können eine Kerzenflamme zwischen die in etwa 30 cm Abstand stehenden Konduktorplatten stellen: das Mikroamperemeter in der Erdverbindung der zweiten Platte zeigt wiederum einen Strom an, sobald die Elektrisiermaschine in Betrieb gesetzt ist. Dabei wird die Kerzenflamme in der Richtung des elektrischen Feldes verbreitert und die Flammenhöhe ver-

44

kleinert. Die Bilder 3.1 und 3.2 zeigen die Anordnung mit der Kerzenflamme. Auch hier genügt es also, in einem räumlich relativ wenig ausgedehnten Gebiet ein verändertes Luft-Verhalten (sogenannte Ionisierung) herbeizuführen, damit ein Ladungstransport über die ganze Strecke hin möglich wird. Die chemische Reaktion der Wachsdämpfe mit dem Luft-Sauerstoff bewirkt dies. – Weiteren Aufschluß erhalten wir, wenn wir unsere Probekugel und unser Meßgerät für Ladungen zu Hilfe nehmen, welches wir dazu allerdings in einigen Metern Entfernung von der Elektrisiermaschine auf einem gesonderten Tisch bereit machen. Wir halten nun, während die Maschine gedreht wird, die Probekugel auf die dem Maschinen-Konduktor zugewandte Seite der Kerzenflamme, in etwa 5 cm horizontalem Abstand von dieser, und prüfen sodann die abgegriffene Ladung durch Annähern an die EP: sie ergibt einen kräftigen Ausschlag des Zeigers nach der positiven Seite. Anschließend können wir feststellen, daß auch nach dem Entladen der kleinen Kugel durch Berühren des Metallkastens beim Wiederannähern an die EP noch ein erheblicher Rest an positiver Zeigerreaktion erscheint. Erst wenn wir auch, wie oben beschrieben, den isolierenden Stabteil mit dem feuchten

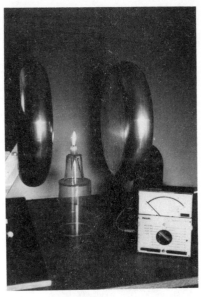

Bild 3.1: Kerzenflamme zwischen Kondensatorplatten, noch ohne elektrisches Feld.

Bild 3.2: Gleiche Anordnung mit eingeschaltetem Feld und Stromübergang (1,7 Mikroampere).

45

Schwammtuch und anschließendem Schwingen in der Luft neutralisiert haben, verschwindet auch dieser Rest-Effekt. – Der Gegenversuch mit einem Hineinhalten der Probekugel auf die andere, der geerdeten Platte zugewandten Seite der Kerzenflamme ergibt dann einen Zeigerausschlag nach der negativen Seite. So sind also in der Umgebung der Kerze «Raumladungen» in der Luft festzustellen, mit der einen oder anderen Polarität, je nach dem Ort, wo wir die Luft-Ladung abtasten.

Gesamtweg der Elektrizität

Schon beim «elektrischen Feld» war ein Kontinuitätsprinzip für den strömungsartigen Verlauf der Feldlinien als gültig gefunden worden, obwohl man es dabei ja nicht mit etwas wirklich Strömendem zu tun hat. Ein solches Prinzip wird erst recht dort postuliert werden, wo wir schon von einem Ladungstransport sprechen können, wie z. B. bei dem Versuch mit der an die Elektrisiermaschine angeschlossenen Spitzenelektrode. Wenn wir die der letzteren gegenübergestellte zweite Konduktorplatte durch Wegnehmen der Erdverbindung isoliert stehen lassen, so wird sich auf dieser Platte beim Weiterdrehen der Maschine bald soviel elektrische Ladung anstauen, daß der Übergang dorthin aufhört und der Ladungstransport nach der übrigen Umgebung hin ausweicht. Solange die Erdverbindung da war, hatte über diese eine «Ableitung» der zur Platte gelangenden Ladung stattgefunden, die eben durch das Mikroamperemeter als «elektrischer Strom» einer bestimmten, sehr geringen Stärke angezeigt worden war. Auch in der Erdleitung des Reibzeugs können wir einen (um den Umgebungs-Streustrom vergrößerten) Strom messen, wenn wir diese unterbrechen und das Mikroamperemeter dort einfügen. – Daß in den Kupferdrähten der Verbindungsstrippen etwas «fließe», kann allerdings nicht aus mehr oder weniger direkten Wahrnehmungen begründet werden. Die Eigenschaften der Drähte vermitteln jedenfalls, daß an ihrem Anfang Ladungen hineinverschwinden und an ihrem Ende wieder herausquellen, und was in dem Mikroamperemeter den Zeigerausschlag bewirkt, werden wir im Kap. 7, Elektromagnetismus, kennenlernen. Zwischen der Reibzeug-Metallplatte und dem auf der PVC-Trommel reibenden Gewebe finden wir dann ein Übersprühen der Ladung durch die Schaumstoffporen hindurch. Weiterhin bringt die Bewegung der elektrisierten Trommeloberfläche die Ladung bis dorthin, wo sie zwischen dieser Fläche und dem am Konduktor montierten Kamm wieder über einen kleinen Luftabstand hinwegsprüht. So liegt es dem Elektrophysiker nahe, von einem in sich zurückkehrenden, «geschlossenen Stromkreis» zu sprechen.

Zum Experimentieren mit der Reibungs-Elektrisiermaschine sei noch bemerkt, daß diese gewöhnlich auch funktioniert, wenn man auf eine besondere Erdverbindung vom Reibzeug aus verzichtet. Durch das Holz der Montageplatte, den Tisch und den Fußboden mit deren Dissipationswirkung ist eine für viele Zwecke schon ausreichende Erdung gegeben. Ebenso kann sich von einer mit dem Konduktor verbundenen Spitzenelektrode aus die Strombahn von der Luft über die Wände und Möbel bis zum Fußboden genügend schließen. Deren «Leitfähigkeit» wäre allerdings noch weit davon entfernt, irgendwelchen sonstigen elektrotechnischen Anforderungen zu genügen. Das tatsächliche Verwenden von Erdleitungen bei unseren Versuchen schafft eben klare und sichere Verhältnisse.

Elektrizität in verdünnter Luft

Wenn wir der Frage, was diese Elektrizität nun «eigentlich ist», näher kommen wollen, so zeigt sich an deren Auseinandersetzung mit der Luft, z. B. bei dem vorbeschriebenen Versuch mit dem Sprühen aus einer Spitze heraus, schon einiges Bemerkenswerte. Wir hören ein Knistern und Zischen, wir sehen im abgedunkelten Raum Leuchterscheinungen, wir nehmen einen Geruch wahr, den uns der Chemiker als einen von Ozon (O_3) bezeichnet, welches bei größerer Konzentration die Atmungsorgane schädigen kann; dazu einen von der Spitze ausgehenden Luftzug: alles sinnfällige Wahrnehmungen, wie wir sie als solche auch ohne Elektrizität haben können. Doch ist die Art, in welcher sie bei unserem Experiment zusammen auftreten, charakteristisch für ihren «elektrischen» Ursprung. Die Elektrizität bleibt in einer Art Untergrund, von wo sie uns eine bestimmte Kombination von Effekten ins Sinnfällige heraufschickt [48]. Dazu kommt, daß die Erzeugung der Elektrizität und die beobachtbaren Wirkungen derselben im wesentlichen an räumlich auseinanderliegenden Orten stattfinden.

Noch mehr erfahren wir, indem wir Elektrizität durch verdünnte Luft oder gar durch den völlig luftleer gemachten Raum, wo also «sonst nichts ist», hindurch gehen lassen [48]. Für solche Experimente benötigt man Glasgefäße, deren Luftinhalt vermittels einer Vakuumpumpe in weitgehendem Verhältnis vermindert werden kann. Innerhalb eines solchen Gefäßes sind dann zum Zuführen der Elektrizität z. B. zwei Metallkörper – «Elektroden» – in größerem Abstand voneinander angebracht, mit je einer metallischen Verbindung nach außen (Bild 3.3). Die beiden Außenanschlüsse werden mit dem Pluspol und dem Minuspol einer geeigneten Hochspannungsquelle verbunden; der am Pluspol liegende innere Metallkörper heißt Anode, der am Minuspol liegende Kathode. Solange in dem Glasgefäß (Röhre) noch der normale atmosphärische Luftdruck (meist zwischen 900 und 1000 Millibar; 1 Millibar = 10^2 N/m^2 = 1.020 · 10^{-3} at) herrscht, könnten wir einen Elektrizitätsübergang nur mit extrem erhöhter Spannung als Übersprühen oder Funkenüberschlag, bevorzugt entlang der Glaswand, zustandebringen.

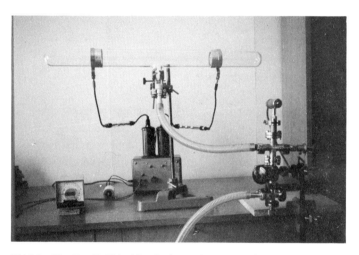

Bild 3.3: Glasröhre für Elektrizitätsdurchgang. Darunter Hochspannungsgleichrichter für 4000 Volt. Links Luftdruck-Anzeige, rechts Pumpenventile und Vakuum-Meßzelle.

Um gut beobachtbare Erscheinungen hervorzurufen, benützen wir als Hochspannungsquelle statt der Elektrisiermaschine mit ihren verhältnismäßig geringen Elektrizitätsmengen einen Funkeninduktor mit etwa 3 cm Schlagweite, oder ein im Technischen Anhang (Kap. 28) beschriebenes Hochspannungsgerät, in welchem zwei handelsübliche Autozündtransformatoren verwendet sind; dieses liefert eine Folge kurzzeitiger Spannungsimpulse bis zu mindestens etwa 40 000 Volt. Wird nun der Luftdruck mittels der Pumpe vermindert, so bemerken wir, wenn der Druck auf etwa 40 Millibar abgesunken ist, Leuchterscheinungen, welche uns einen Elektrizitätsdurchgang zwischen Anode und Kathode ankündigen. In unserer Röhre zeigt sich ein etwa bleistiftdicker, zart rotviolett leuchtender Strang, der von der Anode bis fast zur Kathode reicht, und auf der letzteren ein mehr bläulicher Lichtfleck (Bild 3.4). Auch an dem Anoden-Ansatzpunkt des Lichtstranges sehen wir einen mehr oder weniger konzentriert leuchtenden Fleck. So ergibt die Elektrizität ganz verschiedene Lichtgestaltungen auf der positiven und negativen Seite. Beim weiteren Vermindern des Luftdrucks dehnt sich das Kathodenlicht in Fläche und Volumen aus; das positive Leuchten nimmt wachsenden Querschnitt innerhalb des Rohres ein, zieht sich aber in seiner Länge vor dem Kathodenleuchten zurück, so daß zwischen beiden Lichträumen ein immer größerer «Faradayscher Dunkelraum» verbleibt.

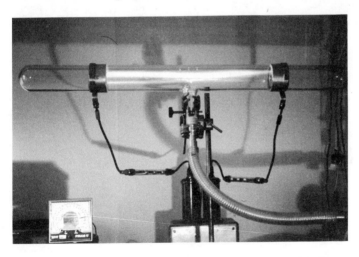

Bild 3.4: Glasröhre nach Bild 3.3 mit Stromdurchgang bei 30 Millibar Luftdruck.

Für den Bereich dieser geringeren Luftdruckwerte wechseln wir zweckmäßig nochmals die Hochspannungsquelle: Wir benötigen weniger Spannung, dafür noch größere Stromstärke. Es eignet sich z. B. ein Schul-Experimentiertrafo mit etwa 10 000 Volt Sekundärspannung, den wir über einen Einweg-Gleichrichter und einen Vorwiderstand (10 Drahtwiderstände je 100 000 Ohm = 1 Megohm) an unsere Röhre anschließen. Die Bilder 3.5 bis 3.7 zeigen eine Reihe dabei erhaltener Leuchtgestalten für immer weiter abnehmenden Luftdruck; das positive Glimmlicht zeigt sich teilweise in einzelne aequidistante Scheiben aufgegliedert. Solche Versuche wurden erstmals 1854 von *Gassiot* in Frankreich und ab 1858 besonders von *Plücker* in Bonn gemacht, für den der berühmte Glasbläser *Geissler* kunstvoll geformte Röhren verschiedenster Art herstellte. Solche *Geissler*-Röhren waren wegen der faszinierenden Schönheit der Lichterscheinungen bis zum Anfang unseres Jahrhunderts beliebt und weit verbreitet. Sie konnten nach Auspumpen der Luft auch mit entsprechend geringen Mengen anderer Gase versehen werden, deren Leuchtfarben sich unterscheiden. Gerade Röhren mit stark verengtem Mittelteil wurden dann als «Spektralröhren» verwendet, um die verschiedenen Spektren des Gasleuchtens zu untersuchen bzw. zu zeigen.

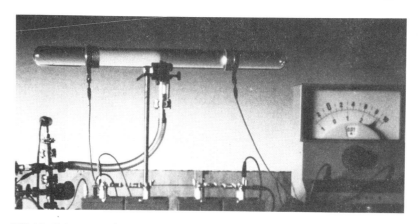

Bild 3.5: Röhre an Hochspannungs-Gleichrichter mit maximal 12 000 Volt. Rechts Strommesser (8 Milliampere). Luftdruck 4 Millibar. (Farbige Abb. siehe Seite 317)

Bild 3.6: Anordnung wie in Bild 3.5, jedoch Luftdruck einige Zehntel Millibar. (Farbige Abb. siehe Seite 317)

50

Bild 3.7: Anordnung wie in Bild 3.5, jedoch Luftdruck etwa 0,1 Millibar. Grüne Glasfluoreszenz, rechts Kanalstrahlen. (Farbige Abb. siehe Seite 317)

Anstelle unserer vorbeschriebenen geraden Röhre nehmen wir jetzt noch eine mit einem weiten Hohlraum und einem seitlichen Stutzen versehene. In dieser zeigen sich die Leuchterscheinungen entsprechend modifiziert (Bild 3.8).

Bild 3.8: Entsprechende Anordnung wie in Bild 3.5, jedoch mit weiter Glasröhre. Anode links, Kathode ganz unten. Luftdruck einige Zehntel Millibar. (Farbige Abb. siehe Seite 318)

4. Kathodenstrahlen

Bild 4.1: Weite Glasröhre an Hochspannungs-Gleichrichter für maximal 12 000 Volt. Luftdruck unter 0,1 Millibar. Anode links, Kathode unten. Kathodenstrahlen zentral nach oben gehend. (Farbige Abb. siehe Seite 319)

Bei weiterem Auspumpen vergrößert sich zunächst der Dunkelraum bis zur Anode hin, und das restliche Leuchten im Innenraum des Glasgefäßes verblaßt immer mehr. Dagegen zeigt sich an den der Kathode gegenüberliegenden Stellen der Glaswand ein meist grünliches, schwaches Aufleuchten: sogenannte Fluoreszenz. *Plücker* führte dies auf eine besondere Art von Strahlen zurück, die von der Kathode zur Glaswand gehen und

Bild 4.2: Anordnung wie in Bild 4.1, jedoch Kathode links, Anode unten. Kathodenstrahlen schräg nach rechts oben gerichtet. (Farbige Abb. siehe Seite 320)

deshalb 1858 den Namen Kathodenstrahlen erhielten. Diese wurden im letzten Drittel des vorigen Jahrhunderts von einer Reihe von Forschern, besonders *Hittorff, Varley, Goldstein, Crookes, W. Wien, J. J. Thomson*, genauer untersucht und erwiesen sich letztlich als von den Oberflächenteilen der Kathode jeweils senkrecht zu diesen ausgeschleuderte unsichtbare, reine Elektrizität [48]. Diese bringt dann beim Auftreffen auf das Glas das Leuchten als einen Sekundäreffekt (neben anderen) hervor. (Siehe Abbildungen 4.1 u. 4.2)

Wenn wir das Auspumpen unserer Versuchsröhre noch weiterführen, gelangen wir dahin, daß auch das Fluoreszieren des Glases und der Elek-

53

trizitätsdurchgang überhaupt aufhören. Wir können nun von einem eigentlichen Vakuum in dem Glasgefäß sprechen, welches zwischen den Metallelektroden wieder völlig isoliert. Dies macht deutlich, daß das vorangehend beschriebene Auftreten von Kathodenstrahlen zunächst nur möglich war, weil sich Gasig-Materielles in hoher Verdünnung in dem Glasgefäß befand.

Nun hat *Th. A. Edison* (1847–1931) noch gegen Ende des 19. Jahrhunderts entdeckt, daß auch durch ein «gutes» Vakuum Elektrizität dann hindurchtreten kann, wenn die Kathode z. B. in Form eines Glühfadens auf hohe Temperatur (Weißglut) gebracht wird. Vertauscht man allerdings die Polarität, so daß der Glühfaden Anode wird, so besteht wiederum Isolation. – *Wehnelt* fand dann 1904 die Oxidkathode, welche schon bei Rotglut den Elektrizitätsdurchgang durch völlig luftleeren Raum ermöglicht. Solche Kathoden wurden schrittweise immer weiter verbessert und in den Rundfunkröhren und technischen Verstärkerröhren verwendet; heute finden sie sich besonders in den Bildröhren und Oszilloskopröhren. In all diesen ist die Kathode als Lieferant negativer Elektrizität zu betrachten, welche auf teilweise komplizierten Wegen zur Anode übergeht, ohne – im sauberen Idealfall – irgendwelche stofflichen Veränderungen innerhalb der Röhre zu bewirken. – Die Zuordnung der Bezeichnungen «positiv» und «negativ» waren nun schon früher festgelegt, als man das hier Geschilderte erkannte. Somit mußte man sich in der Elektrizitätslehre nun damit abfinden, daß die eigentliche, reine Elektrizität sich nicht von Plus zu Minus, sondern von Minus zu Plus hin bewegt, d. h. umgekehrt zur «konventionellen» elektrotechnischen Stromrichtung.

Zur Demonstration weiterer Eigenschaften des Elektrizitäts-Übergangs im Vakuum verwenden wir jetzt eine mit Glühkathode ausgerüstete, langgestreckte Kathodenstrahlröhre, welche zum Erzeugen eines sehr schlanken Strahlenbündels eingerichtet ist. An dem der Kathode entgegengesetzten Ende ist die Röhre konisch erweitert und mit einer Stirnfläche versehen, welche innen mit einem dünnen Belag besonders stark fluoreszierender Substanzen versehen ist. Das dort auftreffende Kathodenstrahlbündel ergibt einen eng begrenzten Leuchtfleck im Mittelgebiet der Stirnfläche. Die Röhre ist nun noch mit einer sehr geringen Menge Neongas versehen, welche, ohne die Vorgänge unerwünscht zu beeinflussen, doch eine Art Wegspur des Kathodenstrahles sichtbar zeigt, so wie ein geringer Staubgehalt der Luft den Strahl eines Scheinwerfers erkennbar macht. Von einem solchen wissen wir, daß er sich genau in gerader Richtung ausbildet. Bei unserem Kathodenstrahl dagegen vermögen wir meist schon eine geringfügige Krümmung zu bemerken (Bild 4.3).

Bild 4.3: *Braunsche* Kathodenstrahlröhre mit Glühkathode für Schulversuche, mit Neongaszusatz zum Sichtbarmachen des schlanken Kathodenstrahls. Strahlspannung nur wenig über 200 Volt.

Die schon ohne Magnet beobachtete leichte Krümmung erscheint uns damit als Wirkung des Erd-Magnetfeldes. Bringen wir dann einen Magneten in die Nähe (Bild 4.4), so können wir den Strahl, je nachdem wie wir den Magneten halten, in verschiedene Richtungen wegkrümmen, ja sogar bis zu Schleifenformen verbiegen (Bild 4.5).

Von den Kathodenstrahlen war seit ihrer Entdeckung bekannt, daß sie nicht unmittelbar zu der Anode hinstreben. Sie folgen also nicht einfach den elektrischen Feldlinien zwischen Kathode und Anode, wie man dies für eine im Vakuum durch nichts behinderte reine Elektrizität zunächst vermuten könnte. Vielmehr beobachtet man eben das Aufleuchten der Glaswand, und dies auch, wenn die Anode z.B. irgendwo seitlich angebracht ist. Andererseits sprach die Möglichkeit von Abkrümmungen der Wirkensrichtung durch ein Magnetfeld oder auch durch ein elektrisches Querfeld gegen die Hypothese einer von der Kathode ausgehenden Wellenstrahlung. Ein Scheinwerferstrahl läßt sich ja nicht von seiner Richtung wegbiegen, soweit kein materielles brechendes Medium einwirkt (von den außerordentlich geringfügigen Gravitationseinwirkungen im Sinne Einsteins dürfen wir hier absehen). Als Lösung des Rätsels der Kathodenstrahlen konnte nun an ein Quasi-Materielles gedacht werden,

Bild 4.4: Anordnung mit zylindrischem Magneten (links auf Holzklotz) vor dem Leuchtschirm der *Braunschen* Röhre nach Bild 4.3.

welches beim Start von der Kathodenoberfläche durch das elektrische Feld einen bestimmten Schwung erhält, ähnlich wie der Wasserstrahl aus der Düse eines Gartenschlauches durch die dortige Druckdifferenz. In solchem Sinne sprach *William Crookes* (1832–1919) von «strahlender Materie». So wie dann beim Wasserstrahl das Gewicht der Tropfen zusammen mit deren Schwung eine ungefähr parabolische Bahnform ergibt, müßte beim Kathodenstrahl der Magneteinfluß ebenfalls mit einem der ausgeschleuderten Elektrizität anhaftenden Schwung zusammenwirken. – Nun waren im vorigen Jahrhundert schon Vorstellungen entwickelt, daß ein Gas, physikalisch betrachtet, nicht wie dem naiven Eindruck entspricht, ein stoffliches Kontinuum sei. Vielmehr sollten «in Wirklichkeit» in einem im übrigen leeren Raum winzige Materienteilchen, Moleküle oder Atome, mit statistisch verteilten Geschwindigkeiten nach allen Richtungen umhersausen, und dabei eine Unzahl Zusammenstöße untereinander und mit den Gefäßwänden stattfinden. Die letzteren sollten dann in ihrer Summe den Druck auf diese Wände ergeben. So mochte es naheliegen, sich auch die Kathodenstrahlen als durch das Vakuum hinschießende kleine Teilchen vorzustellen. *Johnston Stoney* gab diesen Korpuskeln 1890 den heute allgemein gebräuchlichen Namen «Elektronen».

56

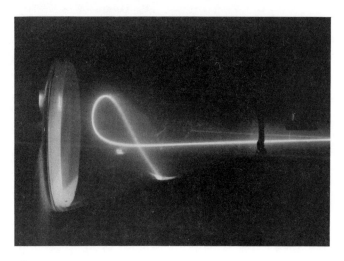

Bild 4.5: Schleifenförmige Abkrümmung des Kathodenstrahls in der Anordnung nach Bild 4.4.

In den Elektronenstrahlen (Kathodenstrahlen) kommt dann negative Elektrizität auf die Glaswand-Innenseite, so wie der z.B. auf den Boden fallende Wasserstrahl diesen naß macht. Soweit das Wasser dabei nicht etwa versickert, gelangt es in verlangsamter Bewegung irgendwo zu einem Ablauf. Auch die zur Glaswand gesprühte negative Elektrizität findet dann einen «Abfluß» an der Anode der Röhre, wohin sie in langsamerer Bewegung, weitgehend auch in Gegenrichtung zu vorher, durch den Innenraum strömt.

Die Elektronenstrahlen bzw. -strömungen bringen nun in diesem Innenraum der Entladungsröhre als solche kein Leuchten hervor, sondern nur beim Auftreffen auf Materielles, sei es Festes oder Gasförmiges. In nicht völlig luftleeren Röhren stellt man sich dann Zusammenstöße von Elektronen mit Gasmolekülen vor, durch welche – bei genügender Elektronengeschwindigkeit – diese Moleküle bzw. deren Atome zum Aussenden von Licht veranlaßt werden.

Die Physiker interessierte auch die Geschwindigkeit, mit der sich die Elektronen in der Kathodenstrahlröhre bewegen. Die typischen Kathodenstrahlen-Erscheinungen treten ja erst auf, wenn die Luft so dünn ist, daß die meisten Elektronen ihren Weg von der Kathode zur Glaswand zurücklegen können, ohne auf restliche Gasmoleküle zu treffen. Welche Geschwindigkeit sie dabei erreichen, hängt von der Größe der Spannung zwischen der Kathode und der Glasfläche, wo sie auftreffen, ab; und die Spannung an der letzteren unterscheidet sich nur relativ wenig von derjenigen an der Anode. Entsprechend der freien Beweglichkeit sind dann diese Geschwindigkeiten enorm hoch. Schon bei 10 000 Volt ergibt sich eine Geschwindigkeit von 58 500 km/Sekunde! Bei noch wesentlich höheren Spannungen kommt sie dann nahe an die Lichtgeschwindigkeit heran.

Röntgenstrahlen

Bei Spannungen von mehr als etwa 10 000 Volt tritt außer dem Fluoreszenzleuchten noch eine weitere Strahlung von der Röhre nach außen, die *Konrad Wilhelm Röntgen* 1895 feststellte und als X-Strahlung bezeichnete. Sie zeigte sich vermittels ihrer Fähigkeit, fotografisches Aufnahmematerial zu schwärzen, obwohl dieses lichtdicht eingepackt war. Verschiedene Materialien erwiesen sich unterschiedlich in der Durchlässigkeit für diese Strahlungen. Fast jeder heutige Mensch kennt ja die Röntgenbilder z.B. von Teilen des menschlichen Körpers, wo z.B. die Knochen sich sehr deutlich von den Weichteilen abheben. Für solche Aufnahmen oder auch Leuchtschirmbilder wurden dann «Röntgenröhren» entwickelt, bei welchen die von der Kathode ausgehende Elektronenströmung auf einen engbegrenzten Fleck einer Anode aus Schwermetall auf relativ kurzem Weg gezogen wurde, so daß eine angenähert «punktförmige» Strahlenquelle entstand. Da die zu erzeugenden Röntgenbilder im Prinzip Schattenbilder sind, konnte man nur von einer solchen Quelle aus eine brauchbare Bildschärfe erreichen. Der kleine Auftreff-Fleck für die Elektronen ist dann einer starken Erhitzung ausgesetzt. So mußte man für Röhren größerer Leistung besonders auf ausreichende Kühlung bedacht sein. Die beste Strahlen-Ausbeute erhielt man aus Metallen hohen Atomgewichts. Die Röhren wurden dann bis zu einer hohen Freiheit von Restgasen evakuiert und mit einer Glühkathode versehen. Durch Einstellen des Heizstroms dieser Kathode kann die Stärke des Elektronenstroms und damit die Strahlungsleistung reguliert werden. – Auf eine weitere Beschreibung der heute sehr weit entwickelten Röntgentechnik muß hier verzichtet werden.

Rätsel der Materie

Schon bei Versuchen mit Kathodenstrahlen hatte es eine große Überraschung gegeben auf Grund von Versuchen von *Heinrich Hertz* 1892. Dieser hatte dünne Plättchen aus Glimmer in den Weg der Strahlen gestellt, und es hatte sich gezeigt, daß auch hinter diesen noch ein Teil der Strahlenwirkung eintrat. Darauf folgend gelang es *Philipp Lenard* (1862–1947), durch dünne Aluminiumfolien, welche auf ein dem äußeren Luftdruck standhaltendes Stützgitter aufgebracht und in die Stirnfläche des Vakuumgefäßes eingebaut wurden, auch außerhalb desselben in der freien Luft das Verhalten des durchgegangenen Strahlungsanteils zu erforschen. Zu einer Zeit, in welcher schon von Vielen nach einer Konkretisierung der Vorstellungen von einer atomar aufgebauten Materie gesucht wurde, hatten somit *Lenards* Untersuchungen gezeigt, daß auch festes Material Freiräume haben mußte, welche ein Teil der Elektronen ungehindert durcheilen konnte. Ja, daß sogar in diesem Material der Raum, welchen es scheinbar «ausfüllt», fast ganz leer sein mußte, und daß darin überhaupt nur unverhältnismäßig kleine undurchdringliche Gebilde sein konnten. Diese hatte man sich dann als Zentren von elektrischen Feldern zu denken, welche die Elektronenstrahlung mehr oder weniger ablenkten, je nachdem, ob die einzelnen Elektronen in kleinerem oder größerem Abstand von diesen Zentren vorbeisausten. Und diese Zentren selbst mußten durch gegenseitig aufeinander ausgeübte Feldkräfte so in gewissen Abständen voneinander gehalten werden, daß «makroskopisch», für unsere Sinneswahrnehmung, der betreffende Körper als fest in Erscheinung tritt. Solche Vorstellungen veröffentlichte *Lenard* im Jahre 1903. Und dem entspricht es wohl, wenn *Rudolf Steiner* 1904 in einem Vortrag vom Atom als geronnener Elektrizität spricht. 1911 konzipierte dann *Ernest Rutherford* ein «Atommodell»: Um einen außerordentlich kleinen, aber im wesentlichen die «Masse» beinhaltenden «Kern» sollte je eine Anzahl Elektronen wie die Planeten um die Sonne herumkreisen. 1916 war dieses Modell durch *Niels Bohr* (1885–1962) und *Arnold Sommerfeld* (1868–1951) auf Grund quantentheoretischer Bedingungen weiter ausgebildet und damit aus dem Bereich der bloßen *Newtonschen* Mechanik herausgehoben.

Dazu kamen später Entdeckungen wie diejenige, daß Elektronenstrahlen z. B. beim Durchgang durch dünnes kristallines Material auch Bilder auf einem Leuchtschirm hervorbringen können, welche Interferenzringe darstellen; d. h. daß man diese Strahlung auch als Wellenstrahlung mit einer definierten Wellenlänge (nach *de Broglie* 1924) interpretieren kann. So erfuhr die alte Vermutung von *Heinrich Hertz* wieder eine teilweise Bestätigung. Der berühmte «Dualismus» Welle/Korpuskel bzw. die Komplementarität Wellenvorstellung/Teilchenvorstellung trat auf als zweierlei Bilder, welche jeweils auf bestimmte Züge des Verhaltens in entsprechenden Situationen und mit entsprechender Annäherung passen.

Was ist bei alledem methodisch geschehen? Man studierte Stoffliches unter «elektrischen» Aspekten. Im Sichtbar-Makroskopischen erfassen wir räumliche Formen konkret mittels des Bewegungssinnes und des Gleichgewichts- oder Vergleichens-Sinnes. Im Bemühen um das Vorstellen beliebig kleiner oder auch extrem großer Gebilde übertragen wir diese Erfassens-Art auf Nichtmehrsichtbares; eigentlich auf Kräfte-Begegnungen, welche erst auf Umwegen wiederum sinnenfällige Erscheinungen erzeugen können. Dabei kam die moderne Physik zu der Erkenntnis, daß sogenannte kleinste Teilchen wie z. B. die Elektronen sich nicht mehr als Individuen eindeutig beschreiben lassen. So sah man sich zur Beschränkung auf statistische Aussagen gezwungen. Und die inzwischen ausgearbeiteten mathematisch-physikalischen Formalismen der Quanten- und Wellenmechanik erwiesen sich als zutreffender Ausdruck interessanter Zusammenhänge im Untergrund der Stofflichkeit.

Betrachten wir nun noch weiter die Konsequenzen für das Wesen des Gegenständlich-Stofflichen! Mit dem Finden durchsichtiger Mineralien wie dem Bergkristall, mit der Erfindung des Glases konnte schon der Zweifel entstehen, ob kompakte Stofflichkeit mit dem Begriff des Undurchdringlichen zu kennzeichnen sei. Für Röntgenstrahlen verhielten sich dann alle Materialien mehr oder weniger «glasähnlich». Auch für Schall hatten sich längst z. B. Wände in bestimmtem Maß durchlässig erwiesen. Das Hindurchgehende war in all diesen Fällen etwas gewesen, was man als räumliche Wellenbewegung interpretieren konnte. Aber dazu war jetzt gekommen, daß durch den Raum hinschießende Elektronenstrahlen sich einerseits wie Wasser- oder Sand-Strahlen quasimateriell zeigten, andererseits aber in Versuchen nach *Hertz* und *Lenard* durch feste Wände nicht nur hindurchtreten konnten, sondern dies sogar, ohne etwa Löcher darin zu hinterlassen. Und bald darauf wurde noch entdeckt, daß dünne Wände aus Palladium-Metall Wasserstoffgas hindurchtreten ließen, wenn sie auf Glühhitze gebracht wurden, aber nach Abkühlung sich wieder als völlig dicht erwiesen. – Wir Heutige sind zunächst gewöhnt, das Feste als das eigentlich Materiellste anzusehen. Aber jetzt entpuppt sich dieses Materiellsein als eine Summe jeweils konkret anzugebender Verhaltensmöglichkeiten. Von *R. Steiner* ist eine auf den Materiebegriff bezügliche Formulierung überliefert: «Man kann nicht sagen, daß Kraft auf Materie wirke, da Materie nur in der Anordnung der Wirkungen sich begegnender Kraftstrahlen besteht.» [48, Anhang].

Die hiermit beschriebenen Erkenntnisse über das materiell Erscheinende sind noch in den Gesamtzusammenhang der Natur zu stellen. Das starke Forschungsinteresse an der Elektrizität hat im vorigen Jahrhundert dazu geführt, in der letzteren so etwas wie «die Seele der Natur» zu erblicken. In unserem Jahrhundert ist die «elektrische» Betrachtungsweise in der Richtung fortgeschritten, daß sie begann, auch die chemischen Verhaltensweisen der Stoffe auf physikalische Eigenschaften der Elektronenschalen der Atome zurückzuführen und damit immerhin theoretisch die Chemie zu einem Teilgebiet der Elektrophysik zu machen. So wurde bis in unsere Jahrzehnte das allgemeine wissenschaftliche Bewußtsein immer weiter von dem abgelenkt, was uns Augen, Ohren, Geschmacks- und Geruchsorgane direkt vermitteln, und ebenso davon, was unser Erkennen in die über dem bloß physikalischen Gebiete liegenden Schichten des Lebendigen, des wirklich Beseelten und geistig-Wesenhaften hineinführen kann. – Indem wir uns das Stoffliche in Atome aufgelöst vorstellen, sehen wir diese zunächst ohne einen übergreifenden Zusammenhang. Sobald wir uns dann dazwischen wirksame, hauptsächlich elektrische Feldkräfte denken, sollten wir nicht vergessen, daß diese Kräfte, geistig betrachtet, als solche Bilder eines rücksichtslos Willenshaften (s. Kap. 1!) darstellen. *R. Steiner* sagt über solche Atome: «Zu den Trägern des Toten macht man sie, indem man sie überhaupt Atome sein läßt, indem man die Materie atomistisch vorstellt. In dem Augenblicke, wo man diesen Teil der Materie elektrifiziert, stellt man sich die Natur als das Böse vor. Denn elektrische Atome sind böse, kleine Dämonen.» [45, S. 184]. Wenn wir dagegen, wie Goethe dies wollte, unseren Sinnen vertrauen, so fühlen wir uns gegenüber dem Irdisch-Festen auf sicherem Grund; ein Erleben, welches uns – indem wir es zum Gleichnis erheben – als Menschen in rechter Weise in die Welt stellt.

5. Wie entsteht Elektrizität?

Im Bisherigen hatten wir, abgesehen vom Erzeugen von Reibungs-Elektrizität, noch nicht weiter besprochen, wie Elektrizität zustandegebracht wird. Für einen wesentlichen Anteil der Versuche hatten wir dann als «Spannungsquellen» technische Hilfsmittel benutzt, wie sie heute verfügbar sind. Bis gegen Ende des 18. Jahrhunderts kannte man nur die Reibungselektrizität und die atmosphärische Elektrizität, besonders die der Gewitter, sowie jene elektrischen Schläge, welche gewisse Fische verabreichen können. Erst im Verlauf der immer intensiveren Forschung, die sich an die Experimente *Galvanis* (1737–1798) und *Alessandro Voltas* (1745–1827) anschloß, hat sich eine Reihe weiterer Möglichkeiten gezeigt, wie elektrische Spannungen entstehen können. Die verschiedenen Prinzipien seien nun im Sinne einer Überschau zusammengestellt.

Magnetinduktion

Für die Elektrizitätsgewinnung im Großen werden Maschinen verwendet, deren Wirkensweise auf eine Grund-Entdeckung Faradays zurückgeht. Zur Demonstration dieses Prinzips in einer einfachsten Anordnung spannen wir einen geraden Draht zwischen zwei Isolierstützen und verbinden dessen Enden mit den Anschlüssen eines Anzeigeinstrumentes mit dem Nullpunkt in der Skalenmitte. Es eignet sich z. B. ein Millivoltmeter mit Meßbereich von 10 Millivolt oder ein passendes Milliamperemeter, das wir dann in einigem Abstand von dem ausgespannten Drahtstück aufstellen. Wir nehmen sodann den schon oben (Kap. 1) beschriebenen großen Magneten zur Hand und bewegen ihn, mit den Polen oben und unten, auf das Drahtstück zu, bis er dieses «tief in seinem Rachen» hat. Während dieser Bewegung, die wir ziemlich rasch ausführen, zeigt das Meßinstrument einen kleinen, aber deutlichen Ausschlag. Solange wir den Magneten dort unbewegt halten, stellt sich der Zeiger wieder auf Null. Nun ziehen wir den Magneten wieder mit entsprechender Schnelligkeit zurück: jetzt erscheint ein Zeigerausschlag in entgegengesetzter

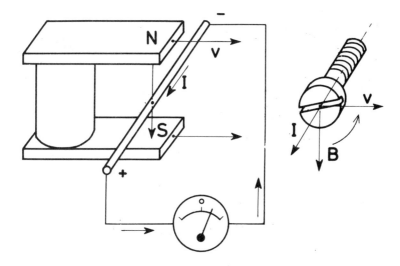

Bild 5.1: Induktion durch bewegten Magneten und Schraubenregel.

Richtung. Ein Stromleiter in einem Magnetfeld kann also Elektrizität aufweisen, wenn Bewegung in geeigneter Weise hinzukommt. Es sind hierbei drei räumliche Dimensionen im Spiel: 1. die Richtung des Stromleiters, 2. die Richtung der magnetischen Feldlinien und 3. die Richtung der Bewegung. Ein Maximum der «induzierten» Spannung ergibt sich, wenn diese drei Richtungen sämtlich in rechten Winkeln zueinander stehen, d. h. ein orthogonales «Dreibein» miteinander bilden, wie das räumliche cartesische Koordinatensystem. Für den Richtungssinn der entstehenden Spannung gilt eine Regel, die wohl in der Form der Schraubenregel am leichtesten zu merken ist: Auf ruhenden Stromleiter und bewegten Magneten bezogen denken wir uns einen Pfeil der magnetischen Flußdichte B in der Richtung der Feldlinien vom Nordpol zum Südpol und stellen uns darauffolgend eine Drehung dieses Pfeils um 90 Grad dahin vor, daß er nun in die Richtung der Magnetbewegung (mit der Geschwindigkeit v) zeigt (Bild 5.1). Dann gibt die Richtung der Längsbewegung einer Schraube (mit normalem Rechtsgewinde), welche wir in dem gleichen Sinne drehen würden, die gesuchte Wirkensrichtung der Spannung und damit auch die Stromrichtung an. Der Stromkreis in unserem Versuch schließt sich ja über das Meßinstrument. Es ist dargestellt, daß in dem als «Spannungsquelle» zu betrachtenden geraden Leiter der Strom von Minus nach Plus fließt, und im «äußeren Stromkreisteil» von Plus nach Minus. – Beim Zurückbewegen des Magneten kehren sich, außer dem Pfeil B, die anderen Pfeile um; die Stromrichtung wird somit umgekehrt.

Schleife und Spule

Nun hatten wir bei unserem Versuch nur recht kleine Zeigerbewegungen feststellen können, und die erzeugte Spannung lag bei einigen Zehntel Millivolt, d. h. Zehntausendstel Volt. Wie sollen wir uns da vorstellen können, daß in einer solchen Weise die riesigen elektrischen Leistungen heutiger Elektrizitätswerke erzeugt werden? Und doch ist es so. Nicht weniger als drei Faktoren verbessern die Spannungs-Ausbeute: 1. die viel größeren Magnet-Abmessungen, zusammen mit dem Mitwirken geeignet geformter, die magnetische Flußdichte verbessernder Eisenkörper; 2. die viel höheren Geschwindigkeiten; 3. ein Kunstgriff in der Art, daß an Stelle eines einfachen Stromleiters Leiterschleifen aus vielen Drahtwindungen eingebaut werden. Den Sinn dieser Maßnahme verstehen wir etwa an Hand eines nächsten Versuches, den wir statt mit dem einfachen Draht mit einer Mehrfachschleife (Bild 5.2) machen. Wenn wir uns diese Anordnung genau räumlich vergegenwärtigen, ergibt sich nach obiger Regel, daß in sämtlichen horizontalen Schleifenstücken Teilspannungen

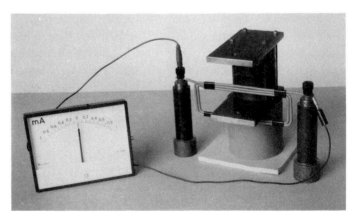

Bild 5.2: Induktion in Mehrfachschleife aus isoliertem Draht. Der Magnet wird dazu (nach Wegnahme der Unterlage) von Hand bewegt.

jeweils solchen Richtungssinnes entstehen, daß sie sich dem Draht entlang fortschreitend mit gleichem Vorzeichen addieren; sogar für die vertikalen Drahtstücke gilt dasselbe, wenn wir das magnetische Randfeld an den Seiten der Pole mit einbeziehen. Auf dieses Schleifen- bzw. Spulenprinzip werden wir im Zusammenhang mit dem Elektromagnetismus noch zurückkommen (Kap. 7). – Wenn wir den Versuch jetzt ausführen, bekommen wir schon viel größere Zeigerbewegungen. Nehmen wir dann gar statt der Mehrfachschleife eine Spule mit vielen Windungen, so können wir schon beim Bewegen des Magneten in einiger Entfernung von dieser große Ausschläge bekommen. Stecken wir dann in die Spule noch einen «Eisenkern», so wird die Wirkung noch weiter gesteigert, indem die magnetische Flußdichte durch die Spule hindurch noch vergrößert wird.

Wechselstrom-Generator

In den Maschinen der Elektrizitätswerke sind solche Möglichkeiten voll ausgenutzt, und die Magnetpole sausen an den Wicklungen mit Geschwindigkeiten vorbei, welche denjenigen von Rennwagen entsprechen. Ein solches «Polrad», wie wir es übrigens im ganz Kleinen im Fahrrad-Dynamo haben, weist dann abwechselnd Nord- und Südpole auf, und dementsprechend verläuft die in einer Wicklung er-

Bild 5.3: *Läufer mit 20 Magnetpolen eines Wechsel- bzw. Drehstrom-Generators.* Für 50 Perioden/Sekunde muß dieses Polrad 5 Umdrehungen/Sekunde machen, (Drehzahl n = 5 · 60 = 300/Minute).

zeugte Spannung zeitlich so, daß beim Übergang vom Nordpol zum Südpol die eine Polarität der Spannung, und beim folgenden Übergang wieder zu einem Nordpol die umgekehrte Polarität der Spannung auftritt. Wir haben damit eine Maschine für Wechselspannungs- bzw. Wechselstrom-Erzeugung vor uns. Die Bilder 5.3 und 5.4 zeigen den rotierenden Teil (das Polrad) und den feststehenden Teil (den «Ständer») einer Elektrizitätswerks-Maschine. Deren wirksame Eisenteile tragen in Aussparungen und Nuten die Wicklungen; anstatt aus massivem Eisen bestehen sie aus einer Vielzahl von gegeneinander isolierten Blechen (s. Kap. 9!) einer besonders leicht ummagnetisierbaren Eisenlegierung, welche in der passenden Form ausgestanzt und aufeinandergeschichtet zusammengespannt werden.

Bild 5.4: *Ständer eines Drehstrom-Generators* mit eingelegten Wicklungen, zu obigem Läufer passend.

Auch an der Steckdose zuhause haben wir dann solche Wechselspannung. Dabei ist eines der Stecklöcher «spannungsführend» («heiß») mit abwechselnd positiver und negativer Spannung; in Europa 100 mal pro Sekunde wechselnd; d. h. 50 mal Plus und 50 mal Minus = 50 Vollperioden pro Sekunde. Ein gegenüberliegendes Steckloch ist für die Rückleitung und führt keine wesentliche Spannung. Ist noch ein drittes vorhanden, so dient dies dem Erdanschluß der Metallgehäuse von Apparaten oder Maschinen (s. Kap. 11!).

Gleichstrom-Erzeugung

Noch bis in unser Jahrhundert herein erzeugten viele städtische Elektrizitätswerke unmittelbar Gleichstrom. Und auch für die Polrad-Wicklungen der großen Wechselstrom-Generatoren wurde und wird Gleichstrom gebraucht. Zum Herstellen desselben brauchte es Maschinen besonderer Bauart. Schon Faraday hatte eine Anordnung konstruiert, welche beim fortlaufenden Drehen Gleichstrom hervorbrachte [11]. Mittels Schleifkontakten am Rande einer sich drehenden Kreisscheibe im Feld eines koaxial dazu angeordneten Magneten konnte er einen schwachen elektrischen Strom herausnehmen.

Ein Versuch nach diesem Prinzip soll uns diese Möglichkeit konkret aufzeigen. Die Vorrichtung ist so gebaut, daß ein kräftiger zylindrischer Stabmagnet (Bild 5.5) von einem Messingrohr koaxial umgeben ist, welches um seine und des Magneten Längsachse rotieren kann. Zwei Schleiffedern berühren das Messingrohr: die eine in der Nähe der Magnet-Mitte, die andere am Ende derselben Rohrhälfte (Bild 5.6). Das Messingrohr wird nun von Hand oder über einen Gummiriemen von einem kleinen Elektromotor in Drehung versetzt. Unser für die ersten Induktionsversuche verwendetes Millivoltmeter, an die beiden Schleiffedern angeschlossen, zeigt einen Ausschlag. Beim Bau des Apparates wurde auch vorgesehen, daß der Stabmagnet selbst unabhängig vom Rohr um seine Längsachse gedreht werden kann. Es liegt nahe, die Drehung des Rohres als eine «Relativbewegung» gegenüber dem Magneten anzusehen und zu vermuten, daß bei einer Rotation des Magneten bei festgehaltenem Rohr eine entsprechende, bei gleichem Drehsinn umgekehrte Spannung entstünde. Aber beim Probieren dieser Version bleibt der Zeiger des Milli-

Bild 5.5: *Modell einer unipolaren Gleichstrom-Maschine,* zerlegt.
Rechts oben: Stabmagnet auf innerer Welle. Dessen Mittelteil enthält 3 Zylinder-Magnete mit Mittelloch wie der unten abgebildete, sowie zwei zylindrische Pol-körper aus Baustahl an den Enden. Links darunter: Messingrohr, in welchem die Induktionsspannung entsteht.

Bild 5.6: Modell einer unipolaren Gleichstrom-Maschine, zusammengebaut.
Unten im Bild ein Motor zum Antrieb, für die Demonstration der Unipolaren Induktion. Rechts Isolierplatte mit Anschlußbuchsen und Schleiffedern, deren Enden auf dem Messingrohr aufliegen.

voltmeters auf Null! Ergänzend können wir dann wieder das Rohr in Rotation versetzen und den Magneten mitrotieren lassen: die Spannung entsteht wie zuerst und ganz unabhängig von einer Rotation oder Nicht-rotation des Magneten. Dieses Ergebnis zeigt, daß es im Falle einer koaxialen Rotation in einem rotationssymmetrischen Magnetfeld nicht auf die genannte Relativbewegung gegenüber dem Magneten, sondern auf die Bewegung eines Teiles des Stromkreises gegenüber dessen feststehenden Teilen beim Vorhandensein eines Magnetfeldes bestimmter Stärke ankommt.

Es müßte eigentlich auch auffallen, daß eine Spannung entsteht, trotzdem ja das Messingrohr rotationssymmetrisch und in sich homogen zusammenhängend ist. Die Spannung muß somit im Zusammenhang mit der inneren Metallstruktur des Rohres entstehen, und ein gleicher Versuch mit Rohren aus verschiedenen Metallen würde sogar dieselbe Spannung ergeben. Dabei ist nur vorausgesetzt, daß der Widerstand der Strombahn im Rohr klein ist gegenüber demjenigen des Millivoltmeters und der Zuleitungsverbindungen. Natürlich ist auch vorauszusetzen, daß zwischen den Schleiffedern und der Rohroberfläche ein guter Kontakt besteht. Dieser ergibt sich, wenn wir das Rohr saubermachen und mit einem geeigneten chemischen Kontaktpflegemittel behandeln.

Die soeben beschriebene Anordnung wird als «Unipolarmaschine» bezeichnet, weil die Spannung hier einseitig über dem einen Pol eines Magneten entsteht. Würden wir die zwei Schleiffedern symmetrisch an den beiden Rohr-Enden ansetzen, würde zwischen diesen keine Spannung bemerkbar werden, weil die beiden Rohrhälften Teilspannungen entgegengesetzter Polarität erbrächten.

Auf Unipolarmaschinen ließ sich das Spulenprinzip zum Erreichen größerer Spannungswerte nicht anwenden. Deshalb wurden sie nur in Ausnahmefällen verwendet, wo es auf eine gewisse Stromergiebigkeit bei nur kleiner Spannung ankam.

Gleichstromgeneratoren mit Wicklungen konnten dann unter Benutzung von Stromwendern konstruiert werden. Die ersten Generatoren bestanden aus einem Feldmagneten mit zwei einander gegenüberstehenden Polschuhen, zwischen denen ein zylindrischer Hohlraum für einen umlaufenden «Anker» ausgespart war. Dieser bestand aus einem Eisenkörper, welcher eine Bewicklung trug. In dieser entstand bei der Drehung im Feld des Magneten eine Wechselspannung. Die beiden Drahtenden der Wicklung waren nun mit zwei Metall-Segmenten in Form von je einem halben Hohlzylinder auf einem zylindrischen Isolierkörper verbunden, welcher mit auf der Ankerwelle saß. Zwei auf einer feststehenden isolierenden Brücke montierte metallene Schleiffedern berührten die Segmente an gegenüberliegenden Stellen zwecks Stromabnahme. So erfolgte durch die Drehung selbst wieder eine Umschaltung der Polarität, die den Polaritätswechsel der induzierten Spannung für den außen angeschlossenen Stromzweig rückgängig machte. Die Maschine lieferte somit nur Strom gleichbleibender Richtung; allerdings im zeitlichen Ablauf betrachtet nicht kontinuierlich, sondern in Form aufeinanderfolgender Stromstöße, deren Zeitgestalten angenähert als Sinus-Halbwellen zu beschreiben waren.

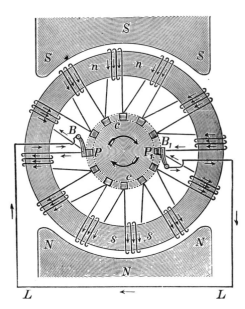

Es bedeutete dann einen wichtigen Fortschritt, als *Gramme* 1869 Maschinen mit einem «Ringanker» baute. Dessen Bewicklung war um den Ringquerschnitt fortlaufend angebracht, so daß Anfang und Ende wieder zusammenkamen. Der mitumlaufende Teil des Stromwenders, der sog. Kollektor, enthielt dann eine größere Anzahl gegeneinander isolierter Segmente. Diese waren mit entsprechend gleichmäßig verteilten «Anzapfungen» der Ringwicklung verbunden (Bild 5.7). Durch diese zyklische Gestaltung erfolgte die Stromerzeugung weitgehend kontinuierlich, weil immer im größten Teil der Wicklung die Induktion erfolgte.

Bild 5.7: *Ringanker einer Gleichstrom-Dynamo-Maschine nach Gramme* zwischen 2 Polen eines Feldmagneten. Mit dem bewickelten Ring läuft der Kollektor (innen) mit seinen 12 Kupfersegmenten um, während die ortsfesten Schleifer B und B_1 die Segmente bei P und P_1 berühren.

Im Jahr 1872 erfand schließlich *F. v. Hefner-Alteneck* eine Wicklungsform gleicher Funktionsweise für eine zylindrische statt für eine Ringform des Eisens. Er schuf damit den für Gleichstrommaschinen seither allgemein gebräuchlichen «Trommelanker» bzw. Trommelläufer (Bild 5.8). Bei diesem liegen die Wicklungsstränge in Längsnuten eines aus entsprechend gestanzten Dynamoblechen zusammengesetzten Zylinders und schließen sich in Übergängen von Nut zu Nut an den Stirnseiten des Zylinders (sog. Wickelköpfe).

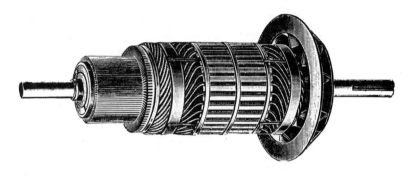

Bild 5.8: Trommel-Läufer für Gleichstrom-Dynamo, mit Flügelrad für Ventilation. Wicklung mit Schutzringen gegen Zentrifugalkraft-Schäden. Links Kollektor mit Kupfersegmenten.

Dynamo-Prinzip

Die ersten Maschinen zur Stromerzeugung waren mit Dauermagneten aus den damals bekannten Stahlsorten aufgebaut und nach heutigen Begriffen noch wenig leistungsfähig. Mit Elektromagneten waren bessere Ergebnisse zu erwarten. Um diese mit Strom für ihre «Feldwicklung» zu versorgen, fand *Werner Siemens* 1867 eine berühmt gewordene Lösung. Es gelang ihm, die Magnetwicklung aus der Gleichstrommaschine selbst zu speisen, wenn der Feldmagnet schon vorher einmal magnetisch gemacht worden war. Davon bleibt nämlich ein gewisser Rest von Magnetismus erhalten. Wenn Siemens dann die Maschine, noch ohne weitere Stromentnahme, nur mit der eigenen Feldwicklung zusammengeschaltet antreiben ließ, so reichte der zuerst kleine induzierte Strom durch die mit ihm sich verstärkende Induktion zur Einleitung eines lawinenartig anwachsenden Magnetisierungs-Vorganges, welcher bis zur magnetischen «Sättigungsgrenze» (s. Kap. 9!) des Eisens führte. Anschließend konnte die Maschine entsprechend große Spannung erzeugen und Stromstärken nach außen liefern. Mit diesen, nach dem «dynamo-elektrischen» Prinzip funktionierenden Maschinen war erstmals die Grundlage für eine «Starkstromtechnik» geschaffen, die sich von da an rapide entwik-

71

kelte (Bild 5.9). Später allerdings machte die Stromerzeugung wieder eine Wandlung durch, hin zum Wechsel- und Drehstromsystem. Gleichstrom-Dynamos gibt es in neuester Zeit fast nur noch, um in Kraftwerken die Polrad-Magnetwicklungen zu speisen, für die noch viel größeren Drehstrom-Generatoren. Selbst im Kleinen zur Gleichstromerzeugung in den Autos werden heute Drehstrom-Generatoren mit angeschlossenen Halbleiter-Gleichrichtern verwendet (s. Kap. 10).

Bild 5.9: Gleichstrom-Dynamo vom Anfang des Jahrhunderts, mit 6 Feldmagnetpolen und 6 Schleifbürstenbrücken für den Stromwender.

Galvanische Batterien

Ein nächstes Prinzip der Elektrizitäts-Erzeugung haben wir in den Batterien. Ihrer Konstruktion liegt das Entstehen von «Berührungs-Elektrizität» zugrunde, welches *Galvani* und *Volta* entdeckt haben. Bringt man zwei verschiedene Metalle, oder ein solches und Kohle einander gegenüber in eine wässerige alkalische, salzige oder saure Flüssigkeit, so kann zwischen diesen eine elektrische Spannung festgestellt werden. Diese erweist sich umso größer, je mehr sich die chemische Lösungstension der beiden Elektroden unterscheidet. Schon *Volta* hat eine entsprechende erste «Spannungsreihe» der Metalle angegeben. Nach Messungen in neuerer Zeit ist die folgende Tabelle zusammengestellt [17]. Es sind darin die Spannungswerte angegeben, welche die einzelnen Stoffe im bestgereinigten Zustand gegenüber einer «Normal-Wasserstoffelektrode» aufweisen,

d. h. einer von Wasserstoffgas unter Normalatmosphärdruck umspülten Platinelektrode größter Adsorptionsfähigkeit in wässeriger Lösung eines vorgeschriebenen Säuregrades (Protonen-Aktivität = 1).

Elektrochemische Spannungsreihe

Gold	+ 1,50 Volt	Blei	- 0,13 Volt
Platin	+ 0,86 Volt	Indium	- 0,34 Volt
Silber	+ 0,80 Volt	Eisen	- 0,44 Volt
Quecksilber	+ 0,79 Volt	Zink	- 0,76 Volt
Kohle	+ 0,74 Volt	Lithium	- 2,96 Volt
Kupfer	+ 0,34 Volt		

Die algebraische Differenz der hier angegebenen Spannungen gibt für zwei Materialien einen näherungsweisen Aufschluß darüber, welche Spannung man unter Verwendung dieser beiden Stoffe in einer Batterie-zelle («galvanisches Element») erhalten kann. Diese Spannung hängt dann außerdem noch von der speziellen Oberflächenbeschaffenheit und von der verwendeten Zwischenflüssigkeit ab. Eine einfachste Kupfer-Zink-Batteriezelle gibt bei sauberen Metalloberflächen eine Spannung von etwa 1 Volt. – Es war nun eine Erfindung *Voltas*, daß man die von einer solchen Zelle gelieferte Spannung mit derjenigen weiterer gleicher Zellen so kombinieren kann, daß sich eine Summation der Einzelspannungen ergibt. Die «Voltasche Säule», welche in der Anfangszeit des vorigen Jahrhunderts viele Experimentiermöglichkeiten neu erschloß, bestand aus einer Vielzahl von Kupfer-Zink-Metallplattenpaaren mit je einem mit Salzwasser angefeuchteten, saugfähigen Zwischenmaterial, die einfach zu einer Säule aufeinandergeschichtet waren [11]. Auf der positiven Kupferplatte jeder Zelle lag dabei in unmittelbarem Metallkontakt die Zinkplatte der nächstfolgenden Zelle. Die Zellen waren – elektrotechnisch ausgedrückt – in Reihe (Serie) geschaltet. – Später kam es dann dazu, daß die Maß-Einheit für die elektrische Spannung nach *Volta* das «Volt» genannt wurde, was besonders auch durch dessen hier erwähnte Erfindung gerechtfertigt erscheinen wird.

Aber die galvanische Elektrizität wird uns nicht einfach geschenkt. Ihre Erzeugung ist vielmehr mit chemischen Umwandlungen an den beteiligten Materialien verknüpft, d. h. praktisch mit einem Materialverbrauch; meist hauptsächlich Zinkverbrauch. Dieses geht dann je nach dem Maß der Entnahme elektrischen Stromes in Zinkchlorid oder andere Zinksalze über. Die Elektrizitäts-Entstehung ist dabei nur eine Seite des Gesamtvorganges.

Heutige Batterien werden gewöhnlich als sogenannte Trockenbatterien gebaut. In Wirklichkeit sind sie nur der äußeren Erscheinung nach trocken. Im Innern müssen sie eine – allerdings meist eingedickte – wässerige Flüssigkeit enthalten, denn ohne diese gibt es keine elektrochemische Stromerzeugung bei normaler Temperatur. Verbrauchte oder überalterte Batterien der billigeren Konstruktionsarten werden dann leicht undicht und gefährden durch die aggressive Flüssigkeit die elektronischen Geräte, in welche sie eingebaut sind.

Würde man für die positive Elektrode (Kathode) nur ein einfaches Metall oder Kohle verwenden, so würde sich schon kurz nach dem Einschalten ein erhebliches Absinken der Spannung ergeben. Durch den Strom würde sich auf der Kathode z. B. Wasserstoff abscheiden und dadurch eine Gegen-Polarisation hervorrufen. Dieser Wasserstoff muß also durch einen die Kathode umhüllenden bzw. bedeckenden Depolarisator abgefangen werden. Als solcher dient meist Braunstein in feiner Verteilung, z. B. mit Kohlepulver gemischt.

Für gegenwärtig gebräuchliche Batterien werden im wesentlichen die folgenden aktiven Materialien verwendet:

Bauart	Pluspol	Flüssigkeit	Minuspol
Leclanché-Zelle	Braunstein mit Kohle	Salmiaksalz-Lösung	Zinkblech
Alkalische Manganzelle	Braunstein mit Kohle	Kalilauge	amalgamierte Zinkflitter
Quecksilber-oxidzelle	Quecksilber-oxid	alkalische Lösung	Zinkpulver
Lithium-zelle	Thionylchlorid an poröser Kohle	Lithiumsalz-Lösung	Lithium

Beim Umgang mit solchen Batterien ist u. a. zu beachten, daß höchstens Batterien der ersten Kategorie nach Gebrauch dem allgemeinen Müll beigegeben werden dürfen. Und dabei muß jede Berührungsmöglichkeit mit Metallen, vor allem Spänen oder Metallfolien vermieden werden. Sonst ist Brandgefahr nicht auszuschließen! Die drei weiteren Batteriearten enthalten gefährliche Gifte und müssen an die Fachgeschäfte zurück.

Zur chemischen Elektrizitäts-Erzeugung seien noch die folgenden verdeutlichenden Experimente angeführt:

Ein Stückchen Zinkblech in verdünnter Schwefelsäure beginnt sich aufzulösen. Es zeigt nach einiger Zeit eine Gewichtsabnahme, wenn es dann wieder herausgenommen, mit Wasser gereinigt und abgetrocknet gewogen wird. Während des Lösungsvorganges waren laufend Gasbläschen (Wasserstoff) auf der Zinkoberfläche entstanden. In der Flüssigkeit läßt sich chemisch Zinksulfat nachweisen.

Umgekehrt können wir auf ein Eisen- oder Zinkblech ein paar Tropfen Kupfersulfat aufbringen. Sehr bald ist auf dem Blech ein Kupferfleck zu erkennen.

Bei diesen beiden Versuchen zeigt sich die Polarität zwischen Lösungstendenz und Abscheidungstendenz, ohne daß schon Elektrizität in Erscheinung tritt. Dies im Unterschied zu dem schon beschriebenen Versuch, wo ein Kupferblech- und ein Zinkblech-Streifen in der Flüssigkeit standen, und sich das Kupfer gegenüber dem mit Erde verbundenen Zink als positiv elektrisch erwies.

Wir nehmen nun je einen schmalen Streifen von etwa 5 cm Länge und 1 cm Breite aus den beiden Metallen und halten diese (sauber gereinigt) an die Zunge; zuerst einzeln, dann beide zugleich. Wir bemerken dabei keinen besonderen Geschmack der Metalle solange, bis wir dann die beiden von der Zunge abgekehrten Enden von Metall zu Metall zur Berührung bringen. Jetzt beginnt plötzlich das Zink deutlich einen typischen, salzähnlichen Geschmack zu bekommen. Durch die metallische Berührung haben wir jetzt einen «Stromkreis» geschaffen, und der elektrische Strom kann nun das Zink auch in der schwach alkalischen Speichelflüssigkeit chemisch umsetzen.

Einen entsprechenden «objektiven» Versuch machen wir mit einem größeren Kupferblech und Zinkblech in einem Glasgefäß, das wir mit einer Zinksulfatlösung füllen. Mit unserem empfindlichen Ladungsverstärker können wir zunächst einen Aufladeversuch einer Leidener Flasche machen. Dazu verbinden wir das Zinkblech über eine Drahtstrippe mit dem geerdeten Metallkasten unseres Meßgeräts; dessen Wahlschalter wird auf die Stufe geringster Empfindlichkeit gestellt. Jetzt nehmen wir die Leidener Flasche, welche vor dem Versuch längere Zeit unbenützt gestanden haben sollte, und verbinden deren Außenbelegung über eine genügend lange flexible Strippe ebenfalls mit der Erde. Die Flasche an ihrem unteren Teil fassend, berühren wir mit dem Kugelende ihrer Mittelstange zuerst den Metallkasten und dann die empfindliche Platte (EP): nach dieser Entladung darf sich kein Ausschlag zeigen. Darauf halten wir das Kugelende jetzt kurzzeitig an das (trockene) obere Ende des im Glase stehenden Kupferblechs und berühren dann wieder mit der Kugel die EP, worauf das Instrument deutlich eine positive Ladung anzeigen wird, welche die EP von der Leidener Flasche bekommen hat. Damit haben wir die elektrische Aufladung der Kupferplatte gegenüber dem Zink auf dieselbe Art nachgewiesen, wie wir das mit den durch Reibungselektrizität oder sekundär durch Influenz entstandenen Ladungen gemacht hatten. *Volta* hatte seinerzeit die Berührungselektrizität auf eine prinzipiell ähnliche, aber kompliziertere Weise mittels Spannungserhöhung durch Hochheben einer Kondensatorplatte und Spreizung von Elektroskop-Blättchen identifiziert.

Viel einfacher können wir jetzt ein modernes Voltmeter zur Spannungsmessung zwischen der Kupfer- und Zink-Elektrode nehmen. Z. B. ein elektronisches «Multimeter», das wir von Spannungsmessung auf Strommessung umschalten können. Wenn wir die Spannung messen, wird es bei sauberen Metallblechen ziemlich angenähert 1 Volt anzeigen. Daraufhin schalten wir es auf Strommessung. Es wird jetzt je nach Größe der Blechplatten und deren Abstand, sowie der Konzentration der Zinksulfatlösung einen Strom anzeigen, eine Anzahl Milliampere. Dabei werden wir aber sogleich bemerken, daß die Anzeige schon vom ersten Augenblick an im Verlauf von Sekunden zu immer kleineren Stromwerten zurückgeht. Um den Grund dafür zu erkennen, brauchen wir nur mit einem Glasstab vor dem Kupferblech kräftig zu rühren: die Stromstärke steigt wieder fast bis zum Anfangswert. Im Genaueren hat man herausgefunden, daß mit dem Einsetzen eines Stromdurchgangs auf der Kupferoberfläche solche Veränderungen eintreten, daß die dort entstehende Spannung durch die erwähnte Gegen-Polarisation verkleinert wird. Durch das Rühren wird die Kupferoberfläche vorübergehend wieder gereinigt.

Außer elektrochemischen Zellen, bei denen einmal eingesetztes Material im Prozeß der Stromgewinnung in solcher Weise bis zur Erschöpfung verbraucht wird, hat man in neuerer Zeit auch solche konstruiert, bei welchen die zur chemischen Umsetzung nötigen Stoffe laufend zugeführt und abgeführt werden: die sogenannten Brennstoffzellen. Es werden z. B. die Gase Wasserstoff und Sauerstoff den beiden Elektroden zugeleitet. Damit diese Gase dort genügend wirksam werden können, sind bisher aufwendige Konstruktionen erforderlich; es wird dementsprechend intensiv nach Verbesserungen gesucht.

Akkumulatoren

Einen Sonderfall des chemisch verursachten Entstehens von Elektrizität haben wir in den Akkumulatoren. Diese können ja durch Hineinschicken elektrischen Stromes «aufgeladen» werden. Dadurch kommt dann jeweils wieder eine solche chemische Beschaffenheit der Elektrodenplatten zustande, welche eine entsprechende Zellenspannung ergibt. Zum Laden wird dann immer Einiges mehr an elektrischer «Energie» verbraucht, als beim Entladen wieder abgegeben werden kann.

Ein Prinzipversuch zum Bleiakkumulator kann wie folgt gemacht werden: Wir stellen zwei Bleibleche (sog. Walzblei) in ein Gefäß mit Akkumulatorensäure (verdünnte Schwefelsäure). Nun wird ein Strom von einem Ladegerät einige Minuten lang von der einen zur anderen Platte geleitet. Dann nehmen wir die Ladevorrichtung wieder weg und verbinden die Bleiplatten über ein kleines Glühlämpchen für ca. 2 Volt. Dieses leuchtet nun eine kurze Zeit lang, wie wenn die beiden Platten aus verschiedenem Metall wären. Es hat sich auch wirklich auf der positiven Platte eine dünne Schicht von Bleisuperoxid gebildet, die nun schnell wieder abgebaut wird.

Bei den technischen Blei-Akkumulatoren werden dicke, in geeigneter Art durchbrochene Bleiplatten verwendet, so daß möglichst große wirksame Oberflächen entstehen. Die Plusplatten werden schon mit Bleidioxid vorbereitet, und die Minusplatten mit schwammig-porösem Blei versehen, so daß die Vorgänge nicht bloß an einfachen Plattenoberflächen, sondern unter Beteiligung möglichst großer Materialmengen stattfinden können.

Außer den Bleiakkumulatoren mit ihrer Zellenspannung (Urspannung) von 2,06 Volt werden hauptsächlich noch die folgenden anderen gebaut:

der *Nickel-Eisen-Akku* (Zellenspannung 1,3 Volt) mit weniger Gewicht und wesentlich größerer Haltbarkeit, aber relativ stärker absinkender Spannung beim Entladevorgang;

der *Silber-Zink-Akku* (Zellenspannung 1,85 Volt), ganz besonders leicht, aber viel weniger lang haltbar und viel teurer [8].

Thermo-Elektrizität

Eine noch einfachere Art der Elektrizitätsentstehung zwischen verschiedenen Metallen als die chemische ist die bloße thermische. Sie erfolgt, wenn sich eine Verbindungsstelle der beiden Metalle auf anderer Temperatur befindet als der übrige Stromkreis. In diesem tritt dann eine Spannung auf, die allerdings so klein ist, daß man sie nur instrumentell feststellen bzw. messen kann. Mit einem Spannungsmesser (Millivoltmeter) kann sie dann allerdings recht gut zu Temperaturbestimmungen verwendet werden. Es sind hierzu vor allem die folgenden Metallpaare gebräuchlich:

Plus		Minus	
Kupfer	/	Konstantan	bis 500 Grad ^{0}C
Platin	/	Platin/Rhodium	bis 1600 Grad ^{0}C
Iridium	/	Iridium/Rhodium	bis 2000 Grad ^{0}C

Gegenüber der chemischen Polarisation haben wir hierbei nur eine solche, bei der keine Material-Umwandlung stattfindet, aber Wärme zu- und abgeführt wird.

Licht-Elektrizität

Weiterhin gibt es Anordnungen, worin durch Licht-Einfluß Elektrizität entsteht. Auch bei diesen tritt die Polarisation an der Grenzschicht zwischen zwei unterschiedlichen Materialien auf. Eine solche läßt sich z.B. innerhalb eines Siliziumkristalles herstellen. Im Periodensystem der chemischen Elemente steht Silizium in der IV. Spalte. In ein aus einem höchstgereinigten Einkristall geschnittenes Plättchen bringt man eine genau dosierte «Verunreinigung» durch ein Material aus der III. Spalte von der Oberfläche her bis zu einer passenden Schichtdicke hinein, und z. B. von der Gegenseite her entsprechend ein Material aus der V. Spalte. Man spricht dann von einer «Grenzschicht», welche zwischen diesen beiden polaren «Dotierungen» entsteht. Beide Dotierungen bringen in dem als reines Silizium nichtleitenden Kristall Zonen einer bestimmten elektrischen Leitfähigkeit hervor, die sich der Art nach unterscheidet. Und nun zeigt sich, daß Licht diese Polarität zu aktivieren vermag, indem die mit dem Material aus der III. Spalte dotierte Seite zum Pluspol wird und diejenige mit dem Material aus der V. Spalte zum Minuspol. Um dies ausnützen zu können, versieht man die beiden Seiten des Kristallplättchens mit metallenen Anschlüssen, wovon der eine jedoch lichtdurchlässig sein muß, also entsprechend dünn oder netzförmig. So entstehen die «Solarzellen», die unter Ausnützung der Sonnen-Einstrahlung oder auch nur des diffusen Tageslichtes Elektrizität produzieren. Im Kleinen werden prinzipiell ähnliche Zellen für Helligkeitsmessungen, Lichtschranken, Dämmerungsschalter usw. eingesetzt.

Es sei noch bemerkt, daß die Dotierung z. B. des Siliziums mit chemischen Elementen aus der III. und V. Spalte mit nur außerordentlich geringen Stoffmengen erfolgen muß. Die hierdurch entstehende Veränderung im Silizium-Grundmaterial ist überhaupt nur elektrisch, jedenfalls nicht mit chemisch-stofflichen Methoden nachweisbar. Auch werden solche Zellen durch fortgesetzte Stromlieferung nicht irgendwie chemisch verbraucht. Der kostenlosen Sonnenstrahlung stehen nur die hohen Zinskosten des in die teure Zellen-Anlage investierten Kapitals gegenüber. Die von einer einzelnen Zelle zu gewinnende Spannung liegt bei etwas weniger als 0,5 Volt. Zur Stromerzeugung muß dann je nach der verlangten Spannung eine Vielzahl von Zellen in Reihe geschaltet werden, und gegebenenfalls eine ganze Anzahl solcher Reihen parallel zueinander.

Piezo-Elektrizität

Im Jahre 1883 entdeckten *J.* und *P. Curie*, daß bestimmte Kristalle durch mechanische Beanspruchung (Druck, Zug, Scherung) an gegenüberliegenden Flächen elektrische Ladungen entgegengesetzter Polarität bekommen. Voraussetzung ist, daß der betreffende Kristall eine polare Achse besitzt, bei welcher die zur Achse senkrechte Ebene keine Symmetrieebene ist. Quarz und Turmalin sind solche Kristalle. Für bestimmte technische Zwecke werden auch keramische Massen mit entsprechender Eigenschaft hergestellt, welche in Richtung auf das Zustandekommen möglichst großer elektrischer Ladungen hin entwickelt wurden. Alle diese Materialien sind Isolatoren, d. h. daß eben nur Ladungen, aber nicht etwa in Batterien Gleichströme entstehen können. Die erzeugbaren Spannungen jedoch gehen bis in die Tausende von Volt: es gibt gut funktionierende elektrische Gasanzünder, welche mittels Schlagwirkung eines durch Federkraft betätigten Hämmerchens Elektrizität hervorbringen, die sich über einen mehrere Millimeter langen Funken entlädt.

Besondere Bedeutung hat die Piezo-Elektrizität durch die Quarzschwinger erhalten. Äußerst präzis hergestellte Quarzkristalle mit ihrer genau eingehaltenen Resonanzfrequenz dienen zur Zeitmessung oder zur Stabilisierung von Oszillator- bzw. Senderfrequenzen. Keramische piezoelektrische Wandler werden in Schallplattenabtastern und in der Ultraschalltechnik verwendet [25, 28].

Meteorologische und physiologische Elektrizität. Blitz

In der freien Natur und in Lebewesen kann ebenfalls Elektrizität gefunden werden. Man denke an Gewitter-Elektrizität, luftelektrisches Feld, von bestimmten Fischen abgegebene elektrische Schläge, oder an die Untersuchung von Gehirn- oder Herz-Strömen beim Menschen. Der Physiker ist gewöhnlich geneigt, solche Erscheinungen auf die eine oder die andere der schon besprochenen Möglichkeiten zurückzuführen. – Im Rahmen dieses Buches ist es nicht möglich, auf diese Gebiete weiter einzugehen. Wir beschränken uns hier auf die Frage nach dem in der Atmosphäre auftretenden Blitz, welcher seit den Versuchen *Benjamin Franklins* 1742 üblicherweise als elektrische Erscheinung interpretiert wird. Doch ist bis heute konkret das Zustandekommen einer so unvorstellbar hohen elektrischen Spannung für den Blitz ungeklärt. In Hochspannungs-Laboratorien werden elektrische Funken-Überschläge gezeigt, welche in blitzähnlicher, unregelmäßig gezackter, auch verästelter Form und mit beträchtlichem Getöse übergehen. Immer sind zum Erzeugen der erforderlichen Spannung Apparate nötig, deren Abmessungen wesentlich größer als die dann erreichbaren Schlagweiten sind. Getrennt neben dieser Apparatur haben wir dann die Versuchs-Überschlagstrecke; örtlich klar unterscheidbar wie sonst in der gesamten Elektrotechnik: Spannungsquelle und Verbraucher. Beim Gewitter ist schon dies nicht mehr der Fall; wir müssen hier ein weitgehend innerlich zusammenhängendes Geschehen wie in allen eigentlichen Naturprozessen voraussetzen. Typisch elektrische Auswirkungen haben wir dann nur an irdischen Gegenständen (Flugzeuge inbegriffen) und in unseren Elektrizitätsapparaten, besonders Radio-Empfängern. Sogenannte Blitzspannungen können wir nur aus Feldstärkemessungen in größerem Abstand, und Stromstärken z. B. hinterher aus Magnetisierungsstärken von Mineralien recht ungenau erschließen. – Der Blitz entsteht also aus der freien Luft heraus, wenn diese in rasch aufsteigender Bewegung Wasserdampf mit sich führt, und bei ihrer Expansion und Abkühlung Phasenwechsel des Wassers: Kondensation und Eiskristallbildung eintreten. Das Majestätische des «sinnlich-sittlichen» Eindrucks von Blitz und Donner aus einer Überwelt bildet geradezu einen Gegensatz zu jenen elektrischen Experimental-Vorführungen, die wir Menschen wie aus einer unterhalb der Natur anzusetzenden Schicht heraufzerren. Und *Rudolf Steiner* hielt es für ganz unangebracht, etwa im Schulunterricht den Blitz auf einer Ebene mit diesen künstlichen, «trockenen» Elektrizitäts-Experimenten zu behandeln. Er lehrte uns, in dem Blitzgeschehen ein «Zerreißen des Raumes» und ein Hervorquellen von Licht und Wärme aus demjenigen zu sehen, was den Raum «intensiv, undimensional erfüllt» [49, 50].

6. Wie wirkt Elektrizität?

Gibt sich Elektrizität unseren menschlichen Sinnen kund? Es sei nochmals an den Zungenversuch (Kap. 5) erinnert, wo ein salzartiger Geschmack zu bemerken war. Ein weiteres Experiment machen wir mit einem Trog von etwa 25 cm Länge aus Glas oder Kunststoff, den wir mit Leitungswasser füllen und an seinen Schmalseiten mit zwei gegenüberhängenden Blechelektroden (z. B. Kupfer) versehen. Über einen Stelltransformator mit Trennwicklung legen wir eine Wechselspannung von 15 bis 30 Volt an die Elektroden. Nun können wir die eigene Hand in verschiedener Weise ins Wasser halten und dabei genau verfolgen, was wir dabei wahrnehmen. Bei Querstellung der Hand zur Längsrichtung des Troges werden wir relativ wenig verspüren; es sei denn, wir hätten an dieser Hand irgendwo eine frische Verletzung: dann würden wir dort etwas wie ein Stechen fühlen. – Nun drehen wir die Hand allmählich so, daß ihre Fläche immer mehr parallel der Längsrichtung des Troges hinkommt. Dabei werden wir ein stärker werdendes Nervenprickeln und eine Art Ziehen empfinden. Dies wird noch gesteigert, wenn wir die Finger spreizen. Dazu können wir noch feststellen, daß wir kaum in der Lage sind, etwa eine in die Mitte des Trogbodens gelegte Münze zu ergreifen. Die Elektrizität verhindert jetzt, daß die Finger unserem Willen gehorchen.

Diese Versuche zeigen Einiges von den meist unerwünschten Wirkungen der Elektrizität auf den menschlichen Organismus in einer relativ harmlosen Form. Würden wir statt eines solchen Troges mit den 2 Elektroden zwei Gefäße verwenden, in deren jedes eine Elektrode getaucht wäre, und beide Hände je in eines der Gefäße halten, dann hätten wir einen Stromschluß von der einen Hand zur anderen über die Körpermitte mit dem Herzbereich, und das wäre ausgesprochen gefährlich. Schon mit etwa 40 bis 60 Volt besteht hierbei sogar Lebensgefahr. Während der vorbeschriebene Einhandversuch z. B. mit einer Schulklasse unbedenklich gemacht werden kann, ist ein solches beidhändiges Experiment mit Schülern nicht zu verantworten, zumal die Funktionssicherheit des Herzens bei Heranwachsenden individuell sehr unterschiedlich ist.

Greifen wir nochmals auf die Wahrnehmungen bei dem Versuch mit der einen Hand zurück. Ein «Prickeln» kennen wir etwa auch von dem

Phänomen eines «eingeschlafenen» Gliedes. Der frühere Zungenversuch lieferte im wesentlichen eine «Geschmacks»-Empfindung. Stärkeres Elektrisiertwerden z. B. mit 220 Volt ist schmerzhaft und wirkt verkrampfend, häufig so, daß man die Hand, mit der man einen spannungsführenden Leiter versehentlich ergriffen hat, nicht mehr zu öffnen vermag. Im günstigen Fall kann man sich dann z. B. durch Zurückverlegen des Körpergewichtes noch losreißen. Bei noch höherer Spannung können auch Verbrennungen erfolgen und Lähmungen zeitweilig oder ganz zurückbleiben.

Sinnes-Eindrücke, wie wir sie beim Elektrisiertwerden erfahren, können wir – einzeln genommen – auch ohne Elektrizität bekommen. Daß in einem bestimmten Fall Elektrizität sie verursacht, lernen wir eigentlich erst aus der Art, wie die Sinneseindrücke miteinander in Beziehungen stehen, erkennen. Besondere Vorsicht ist geboten, weil wir einem Drahtstück, einem Metallteil nicht «ansehen», ob sie elektrisch «heiß» sind. – Von Schutzmaßnahmen gegen Elektrizitätsunfälle wird in Kap. 12 «Schutz gegen Stromgefahren» noch die Rede sein.

Wirkungen elektrischer Felder wie Anziehung und Abstoßung, Knistern und Sprühen, Entladung über Funken, Entstehen von elektrischem Wind hatten wir schon oben (Kap. 3) kennengelernt. Etwa ab Anfang des 19. Jahrhunderts, nachdem durch Batterien und später durch Maschinen nicht bloß mehr oder weniger flüchtige Ladungen erzeugt werden konnten, wurden immer mehr Wirkungen des elektrischen «Stromes» bekannt. Zunächst hatte man vom Ausgleich positiver und negativer Elektrizität gesprochen. Noch 1820 benutzte *Oerstedt* den Ausdruck «elektrischer Conflict», wenn der positive und der negative Pol einer Batterie über einen Draht verbunden waren und dieser z. B. eine Temperaturerhöhung erfuhr. Andererseits war hier in unseren Ausführungen schon im Zusammenhang mit der Elektrisiermaschine der Begriff des «geschlossenen Stromkreises» eingeführt worden; wir hatten die Ladungsbewegung von der geriebenen Kunststofftrommel über den Plattenkonduktor, eine Luftstrecke z. B. mit Kerzenflamme, eine Auffangplatte, einen Strommesser und die Erdleitung bis wieder zurück zu dem an der Trommel anliegenden Reibzeug verfolgt. Indem wir uns diesen ganzen Elektrizitätsweg nochmals vergegenwärtigen, stoßen wir auf eine höchst interessante Gegensätzlichkeit: Bei der sich drehenden Trommel-Oberfläche und auch beim Ladungsdurchgang durch die Luft hatten wir wahrnehmbare Bewegungsphänomene im Raum; in den Metallteilen und Verbindungsdrähten dagegen nicht! Und doch denken wir uns gewöhnlich den Vorgang so, daß auch durch die letzteren Elektrizität «fließe».

Joule-sche Temperatur-Erhöhung

Auch bei größeren Stromstärken «in» metallischen Drähten bemerken wir äußerlich zunächst weiter nichts, als daß eine Temperaturerhöhung eintritt. Der Strom bewirkt dort auch keine chemische Veränderung, es sei denn, daß die Temperaturänderung so weit geht, daß die Metalloberfläche vom Sauerstoff der Luft angegriffen wird. Oder bei isolierten Drähten, daß das Isoliermaterial die Hitze nicht verträgt («es riecht nach Ampere»).

Der genannte Temperatureffekt wird dann in den elektrischen Heiz- und Koch-Geräten, sowie in den Glühlampen zur Lichterzeugung ausgenutzt. Es werden hierbei relativ dünne Drähte zur Glühhitze gebracht, und diese müssen entweder durch geeignete Wahl des Drahtmaterials bei der erforderlichen Temperatur noch ausreichende chemische Beständigkeit gegenüber dem Luftsauerstoff haben, oder bei den noch viel höheren Temperaturen der Glühlampendrähtchen durch ein chemisch nicht aggressives Gas in einem geschlossenen Kolben geschützt sein. Bei richtigem Draht-Durchmesser und richtiger Drahtlänge kann dann für eine zur Verfügung stehende Spannung, z.B. 220 Volt aus dem Lichtnetz, gerade die richtige Temperatur und Wattleistung (Kap. 8) erreicht werden.

Als eine der Entstehungsursachen elektrischer Spannungen hatten wir diejenige kennengelernt, welche auf dem Temperaturunterschied zweier Verbindungsstellen z.B. von verschiedenen Metallen beruht (Kap. 5). Dazu gibt es eine Umkehrung als Entstehen von Temperaturdifferenzen zwischen zwei solchen Verbindungsstellen, wenn diese von einem Strom durchflossen werden: Je nachdem, ob eine solche vom Strom in der einen oder anderen Richtung durchflossen wird, zeigt sich dort eine Erwärmung oder Abkühlung. Besonders die letztere ist dann praktisch interessant. Da jedoch der Stromdurchgang außerdem immer auch im Sinne einer Temperaturanhebung wirkt, kommt für eine beabsichtigte Abkühlung nur noch die Differenz beider Effekte in Frage. Trotzdem hat man wirksame Kühlvorrichtungen konstruieren können, welche auf dem hier beschriebenen *«Peltier»*-Effekt beruhen. Es werden dabei statt lauter Metallen Halbleiter-Stäbchen, meist auf der Basis von Wismut-Tellurid, zwischen Kupfer-Verbindungsstücken verwendet. Diese Vorrichtungen können dann durch einfaches Umkehren der Stromrichtung wiederum zum Erwärmen dienen.

Zu den Temperaturwirkungen des elektrischen Stromes sei noch auf Besonderheiten hingewiesen. Vergleichen wir die Glühdrahthitze mit derjenigen einer Flamme oder eines Feuers, so kommen wir auf einen wesentlichen Unterschied, sobald wir ein jeweiliges Ganzes ins Auge fassen. Der «stromdurchflossene» Draht ist kein solches Ganzes; er muß ja erst mit Elektrizität versorgt werden, z. B. aus den Maschinen eines Kraftwerkes. Dort wird z. B. Oel oder Kohle verbrannt, um die Hitze für eine Dampfturbine zu erhalten, mit welcher der elektrische Generator angetrieben wird. Oder im Falle des Wasserkraftwerks: es muß erst durch die Sonnenwärme Wasser verdunsten, welches dann auf den bekannten Wegen bis in die Wasserturbine gelangt. Also ist dann immer eine mehr «natürliche» Hitze primär notwendig, damit sekundär eine solche am Glühdraht entstehen kann. Was wir in einer Flamme oder einem Feuer sonst in einem einzigen konzentrierten Prozeß an Ort und Stelle vor uns haben, das wird im Falle der Elektrizitäts-Anwendung in getrennte, räumlich weit voneinander entfernte Teilprozesse auseinandergelegt.

Ein weiteres Charakteristikum ist dadurch gegeben, daß bei einer guten elektrischen Einrichtung alles dafür getan werden muß, daß die gelieferte Spannung sehr gleichmäßig einen bestimmten Wert, z. B. 220 Volt einhält. Daraus resultiert beim Verbraucher eine ebenso gleichmäßige Hitze etwa einer Herdplatte, solange nicht auf eine andere «Stufe» umgeschaltet wird. Dies im Unterschied zu einem Holz- oder Kohlenfeuer, welches deshalb abwechslungsreichere Konvektionsbewegungen im Kochgut hervorruft. Auch entsteht beim elektrischen Kochen weniger Luftbewegung im Küchenraum als im Falle von Feuer oder Gasflammen und somit eine «dumpfere» Gesamtsituation. – Entsprechende Betrachtungen mögen vom Leser für die elektrischen Heizgeräte angestellt werden. Zwischen diesen und den Einzel-Zimmeröfen steht dann als eine Art Mittelding noch die gewöhnliche Warmwasser-Zentralheizung, welche auch schon eine gewisse Trennung der Prozesse aufweist.

Eine wesentlich andere Art, wie mittels Elektrizität Licht entstehen kann, als die soeben beschriebene, welche auf Temperaturstrahlung aufgebaut ist, haben wir schon in Kap. 3 kennengelernt. Sie wird in immer noch steigendem Maß zu Beleuchtungszwecken eingesetzt. Da man früher von «Entladung» der Elektrizität durch verdünnte Luft sowie durch Gase oder Dämpfe sprach, figuriert heute noch der Ausdruck «Entladungslampen» als Sammelausdruck für die verschiedensten Lampen, in denen solcher Elektrizitätsdurchgang unmittelbar, oder mittelbar über Fluoreszenz, geeignete Stoffe zum Leuchten anregt. Das Wort Entladung paßt aber nicht mehr recht auf den kontinuierlichen oder periodisch mit wechselnder Richtung eingeprägten Stromdurchgang heutiger Praxis. Viel besser kann man diese Lampen, in denen elektrisch durchströmtes Gasiges (auch Dämpfe sind in diesem Sinne Gase), d. h. ein sogenanntes Plasma für den Vorgang der Lichtgewinnung gebraucht wird, unter dem Namen «Plasma-Lampen» zusammenfassen.

In Kap. 16 «Elektrische Beleuchtung» wird sowohl auf die Technik der Glühlampen, als auch auf die Plasmalampen noch näher eingegangen.

Chemische Wirkungen

Schon bei der Schilderung der Batterien war erwähnt worden, daß deren Stromlieferung mit chemischen Veränderungen an den Oberflächen der Elektroden und der Flüssigkeit verbunden ist. Im Sinne der Vollständigkeit des Stromkreises durchfließt der Strom ja nicht nur den außen angeschlossenen Teil mit dem «Verbraucher» und dessen Zu- und Rückleitung, sondern auch die Batteriezellen. Nun kommen wir zu der allgemeineren Frage, was mit einem Stromdurchgang durch leitfähige Flüssigkeit an Erscheinungen verbunden ist. In den Flüssigkeiten haben wir ja wiederum Bewegliches, das von der Elektrizität dann gegebenenfalls «mitgenommen» werden kann. Nun ist es interessant, daß höchstgereinigtes Wasser nur eine ganz minimale Fähigkeit der Stromleitung hat. Es muß erst etwas Weiteres in diesem Wasser gelöst sein, wenn es richtig leitfähig, zum «Elektrolyt» werden soll. Dann kann man z. B. durch Elektrolyse Sauerstoff und Wasserstoff gewinnen. Zu diesem Zweck setzt man dem Wasser eine gewisse Menge Schwefelsäure zu. Der Chemiker beschreibt dann den Vorgang in einer relativ komplizierten Weise mit der «Ionentheorie». «Ion» ist altgriechisch und bedeutet «das Wandernde». Er stellt sich nun vor, daß schon bei der bloßen Auflösung von Schwefelsäure (H_2SO_4) in Wasser der größte Teil der H_2SO_4-Moleküle in je ein positiv geladenes H_2-Ion und ein negativ geladenes SO_4-Ion aufgespalten wird, indem die Wassermoleküle sich dazwischendrängen (Dissoziation durch Hydradation). Diese Ionen mit ihren zunächst nicht in Erscheinung tretenden elektrischen Ladungen werden dann beim Anlegen einer elektrischen Spannung zwischen den Elektroden ihre Wanderung zu der jeweils gegenpoligen Elektrode beginnen. Dort angekommen werden die Ionen entladen, und an den Elektroden erfolgen Sekundär-Reaktionen mit dem Wasser, so daß an der Anode unter Zurückbildung von H_2SO_4 nur Sauerstoff O_2 und an der Kathode Wasserstoff H_2 erscheinen. – Wir möchten diesen theoretischen Vorstellungen noch gegenüberstellen, was die unmittelbare Beobachtung und Beurteilung ergibt. Wenn wir reines, z. B. destilliertes Wasser mit einer gewissen Menge konzentrierter Schwefelsäure versetzen, so ist eine erstaunlich kräftige Erwärmung dabei festzustellen. Wir müssen deshalb die Säure schon relativ vorsichtig, langsam zugießen. Jeder Chemieschüler lernt, daß man die Mischung niemals umgekehrt so machen darf, daß man Wasser in konzentrierte Schwefelsäure schüttet! Die Temperaturerhöhung zeigt, daß dieses Auflösen als tiefgreifender Prozeß zu verstehen sein muß. Wenn wir nun links und rechts je eine Platte z. B aus gepreßter Kohle hineinhängen und diese an den Pluspol und an den Minuspol einer Gleichspannungsquelle anschließen, so bemerken wir an beiden Platten ein Aufsteigen von Gasblasen, und zwar auf der Minusseite die volumenmäßig doppelte Gasmenge: also 2 Volumteile Wasserstoff an der Kathode auf 1 Volumteil Sauerstoff an der Anode, ganz entsprechend der Formel H_2O. Mit der Nase in der Nähe spüren wir dann einen ätzenden Geruch und werden zum Husten gereizt. Geht man der Sache genauer nach, so stellt sich allerdings heraus, daß bei diesem Elektrolyse-Prozeß der Schwefelsäureanteil im Wasser nur ganz wenig abnimmt; eben nur dadurch, daß die Gasbläschen beim Hervorkommen aus der Flüssigkeitsoberfläche mit ihrem Platzen etwas in die Luft versprühen. Es ist die Schwefelsäure zwar in den Prozeß einbezogen, aber wird dadurch nicht eigentlich verbraucht, sondern es wird letztendlich das Wasser gegen Sauerstoffgas und Wasserstoffgas ausgetauscht.

Elektrolyse ist für eine Vielzahl chemisch-technischer Arbeiten geeignet. Z. B. können Metalle in Säuren aufgelöst und dann in reinerer Form kathodisch niedergeschlagen werden (Elektrolytkupfer). Nicht nur eine solche Reinigung von Rohmetallen, sondern auch die Gewinnung aus Erzen ist möglich, so des Aluminiums aus dem Tonmineral Bauxit. Dieser Vorgang wird nicht in wässeriger Lösung, sondern im geschmolzen-flüssigen Erz mit Kryolith-Zusatz ausgeführt. Magnesium wird auf ähnliche Weise gewonnen.

Die Abscheidung von Metallen aus wässrigen Lösungen ihrer Salze wird viel verwendet, um «galvanische Überzüge» auf der Oberfläche anderer Metalle herzustellen; diese werden dazu als Kathode verwendet. Statt Material abzuscheiden, kann durch Elektrolyse auch von einem Metall, das als Anode geschaltet wird, Material abgetragen werden.

Weiterhin kann man z. B. eiserne Werkstücke, Autokarosserien, elektrophoretisch lackieren, indem man sie in einer geeigneten wässerigen Lösung, welche den mittels Aminen in wasserlösliche Form umgesetzten polymeren Lack und Farbpigment enthält, als Anode einsetzt. Durch die dortige Bildung von Sauerstoff wird der Lack wieder wasser-unlöslich. Solches elektrophoretische Lackieren hat den Vorteil, daß die Lackschicht gerade an Kanten und Ecken wegen der dortigen Konzentration der elektrischen Feldlinien besonders dick wird. Entsprechend der polymeren Beschaffenheit des Lacks wird dazu relativ wenig Strom gebraucht [18].

Charakteristisch für das Wesen der Elektrizität sind die genauen quantitativen Beziehungen zwischen Elektrizitätsmengen und Stoffmengen bei allen elektrochemischen Prozessen. Es ist eines der vielen Gebiete, für die *Michael Faraday* die Grundlagen ausgearbeitet hat. Seine Ergebnisse kann man zusammengefaßt wie folgt aussprechen: Die Stoffmenge in Gramm, welche ein Strom durch einen Elektrolyten an der Anode oder Kathode pro Sekunde abschneidet, ist gleich dem Produkt aus der Stromstärke in Ampere und dem Äquivalentgewicht des betreffenden Stoffes, dividiert durch die spezifische Ionenladung mit dem Zahlenwert 96487 Amperesekunden/Grammaequivalent. Sie kann allein aus diesen Größen berechnet werden. Für diese Mengen-Beziehung ist also nicht im einzelnen relevant, wie die räumlichen Abmessungen oder die Beschaffenheit der Elektroden und des Elektrolyten sind, und welche Spannung auf Grund dieser Eigenschaften erforderlich ist, um die vorgesehene Stromstärke hindurchzuschicken.

Es sei noch bemerkt, daß es für die meisten elektrochemischen Verfahren von großer praktischer Bedeutung ist, die «Stromdichte», d. h. die auf 1 m² bzw. 1 cm² der Elektrodenfläche entfallende Stromstärke optimal zu wählen. Z. B. bei galvanischen Überzügen hängt die Struktur und Haftfestigkeit der erzielten Schicht stark von dieser Stromdichte ab.

Deren günstigster Wert ist erstmals durch Labor-Untersuchungen zu ermitteln. Weiterhin hängt ein guter Erfolg sehr von der Wahl der Lösungs-Konzentration, der richtigen Kombination der Chemikalien und von der Sauberkeit der Elektrodenoberflächen ab.

Eine weitere, in diesem Kapitel bisher nicht erwähnte Tatsache besteht darin, daß elektrischer Strom stets mit einem Magnetfeld verbunden auftritt. Diesem Zusammenhang sei, auch in Anbetracht seiner großen Bedeutung, nun ein besonderes Kapitel gewidmet.

7. Elektro-Magnetismus

Daß sowohl die Elektrizität, als auch der Magnetismus Kräftewirkungen über räumliche Abstände hin ausüben, deutete schon auf die Möglichkeit einer engeren Beziehung zwischen diesen beiden Kräftegebieten. Man suchte nach magnetischen Äußerungen der Voltaschen Säule mit ihrem Plus- und Minuspol und fand keine. *Hans Christian Oerstedt* in Kopenhagen kam dann auf den Gedanken, daß der «elektrische Conflict» in einem Draht, welcher die Pole einer kräftigen Batterie verbindet, in seiner Umgebung eine Magnetnadel beeinflussen könnte. Im Sommer 1820 führte er einen solchen Draht quer über eine Kompaßnadel, ohne einen Effekt zu bemerken. Wenig später aber am selben Tage, als er den Versuch mit einer starken Batterie und einem parallel zur Kompaßnadel über dieser angeordneten Draht wiederholte, zeigten sich kräftige Auslenkungen der Nadel, die dann beim nachherigen Umkehren der Stromrichtung nach der entgegengesetzten Seite gingen. Diese Ergebnisse stehen am Ausgangspunkt einer darauffolgenden schnellen Entwicklung des Elektromagnetismus vor allem durch französische Physiker [11]. – Wir können *Oerstedts* Grundversuche mit den in Kap. 5 beschriebenen Drahtanordnungen selber ausführen und die verschiedenen räumlichen Kombinationen prüfen, indem wir statt des Meßinstruments eine Batterie an die Drahtstücke anschließen, und statt des relativ zu den Drähten bewegten Magneten einen Kompaß in Drahtnähe auflegen.

Noch im Jahre 1820 fand sodann *André Marie Ampère*, der von *Oerstedts* Versuchen Bericht bekommen hatte, daß zwei parallele solche Drahtstücke einander anziehen, wenn sie gleichsinnig gepolt mit der Batterie verbunden werden, und bei gegensinniger Stromrichtung einander abstoßen. Bei seiner weiteren systematischen Untersuchung der magnetischen Verhältnisse in der Umgebung von Stromleitern gelangte *Ampère* über die Schleife und Mehrfachschleife (vgl. Kap. 5!) im Jahre 1822 zum Prinzip der Magnetspule, welche eine gewaltige Steigerung der Wirkung gegenüber dem Einzeldraht ermöglichte. Solche Spulen waren auch geeignet, eine innerhalb ihres Hohlraums angeordnete Magnetnadel schon auszulenken, wenn nur ein recht geringer Strom durch den aufgewickelten Draht floß. Damit war eine erste Meßmöglichkeit für kleine Stromstärken gegeben. Solche Apparate nannte man Galvanometer.

Wenn wir einen kräftigen Strom durch eine Spule mit vielen Windungen schicken, so wird diese selbst zu einem Magneten. Sie kann nicht bloß auf andere Magnetpole wirken, sondern auch vorher unmagnetisches Eisen anziehen. Wir nehmen eine solche zylindrische Spule (Bild 7.1) und verbinden sie mit den Klemmen eines Auto-Akkus (12 Volt): Eine eiserne Schraube wird in den Spulen-Hohlraum hineingezogen. Ein dort hineinpassender zylindrischer Eisenkörper (ST 34) wird sehr stark magnetisch, wenn man ihn in diese Spulenhöhlung hineingleiten läßt. Aber alle diese Kräfte sind an den elektrischen Strom gebunden und verschwinden mit diesem wieder, wenn er ausgeschaltet ist. Darin liegt gerade die vielfältige Anwendbarkeit des Elektromagnetismus, daß er nicht bloß kraftvoll anziehen, sondern auch wieder loslassen kann. Allerdings gibt es auch die Anwendung, mittels einer solchen Spule Dauermagneten zu machen. Wenn wir ein Stück aus geeignetem harten Stahl, der noch nicht magnetisch ist, in die Spule stecken und den Strom auch nur für

Bild 7.1: Versuchsspule für Elektromagnetismus und Induktion. Flanschen Pertinax 120 x 120 x 6 mm. Inneres Spulenrohr Acrylglas mit Außen-Ø 60 mm, Innen-Ø 50 mm. Wicklung 2 x 10 Lagen lackierter Kupferdraht 1 mm Ø auf 60 mm Wickelbreite, insgesamt 951 Windungen. Mit Ankoppelwicklung 10 Windungen zwischen der 10. und 11. Lage der Hauptwicklung. Alle Lagen papierisoliert und mit Araldit verspachtelt.

kurze Zeit einschalten, so bleibt das Stahlstück auch nach dem Herausnehmen magnetisch. Nach diesem Prinzip und mit sehr starken Strömen werden heute sämtliche Dauermagnete hergestellt. – Je nach dem Material ist es demnach möglich, vorübergehenden oder bleibenden Magnetismus zu erregen. Durch Umkehren der Stromrichtung wird übrigens auch die Polarität des Magnetismus umgekehrt, so daß der bisherige Nordpol des Magneten zum Südpol wird, und zugleich der bisherige Südpol zum Nordpol. Diese Möglichkeit ist die logische Voraussetzung für den Bau der Elektromotoren, bei denen ja magnetische Kräfte eine fortlaufende Drehbewegung zustandebringen (Kap. 17).

Eine dritte Anwendung des Elektromagnetismus ist paradoxerweise das Entmagnetisieren von Gegenständen wie z. B. Werkzeugen, die unerwünschte Magnetberührungen hatten. Auch Tonköpfe aus Kassettenrecordern müssen gegebenenfalls entmagnetisiert werden (für diese verwende man aber nur die dafür passenden Hilfsmittel!). Haben wir nun z. B. einen Schraubenschlüssel mittels unserer Spule magnetisiert, so könnten wir daran denken, diesen durch Umkehren der Stromrichtung wieder zu entmagnetisieren. Nur, wenn wirklich nichts zurückbleiben soll, müßten wir dazu genau wissen, wie stark wir diesen Strom zu wählen haben. Aber dies ist eher noch durch vielfaches Probieren als durch Berechnen herauszubringen. Viel besser hilft uns in dieser Lage der Wechselstrom. Wir werden also aus der Steckdose über einen geeigneten Transformator unserer Spule einen Wechselstrom von etwa 3 Ampere zuführen. Dann lassen wir den Schraubenschlüssel ins Innere gleiten und ziehen ihn nur langsam aus dieser Spule wieder heraus. Dabei werden pro Sekunde 100 Richtungswechsel der Magnetisierung erzeugt, von denen beim langsamen Herausbewegen jede etwas schwächer als die vorhergehende wird und diese damit beinahe aufhebt, so daß zuletzt nur noch ein unmerklicher Rest bleibt.

Eindrucksvoll sind die folgenden Versuche, die wir mit sehr kurzzeitiger Magnetisierung machen können: Wir legen unsere Spule mit vertikaler Achsenrichtung auf ein stehendes Kunststoff-Rohrstück, z. B. eine Abflußrohr-Verbindungsmuffe mit etwa 13 cm Durchmesser und 15 cm Höhe. Auf eine Papp-Unterlage im Innern stellen wir dann ein Stück Eisenrohr oder einen rohrförmigen Sechskant-Steckschlüssel, der ein wenig kürzer als das Kunststoffrohr sein sollte, in die Mittelachse. Für die Spule brauchen wir dann einen kurzzeitigen, recht starken Stromstoß. Zum Erzeugen eines solchen eignet sich am besten eine Kondensator-Entla-

dung; wir wählen dazu einen Netzspannungs-Gleichrichter mit Speicherkondensator von 2500 Mikrofarad (s. Kap. 28). Dieser wird über eine
Drucktaste und einen Zusatzwiderstand von 1 bis 3 Ohm über die Spule
entladen. Während dieser Stromstoß mit einem Scheitelwert von etwa 20
bis 30 Ampere fließt, wird unser eiserner Gegenstand nach oben be-
schleunigt und steigt durch die Spule hindurch auf eine Höhe von 0,5 bis
2 Meter über der Tischplatte. Man kann ihn dann bei einiger Geschicklichkeit mit der Hand abfangen, bevor er im Herabfallen irgendwo auf-
schlägt. Mit einem Stelltransformator vor dem Netzgleichrichter kann
man zunächst vorsichtig mit kleineren Spannungen am Speicherkondensator vorprobieren und dann schließlich bei einer maximalen Kondensa-
torspannung von etwa 300 Volt ein geeignetes Rohrstück bis kurz unter
die Decke des Raumes springen lassen.

Für ein nächstes Experiment legen wir die Spule mit horizontaler
Achse auf den Tisch. Dann nehmen wir das früher erwähnte Paar kurzer
Magnete (Kap. 1), und klemmen zwischen die beiden das Ende eines dünnen Verpackungsbändchens von 4 bis 5 mm Breite, so daß wir das Magnetpaar daran hängend halten können. Im erdmagnetischen Feld
schwingt es dann in die Nord-Süd-Richtung allmählich ein. So können
wir es in etwa 10 cm Abstand vor die Höhlung der Spule bringen, deren
Achse dazu ost-westlich, also quer zur Magnetachse, orientiert wird.
Wenn wir jetzt wieder einen solchen Stromstoß durch die Spule
schicken, dann übt dieser einen Drehimpuls auf das Magnetpaar aus. Je
nach der Einstellung des Abstandes ist dieser leicht in seiner Stärke zu
verändern. Das Magnetpaar kann sich infolge dieses sehr kurzzeitigen
Drehstoßes vielmal um sich selbst drehen und das Bändchen entsprechend verdrillen; ja es kann soweit kommen, daß die beiden Magnetchen
trotz ihrer starken gegenseitigen Anziehung auseinanderfliegen!

Beim soeben geschilderten Experiment konnten wir schon eine mehr-
malige Drehung erreichen. Aber bis zu einem unbeschränkten Weiterdrehen fehlt uns noch Wichtiges. Es gibt hierzu vor allem zwei wesentlich verschiedene Lösungswege. Der erste ist sowohl für Gleichstrom, als
auch für Wechselstrom gangbar, der zweite für Wechselstrom und Drehstrom. Auf diese wird dann in Kap. 17 «Elektromotoren» näher eingegangen.

In Kap. 2 waren verschiedene physikalische Meßgrößen für das elektrische Feld aufgeführt, welche vom Elektrotechniker im Anschluß an
Maxwells Untersuchungen verwendet werden. Ein dementsprechendes

Quartett von Größen ist auch für das magnetische Feld in Gebrauch:

die magnetische Feldstärke H in Ampere/Meter (A/m)
die magnetische Spannung V in Ampere (A)
die magnetische Feld- oder Flußdichte B in Tesla (T) = Vs/m^2
der magnetische Fluß $\emptyset$ in Voltsekunden (Vs).

Wir nennen diese Größen im Zusammenhang mit dem Elektromagnetismus, weil sie unmittelbar vom magnetisierenden elektrischen Strom aus eingeführt wurden. Denken wir uns z. B. einen geraden Kupferdraht, der von einem Strom der Stärke I durchflossen wird (die Rückleitung sei relativ weit entfernt). Der Draht ist dann von einem Magnetfeld umgeben, dessen Feldlinien Kreise um den Draht als Achse darstellen. In einem radialen Abstand r von der Drahtachse hat die betreffende Feldlinie eine Länge von $2\pi r$, und die magnetische Feldstärke ist an allen Stellen dieser Linie H = $\frac{I}{2\pi r}$. Die zugehörige magnetische Spannung ist gleich dem Stromwert I.

Haben wir nun eine Drahtspule, z. B. wie diejenige in Bild 7.1 mit 951 Windungen, so wird deren Wicklung von den magnetischen Feldlinien außen ganz, und im Wicklungsbereich selber teilweise, umschlossen. Für diejenigen Feldlinien, welche die Spule ganz umschließen, wird dann die magnetische Spannung V gleich der Stromstärke I mal der Windungszahl 951, und für die Linien, welche nur einen Teil der Wicklung umschließen, im entsprechenden Verhältnis kleiner. Man hat also V gleich der «Amperewindungszahl» oder «Durchflutung» gesetzt. Bei dieser Spule können wir zwar diese magnetische Spannung leicht angeben; aber die Feldstärke verteilt sich nicht gleichmäßig auf die Länge einer solchen Feldlinie. Im Hohlraum der Spule liegen die Linien viel dichter nebeneinander als im äußeren Umgebungsraum, so daß also innen die Feldstärke und auch die Felddichte viel größer sind als außen.

In Luft bzw. im leeren Raum ergibt sich bei einer Feldstärke H eine Flußdichte von $B = \mu_0$ H mit $\mu_0 = 4\pi \cdot 10^{-7} \frac{H \ (Henry)}{m}$. Um in Luft die Flußdichte von 1 Tesla zu erzeugen, braucht es also eine Feldstärke von fast 800 000 A/m bzw. 8000 A/cm. In Eisen dagegen können wir dieselbe Flußdichte mit wenigen A/cm erreichen. Und für die Anziehungskraft F eines Magneten ist die Pol-Fläche A zusammen mit der Flußdichte maßgebend: im einfachsten Fall zwischen planparallelen Flächen gilt:

$F = 39{,}8 \cdot A \cdot B^2$ N (Newton), mit A in m^2, B in T (Tesla).

Die so gewonnenen Begriffe können dann auch für das Magnetfeld von Dauermagneten gebraucht werden. Denn die Felder von solchen lassen sich räumlich und stofflich mit denen von Elektromagneten vergleichen.

8. Spannung und Stromstärke

Schon eingangs hatten wir auf die Besonderheit des elektrischen und magnetischen Kräftegebietes gewiesen, die im Wirken über räumliche Abstände hinweg dem Menschen fremdartig, mechanisch nicht faßbar, geradezu magisch erscheinen müssen. Dem steht aber gegenüber, daß es gelungen ist, gesetzmäßige quantitative Beziehungen in diesen Gebieten der mathematischen Formulierung, der Rechenkunst und geeigneten Meßverfahren besser und genauer zu erschließen als auf irgend einem anderen Gebiet der Naturwissenschaft. Bei Elektrotechnik und Elektronik stehen wir eigentlich vor «berechenbarer Magie». Was damit noch an Defekten, Unsicherheiten usw. verbunden ist, beruht auf Materialfehlern, Unsauberkeiten, Abnützungen mechanischer Teile und Hitzebeanspruchung, sowie auf schädlichen Einwirkungen von außen. Dies alles sind Möglichkeiten genug, besonders wenn man noch an «menschliches Versagen» denkt.

Die Spannweite der zahlenmäßigen Erfassung elektrischer Meßgrößen ist, wie sich einer Überschau ergibt, ungeheuer groß: bei elektrischen Spannungen z.B. sind Feststellungen von Bruchteilen eines Millionstel Volt bis zu vielen Millionen Volt von praktischer Bedeutung, und bei anderen Meßgrößen in noch weiterem Verhältnis. Um nicht vielstellige Zahlen umständlich ausschreiben zu müssen, hilft man sich mit abkürzenden Bezeichnungen oder der Schreibweise in Zehnerpotenzen oder logarithmischen Skalen (z.B. Dezibel). Am Beispiel der Stromstärke-Einheit zeigt die folgende Tabelle solche Abwandlungen:

1 MA	= Megaampere	= 1 Million Ampere	= 10^6 Ampere
1 kA	= Kiloampere	= 1000 Ampere	= 10^3 Ampere
1 A	= Ampere		
1 mA	= Milliampere	= 1 Tausendstel Ampere	= 10^{-3} Ampere
1 μa	= Mikroampere	= 1 Millionstel Ampere	= 10^{-6} Ampere
1 nA	= Nanoampere	= 1 Milliardstel Ampere	= 10^{-9} Ampere
1 pA	= Picoampere	= 1 Billionstel Ampere	= 10^{-12} Ampere
1 fA	= Femtoampere	= 1 Tausendbillionstel A.	= 10^{-15} Ampere

Wir gehen zunächst von den beiden Grundgrößen Spannung und Stromstärke aus. So wie ein Seil zwischen zwei Befestigungspunkten gespannt ist, bezeichnet elektrische Spannung eine Meßgröße, welche zwischen zwei «Meßpunkten» einer elektrischen Anlage definiert und zu messen ist. Ein Voltmeter als Spannungsmesser wird also z. B. am Pluspol und am Minuspol einer Batterie, oder zwischen Hin- und Rückleitungsbuchse einer Netzsteckdose mit seinen zwei Strippen angeschlossen. Der Ausdruck «Spannung» ist sprachlich gut gewählt, weil er auf ein größeres oder kleineres Maß von «Möglichkeiten» hindeutet. Problematischer ist der Ausdruck Strom bzw. Stromstärke, der mit einem anschaulich genommenen Wort etwas durchaus nicht in diesem Sinne Anschauliches bezeichnet. Immerhin weist das Wort Strom auf einen Richtungssinn, und wenn auch im Fall der Elektrizität nur in Spezialfällen eine sinnenfällige Bewegung vorliegt, so kann man doch an einer elektrischen Einrichtung in Gedanken – oder auf der «Schaltungszeichnung» mit dem Finger – den gesamten Stromkreis vom Ausgangspunkt bis wieder zu diesem zurück in einer solchen «Richtung» verfolgen. Und so, wie man bei einer Wasserleitung das einfache Rohr an einer passenden Stelle unterbricht und dort einen Durchflußmesser einbaut, können wir den Leitungszug eines elektrischen Stromkreises unterbrechen und ein Amperemeter mit geeignetem Meßbereich als Strommesser dazwischen schalten. Oder wir können, weil der elektrische Strom in der Umgebung des Drahtes ein Magnetfeld mit sich führt, diesen Magnetismus für die Strommessung benützen, ohne daß der Draht unterbrochen wird.

Fast alle Spannungs- und Strommesser mit Zeiger und Skala funktionieren mit Hilfe elektromagnetischer bzw. elektrodynamischer Kraftwirkung. Elektrodynamisch nennt man die Kraft zwischen einem stromdurchflossenen Leiter und einem Magneten, oder zwischen zwei solchen Leitern. Labor- und Service-Instrumente sind mit fest eingebautem Magnet und einer in dessen Feld drehbar angeordneten kleinen Spule versehen, welche über zwei Spiralfedern elektrisch angeschlossen ist. Die beiden Federn liefern beim Verdrehtwerden der Spule durch die elektrodynamische Kraft auch ein Gegendrehmoment, so daß sich ein der Stromstärke möglichst genau proportionaler Verdrehwinkel einstellt, mit entsprechendem Zeigerausschlag.

Fest installierte Überwachungs-Meßinstrumente können von derselben Bauart sein, doch findet man vielfach noch eine andere Konstruktion mit feststehender Spule und einem in deren Hohlraum drehbar angeordneten, besonders geformten Körper aus einer leicht ummagnetisierbaren Eisensorte. Im Unterschied zu den obigen Drehspul-Instrumenten sind dies die Dreheisen-Instrumente, welche ohne weitere Kunstgriffe bei Wechselstrom wie bei Gleichstrom funktionieren. Bei den Drehspul-Instrumenten dagegen muß für Wechselstrom-Messungen noch eine Gleichrichterschaltung vorgesehen werden (Kap. 10).

In der Elektrotechnik hat man gewöhnlich Spannungsquellen, deren Voltzahl dem Sollwert nach bekannt und gegeben ist. Praktisch kann die hieraus zur Verfügung stehende Spannung gewisse Abweichungen von diesem Sollwert zeigen. So kann die genaue Spannungsmessung an einer 220 Volt-Steckdose gelegentlich z. B. 227 Volt oder auch nur 218 Volt ergeben; oder ein 12 Volt-Akku kann je nach Ladezustand in den Extremfällen 12,6 oder bloß noch 11,3 Volt aufweisen.

Anders ist es bei der Stromstärke. Diese hängt bei gegebener Spannung von der räumlichen Bemessung und dem Material der stromdurchflossenen Teile, sowie von den Betriebsbedingungen des angeschlossenen Gegenstandes ab. Nun war schon immer davon die Rede, daß positive und negative Elektrizität einander anziehen und nach einem Ausgleich streben. Wir hatten gesehen, daß z. B. im Falle einer geladenen Leidener Flasche zwischen den genäherten Metallteilen ein plötzlicher, dramatischer Ausgleich mit Lichtblitz und Knall erfolgte. Auch mit der elektrischen Spannung an einer Steckdose können wir einen teilweise entsprechenden Versuch machen. (Vorsicht! Nur bei genügender Fachkenntnis, s. Kap. 12!). Wir stellen zwei Isolierständer in einem Abstand von etwa 25 cm auf und spannen zwischen diesen ein dünnes Kupferdrähtchen von 0,2 Millimeter Dicke aus. Wir verbinden die Enden des Drähtchens über einen kräftigen Drucktaster mit den beiden Buchsen der Steckdose, nachdem wir noch ein Blech zum Schutz der Tischplatte unter die Vorrichtung gelegt haben. Beim Eindrücken des Tasters gibt es längs des Drähtchens ein flammenartiges Aufblitzen und einen zischenden Knall; es fallen kleine kupferne Schmelzkügelchen zum Teil noch glühend auf das Blech. Die 10 Ampere-Schmelzsicherung im Leitungszug bleibt bei diesem «Kurzschluß-Experiment» normalerweise ganz. Hätten wir ein erheblich stärkeres Drähtchen genommen, so würde die Sicherung durchbrennen. Bei einer solchen ziemlich direkten Verbindung zwischen den Polen einer Spannungsquelle erzielen wir somit nur recht gewaltsame, kurzzeitige Wirkungen. In der Praxis wird selbstverständlich Anderes angestrebt. Man muß dann dem Strom einen mühsameren Weg geben, ihm genügend «Widerstand in den Weg legen». – Wie die Spannung und die Stromstärke, so ist auch der «elektrische Widerstand» zahlenmäßig zu erfassen, im einfachsten Fall mit der Einheit des «Ohm», benannt nach *Georg Simon Ohm* (1787–1854).

Der Ohmsche Widerstand hat in der Elektrotechnik zweierlei Bedeutung: eine nützliche und eine schädliche. Die nützliche kommt zum Tragen, wenn Temperatur-Erhöhungen bezweckt werden, einerseits in den Heiz- und Koch-Geräten, andererseits in den Glühlampen. Oder wenn auf einfachste Weise bei vorgegebener Spannung ein Stromzweig für eine bestimmte Stromstärke zu dimensionieren ist; bzw. wenn umgekehrt eine Stromstärke durch ihren Spannungsabfall an einem «Meßwiderstand» ermittelt werden soll. – Die schädliche Bedeutung des Ohmschen Widerstandes ist darin gegeben, daß in Leitungen, Wicklungen, unsauberen Kontakten Spannungsabfälle im Sinne von Verlusten, oft auch mit unerwünschter Temperatur-Erhöhung verbunden, auftreten.

Ohmsches Gesetz

Die Beziehung zwischen Spannung, Ohmschem Widerstand und Stromstärke wird durch das vielgenannte «Ohmsche Gesetz» ausgedrückt:

$$\text{Stromstärke I (in Ampere)} \;=\; \frac{\text{Spannung } U \text{ (in Volt)}}{\text{Widerstand } R \text{ (in Ohm)}}$$

sowie die Umwandlungen dieser Formel:

$$U = R \cdot I \qquad \text{und} \qquad R = U/I.$$

Widerstandsformeln

Der Ohmsche Widerstand eines Leiters ist einerseits durch dessen Material und andererseits durch dessen räumliche Gestalt und deren Abmessungen bestimmt. Für einfache Formen kann er leicht errechnet werden. Der Materialfaktor heißt «spezifischer Widerstand» ρ und wird gewöhnlich in Ohm pro m Länge/mm^2 Querschnitt angegeben. Für Drähte aus den gebräuchlichsten Leiter-Metallen und einer Temperatur $\vartheta = 20^0$C + $\Delta\vartheta$ ergeben sich die folgenden ρ-Werte:

Aluminium	$0,0278 \times (1 + 0,004 \times \Delta\vartheta)$
Chromnickel	$1,04$
Eisen, rein	$0,10 \times (1 + 0,0066 \times \Delta\vartheta)$
Konstantan	$0,49$
Kupfer	$0,0179 \times (1 + 0,0039 \times \Delta\vartheta)$
Manganin	$0,43$
Platin	$0,098 \times (1 + 0,0038 \times \Delta\vartheta)$
Silber	$0,0167 \times (1 + 0,0041 \times \Delta\vartheta)$

Der Widerstand eines Drahtes von der Länge l und dem Querschnitt q ist dann durch die Formel

$$R = \varrho \cdot \frac{l}{q} = \varrho \cdot \frac{4\,l}{\pi\,d^2} \qquad \text{mit d als Drahtdurchmesser in mm}$$

bestimmt.

Beispiele: Kabel von 25 m Länge mit Hin- und Rückleitung in Kupfer von 1,5 mm^2 Querschnitt bei 20 Grad C:

$$R = 2 \cdot 0,0179 \cdot \frac{2,5}{1,5} = 0,6 \text{ Ohm}$$

Wicklung eines kleinen Transformators mit 80 m Kupferdraht von 0,3 mm Durchmesser (blank gemessen) bei einer Betriebstemperatur von 70 Grad C ($\Delta\vartheta = 50$ Grad):

$$R = 0,0179 \cdot (1 + 0,0039 \cdot 50) \cdot \frac{80 \cdot 4}{\pi \cdot 0,09} = 24,2 \text{ Ohm.}$$

N.B. Dieser Widerstand bestimmt bei Wechselspannung nicht etwa die Stromaufnahme des Transformators, sondern nur den «Ohmschen Verlust» in der betreffenden Wicklung!

Spannungs- und Strom-Messungen

Besonders hilfreich erwies sich das Ohmsche Gesetz für Spannungs- und Strom-Messungen mit Drehspul-Instrumenten. Zur Spannungsmessung macht man die Wicklung der Drehspule aus vielen Windungen eines sehr dünnen, lackierten Kupferdrahtes, so daß schon eine sehr kleine Stromstärke einen Zeigerausschlag über die ganze Skala ergibt. Und dann legt man in Reihenschaltung mit der Drehspule noch einen zusätzlichen Widerstand relativ großer Ohmzahl, z. B. in Gestalt eines Keramikstäbchens mit einer extrem dünnen aufgedampften Metallschicht, wie es solche in den verschiedensten Ohmwerten, Kiloohm- und Megohmwerten gibt. Z. B. kann die Drehspule so bemessen sein, daß sie den Vollausschlag bei einer Stromstärke von 0,1 Milliampere = 10^{-4} Ampere zustandebringt. Wenn wir dann einen solchen Widerstand der Spule vorschalten, daß sein Ohmwert mit demjenigen der Spule zusammen

$$R = \frac{300 \text{ V}}{10^{-4} \text{ A}} = 3 \cdot 10^6 \text{ Ohm} = 3 \text{ Megohm}$$

ergibt, so arbeitet das Ganze als Voltmeter für einen Meßbereich von 300 Volt Gleichspannung. Die Spannungsmessung wird also auf eine Strommessung zurückgeführt. Ein solches Voltmeter hat dann allerdings einen Eigenverbrauch an Strom. In den meisten Fällen ist es aber möglich, diesen so klein zu halten, daß die zusätzliche Belastung der Spannungsquelle keinen wesentlichen praktischen Nachteil bringt.

Für die Messung von Stromstärken werden meist ebenfalls Hilfswiderstände gebraucht, weil die leichtbewegliche Drehspule nur mit kleineren Strömen gespeist werden darf. Man greift zum Mittel der Stromteilung, indem man den überwiegenden Teil des Stromes in einem Nebenzweig kleiner Ohmzahl an der Drehspule vorbeileitet. Die beiden Zweigströme stehen nämlich – wiederum als Konsequenz des Ohmschen Gesetzes – im umgekehrten Verhältnis der Widerstandswerte der beiden Zweige. So ist es z. B. möglich, 99,999 % des Stromes durch den Nebenzweig zu leiten, und so mittels unserer Drehspule für 10^{-4} Ampere Vollausschlag einen Meßbereich von 10 Ampere zu verwirklichen.

Digital-Meßinstrumente

Ein großer Teil der heute erhältlichen Meßinstrumente ist allerdings nicht mehr auf elektrodynamische Kraftwirkungen und einen dadurch über einer Skala bewegten Zeiger angewiesen; es sind vielmehr Instrumente mit einem Fenster für direkte Zahlenwert-Anzeige. Sie werden als «Digital-Instrumente» im Unterschied zu den «analog» arbeitenden Instrumenten mit Zeigerauslenkung bezeichnet. Bei diesen neueren Instrumenten wird primär ein an einem Meß-Widerstand hervorgerufener Spannungsabfall benützt. Dieser wird, gegebenenfalls nach einer geeigneten «analogen Verstärkung» (Kap. 19) einem «Analog-Digital-Wandler» (Kap. 27) zugeführt; darauf folgt noch eine Verarbeitung zur Zahlen-Anzeige. Durch Verwendung äußerst präziser Bauteile gelingt es dann, bei entsprechend mehrstelliger Anzeige weit bessere Genauigkeiten zu erreichen als mit Zeigerinstrumenten. – Doch haben die letzteren noch einen wichtigen Vorteil: Bei bestimmten Einstellarbeiten ist eine Zeigerbewegung viel schneller zu verfolgen und zu deuten als ein Umspringen von mehrstelligen Zahlenanzeigen. – Durch Schaltungsmaßnahmen, die schon in Richtung auf Computertechnik gehen, können Digitalinstrumente (aber auch schon Zeigerinstrumente) für eine automatische Wahl des richtigen Meßbereichs und eine fast vollkommene Absicherung gegen Überlastung durch zu hohe Spannungs- oder Strom-Werte eingerichtet werden.

Elektrische Leistung

Nicht nur bei Glühlampen, sondern bei fast allen elektrischen Geräten finden wir eine Wattzahl für die elektrische Leistung angegeben. Der Leistungsbegriff der Physik ist so eingeführt, daß er ein Maß für die Arbeitsgeschwindigkeit, und nicht etwa für die Größe einer insgesamt «geleisteten» Arbeit darstellt. Vom sonstigen Sprachgebrauch her ist diese Wortwahl zu bedauern. Im Englischen ist dieser Physikalische Begriff viel treffender mit «power» bezeichnet. Doch werden wir uns bis auf Weiteres damit abfinden müssen, daß z. B. in der Mechanik die Größe

$$\frac{\text{Kraft} \cdot \text{Weg}}{\text{Zeit}} = \frac{F \cdot s}{t} = P$$

mit «Leistung» bezeichnet wird. Als Einheiten sind dabei neuerdings für die Kraft F das «Newton» (N) = 0,1020 kp, für den Weg s das Meter (m), für die Zeit t die Sekunde (s), und für die Leistung P das «Watt» (W) nach dem britischen Erfinder *James Watt* (1736–1819) gebräuchlich.

Für die Elektrizität ergab sich die Frage nach einer entsprechenden Leistungsgröße. Als man begann, mit Elektrizität quantitiv zu experimentieren, standen wieder mechanische Wirksamkeiten in Form von

Anziehungs- und Abstoßungs-Kräften oder Ablenkungswinkeln von Magnetnadeln zur Verfügung. Mittels dieser und schrittweise gefundener Beziehungen zu räumlichen Abmessungen der Apparate gelangte man schließlich zur Definition der heute verwendeten Meßgrößen Spannung und Stromstärke so, daß diese durch ihr einfaches Produkt in jedem Augenblick unmittelbar die Leistung ergeben: $P = I \cdot U$. Wenn wir es mit Gleichspannung und Gleichstrom zu tun haben, gilt diese Beziehung auch in der Dauer. Nun kommen aber in der Technik hauptsächlich zeitlich sich ändernde Spannungen und Stromstärken in Frage, und dann interessiert vor allem ein Leistungs-Mittelwert. Bei dem sinusförmigen Verlauf der Netz-Wechselspannung und mit den Effektivwerten von Spannung und Strom ist die Formel wieder dieselbe, solange es sich um Ohm'sche Verbraucher wie Glühlampen und einfache Elektrowärme-Geräte handelt. Im Falle von Apparaten oder Maschinen mit Wicklungen oder Kondensatoren sind dagegen die Zeitpunkte der Maxima und Nulldurchgänge von Spannung und Strom zeitlich gegeneinander um einen bestimmten Phasenwinkel φ versetzt. Dies berücksichtigt die Formel:

$$P = U \cdot I \cdot \cos \varphi$$

Bei nichtsinusförmigen Verlaufsformen, z. B. des Stromes in Gleichrichter-Schaltungen, ergeben sich kompliziertere Beziehungen. – Gute analoge Wattmeter reagieren in jedem Augenblick proportional dem momentanen Produkt $U \cdot I$ und messen somit die in Frage kommende mittlere Leistung für verschiedenste Fälle richtig, indem das Trägheitsmoment des Meß-Systems eine Mittelung ermöglicht. Moderne digitale Wattmeter enthalten eine entsprechende Rechenschaltung.

9. Transformator und Induktivität

Die Entstehung elektrischer Spannung in einer Spule beim Vorbeibewegen von Magnetpolen hatten wir als bedeutendste Herstellungsmöglichkeit von Elektrizität schon erwähnt (Kap. 5); auch daß wir deren Entdeckung *Michael Faraday* verdanken. Dessen erster Versuch in dieser Richtung war etwas anders gestaltet. Auf je einer Hälfte eines Eisenrings hatte er zwei Wicklungen aus isoliertem Kupferdraht angebracht. Die erste wurde an eine Batterie, die zweite an ein Galvanometer angeschlossen. Zunächst mußte *Faraday* entgegen seiner Hoffnung feststellen, daß, wenn in der ersten (Primärwicklung) ein Strom floß, das Galvanometer trotzdem auf Null zeigte. Dann aber konnte er bemerken, daß das Instrument sofort mit kurzzeitigen Ausschlägen des Zeigers reagierte, wenn der Primärstrom ein- oder ausgeschaltet wurde, und daß die Ausschlagsrichtungen in beiden Fällen entgegengesetzt waren. So gelangte *Faraday* zu dem Gedanken, daß das Entstehen und Verschwinden des Magnetfeldes im Eisenring diese «Sekundär-Stromstöße» hervorbringe. Diesen fundamentalen Zusammenhang mit dem Magnetfeld fand er 1831. Es war dies jenes Jahr, in welchem *James Clerk Maxwell* geboren wurde, der später in Anknüpfung an *Faradays* diesbezügliche Arbeiten eine mathematische Theorie der elektrischen und magnetischen Felder und des wechselseitigen Entstehens solcher Felder aus Veränderungen der anderen entwickelte und diese Theorie in seinen berühmten Gleichungen zusammenfaßte.

Der Grundversuch *Faradays* ist mit einem Schul-Experimentiertransformator (Leybold-Heraeus) leicht auszuführen. Ein Galvanometer alten Stils improvisieren wir mit unserer Spule von 951 Windungen und einer vor deren Hohlraum aufgesetzten Magnetnadel (Bild 9.1). Damit diese nicht im schwachen Erdmagnetfeld nur sehr langsam ausschwingt, plazieren wir zwei kurze zylindrische Magnete rechts und links von der Nadel. Auf die beiden Eisenkernschenkel des Transformators stecken wir je eine der Spulen mit z. B. 500 Windungen und legen das eiserne Joch – mit einem Kartonstreifen von etwa 1 mm Dicke als Zwischenlage – wieder auf. Die eine der Spulen speisen wir über einen Schalter aus einer 4,5 Volt Taschenlampenbatterie. Erst nach dem Einschalten schließen wir die Galvanometerspule an die zweite Spule auf dem Eisenkern an: es zeigt sich kein Ausschlag; wohl aber dann, wenn wir jetzt den «Primärstrom» ausschalten. Wir warten jetzt das Ausschwingen der Magnetnadel ab und sehen, daß sie nur vorübergehend ausgelenkt war. Ein entgegengesetzter Ausschlag gegenüber vorher ist dann die Folge, wenn wir den Strom in der Primärspule wieder einschalten.

Bild 9.1: Induktionsversuch mit 2 getrennten Wicklungen auf einem «geschlossenen» Eisenkern (oben im Bild). Darunter Spule und Kompaßnadel zum Nachweis der Induktions-Stromstöße. Links und rechts unten je ein Richtmagnet.

Faraday war es im Laufe seiner Untersuchung immer deutlicher geworden, daß jede magnetische Veränderung am Ort eines Leiters, wenn dieser nicht gerade genau in der gleichen Richtung wie die magnetischen Feldlinien liegt, in diesem eine elektrische Spannung hervorruft. Nun hatten wir schon kennengelernt, daß ein durch eine Spule geleiteter Wechselstrom einen in seiner Polarität ebenso wechselnden Magnetismus hervorruft (Kap. 7). Eine zweite Wicklung, die von solch wechselndem Magnetfeld durchdrungen wird, muß damit auch eine «induzierte» wechselnde Spannung aufweisen. Und darauf beruht das Funktionieren der so vielfach verwendeten «Transformatoren» für Wechselspannungen. Sie bestehen also im wesentlichen aus zwei benachbarten Spulen, derart angeordnet, daß das Magnetfeld der einen auch die andere durchdringt, bzw. wie man sagt, mit dieser «verkettet» ist. Um die Ausbildung kräftiger Magnetfelder zu ermöglichen, wird meist ein «Eisenkern» vorgesehen, der durch die Höhlungen beider Spulen geht und sich außerhalb derselben wieder schließt (magnetischer Kreis).

Auf dem Kern unseres Experimentier-Trafos lassen wir auf der einen Seite die Spule mit 500 Windungen für die Netzwechselspannung 220 Volt, und stecken auf den anderen Schenkel eine Niederspannungsspule mit z. B. 45 Windungen und verschiedenen Abgriffen für niedrigere Windungszahlen. Das eiserne Jochstück wird diesmal unmittelbar aufgelegt. Mit einem Voltmeter für Wechselspannung stellen wir jetzt die in der Niederspannungsspule durch Induktion erzeugten Sekundärspannungen zwischen den verschiedenen Anschlüssen fest, welche sich ergeben, wenn wir die Primär-Wicklung an die 220 V-Netzspannung anschließen. Aus derartigen Versuchen und Messungen weiß man, daß das Verhältnis der Spannungswandlung annähernd dem Verhältnis der Windungszahlen der beiden Wicklungen entspricht. Sind die beiden Spulen, wie meist bei Experimentiertrafos, zwar mit demselben in sich geschlossenen Eisenkern verkettet, sitzen jedoch auf gegenüberstehenden Schenkeln, so stimmen die Verhältnisse nicht ganz so genau überein wie bei einem Trafo, der beide Wicklungen z. B. röhrenförmig übereinander gewickelt auf einem einzigen Mittelschenkel trägt.

So bieten Transformatoren die Möglichkeit einer fast beliebigen Spannungswandlung, aber selbstverständlich nur bei Wechselspannung und nicht bei Gleichspannung. Mit dem für eine gewünschte Sekundärspannung nötigen Windungszahlen-Verhältnis sind allerdings die erforderlichen Windungszahlen allein noch nicht zu errechnen. Vielmehr muß die Primärwindungszahl zuvor nach der gegebenen Primärspannung, der Frequenz, dem Querschnitt des Eisenkerns und den Eigenschaften der Eisenlegierung bestimmt werden.

Wir können jetzt z. B. an den für 12 Volt geeigneten Anschlüssen der Niederspannungsspule eine Autolampe anschließen. Bezüglich der Funktion des Eisenkerns variieren wir nun den Versuch so, daß wir das Jochstück vertikal auf den Schenkel mit der Primärwicklung stellen und die Niederspannungsspule auf diesen verlängerten Schenkel stecken. Wir bemerken dann, daß die wie vorher angeschlossene Autolampe weniger hell brennt. Die «Kopplung» zwischen Primär- und Sekundär-Wicklung ist jetzt weniger eng. Ein Hochfahren mit der Sekundärspule bewirkt weitere Verringerung der Helligkeit.

Für einen weiteren Versuch nehmen wir die Niederspannungsspule vom Transformatorschenkel weg, entfernen die Autolampe, und schließen nun die gesamte Wicklung mit einer Direktverbindung kurz. Wir schalten darauf die Primärwechselspannung ein und wollen die kurzge-

Bild 9.2: Transformator (Leybold-Heraeus, Physik) mit offenem Eisenkern. Schwebeversuch mit kurzgeschlossener Sekundärspule an der vertikalen Schenkel-Verlängerung.

schlossene Spule wieder auf die Schenkelverlängerung stecken. Es zeigt sich, daß diese Spule jetzt nahe am oberen Schenkel-Ende schweben bleibt! (Bild 9.2). Der in derselben induzierte Strom macht also eine Gegen-Magnetisierung, so daß sich Abstoßung ergibt. – Ein noch intensiveres Abstoßungsexperiment ermöglicht ein Aluminiumring, den wir jetzt – statt der Niederspannungsspule – vor dem Einschalten auf die Primärspule legen, so daß der verlängerte Eisenschenkel durch jenen Ring nach oben ragt. Wenn wir dann Primärspannung geben, wird der Ring nach oben geschleudert (Bild 9.3). Man kann ihn dann leicht mit der Hand abfangen. Ein Versuch, den Ring bei eingeschalteter Spannung unten auf der Primärspule aufsitzend festzuhalten, benötigt einige Kraft und kann nicht lange fortgesetzt werden, weil der Ring dann außerdem recht heiß wird! Schon bei einer in demselben induzierten Spannung von nur etwa 0,3 Volt fließt dann ein Ringstrom von etwa 3500 Ampere.

Nach diesen Versuchen mit Abwärtstransformation der Spannung machen wir noch das Gegenstück: wir setzen den Transformator mit einer Spule von 23 000 Windungen auf dem zweiten Schenkel und mit normal und direkt aufliegendem Eisenjoch wieder zusammen. Die damit zu machenden Versuche erfordern größte Vorsicht! Eine körperliche An-

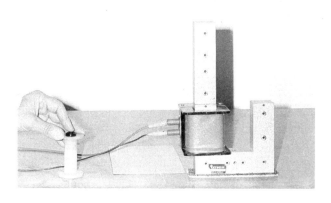

Bild 9.3: Versuch nach *Thomson*: Ein auf die Primärspule aufgelegter Aluminiumring wird beim Einschalten der Primärspannung hochgeschleudert.

näherung bei eingeschalteter Primärspannung kann lebensgefährlich werden! Mit den Hochspannungsanschlüssen der letzteren Spule verbinden wir eine «Hörner-Funkenstrecke» (Bild 9.4). Die Biegestellen der Kupferelektroden bringen wir in etwa 5 bis 7 mm freien Abstand. Wenn wir nun die Primärwicklung mit ihren 500 Windungen einschalten, entsteht in der Sekundärspule eine Spannung von etwa 9500 Volt. Deren Scheitelwert von etwa 13400 Volt reicht aus, um den kleinsten lichten Abstand zwischen den Hörner-Elektroden zu überspringen. Um einen guten und gleichmäßigen Funkenübergang zu gewährleisten, ist dicht unterhalb der rechten Elektrode noch die Spitze eines Kupferdrahtes angebracht, der um die linke Isoliersäule geschlungen ist. Eine feine Sprühentladung an dieser «kapazitiv angekoppelten» Spitzenelektrode sorgt für genügende Ionisiation der Luft im Bereich der Haupt-Überschlagstrecke. Ist diese Strecke durchschlagen, so steigt der Hochspannungslichtbogen in seinem eigenen Aufwind entlang der Hörner soweit nach oben, bis die Spannung nicht mehr ausreicht, den vergrößerten Abstand zu überwinden, und das Spiel beginnt von neuem mit einem Überschlag an der engsten Stelle unten. – Solche Hörner-Anordnungen können praktisch dazu dienen, durch Blitzeinschläge in kleinere Hochspannungsleitungen entstandene Überspannungen zu begrenzen und Kurzschluß-Flammenbögen wieder zu löschen.

Bild 9.4: Transformator mit geschlossenem Eisenkern, mit sekundärer Hochspannungswicklung und Hörner-Funkenstrecke.

Schon vor Einführung des Wechselstroms wurde vom Prinzip der Induktion elektrischer Spannungen in einer Sekundärspule Gebrauch gemacht, indem die Primärspule mit periodisch unterbrochenen Strömen aus einer Batterie gespeist wurde. Kleinere solche Induktionsapparate wurden als Elektrisierapparate zu therapeutischen Zwecken verwendet [26]; größere, die sog. Funkeninduktoren, befinden sich noch in den meisten physikalischen Sammlungen. Sie dienten zum Erzeugen hoher Spannungen für vielerlei Experimente, dann auch für Funkensender und für das Betreiben von Röntgenröhren. Die Eisenkerne für solche Apparate waren zylindrisch-stabförmig, aus einzelnen geradegestreckten Eisendrähten gebündelt, hatten also nicht einen in sich geschlossenen Eisenweg für die magnetischen Feldlinien. Die Form des Magnetfeldes entsprach somit derjenigen eines Stabmagneten (Bild 1.6). Für den Primärstrom war dann meist ein «Selbstunterbrecher», z. B. in der Gestalt eines «Wagnerschen Hammers» angebaut. Dessen wichtigster Bestandteil war eine Blattfeder, die auf der einen Seite ein Eisenplättchen, auf der anderen ein Kontaktplättchen aus Platin oder Wolfram trug. Letzteres berührte im Ruhezustand einen feststehenden Kontaktstift, der an einer Säule, meist mit Schraubverstellmöglichkeit, angebracht war. Wenn die Batteriespannung eingeschaltet wurde, konnte zunächst Strom fließen, doch wurde besagtes Eisenplättchen dann von dem magnetisierten Eisenkern angezogen, was innerhalb einiger Hundertstelsekunden zur Stromunterbrechung an der Kontaktstelle führte. Damit verschwand die magnetische Anziehung wieder, so daß die Blattfeder zurückging und den Stromkreis von neuem schloß. Dieser Zyklus wiederholte sich dann fortlaufend z. B. 15 mal pro Sekunde. – Beim Funktionieren schon kleiner Induktionsapparate konnte auffallen, daß an dem Unterbrecherkontakt fortwährend Funken entstanden, obwohl die Batteriespannung nur einige Volt betrug. Um einen «Lichtbogen-Übergang» durch die Luft zustandezubringen, braucht es jedoch weit größere Spannungen. Nun kam man darauf, daß der Rückgang des Magnetismus bei der Stromunterbrechung nicht nur in der Sekundärwicklung, sondern auch schon in der Primärwicklung eine Spannung induziert. Und diese hat eine solche Richtung, daß sie den Strom aufrechtzuerhalten, das Abnehmen des Magnetismus zu verlangsamen tendiert. Der Physiker E. Lenz fand die berühmt gewordene Regel, daß Induktionsvorgänge immer der sie verursachenden Veränderung entgegenwirken. Beim Einschalten einer magnetisierenden Wicklung wird dadurch schon der Anstieg der Stromstärke verlangsamt. Die hier entstehende Spannung wirkt der Batteriespannung entgegen, kann aber nie größer als diese werden. Anders beim Ausschalten: je schneller die Kontaktstücke auseinanderbewegt werden, umso höher wird die «Unterbrechungsspannung», wobei sich die Induktionsspannung zur Batteriespannung addiert. Um nun die Funkenbildung am Unterbrecherkontakt möglichst zu reduzieren, kann man an diesen einen Kondensator anschließen (Vorschlag von *Fizeau* 1853). ʿDurch dessen Speicherwirkung wird das Ansteigen der Spannung verlangsamt, so daß die Kontaktstücke schon weit genug auseinander sind, bis die Spannung einen für Lichtbogenbildung ausreichenden Wert überschreitet.

Ziehen wir den Stecker eines elektrischen Heizofens mit seinem relativ hohen Stromverbrauch aus der Steckdose, solange der eingebaute Schalter noch auf «Ein» steht, so bemerken wir bekanntlich eine Art grünliches Feuer. Der Strom geht noch eine kurze Strecke durch die Luft und kann das, weil bei der letzten, «punkt»-förmigen Kontaktberührung das Metall in mikroskopisch kleinem Bezirk auf eine zum Freimachen von Elektronen hinreichende Temperatur gebracht wird, und weil die Netzspannung genügend groß ist, um einen Lichtbogen zu betreiben. Dazu braucht es dann keine Spannungserhöhung z. B. durch Induktion. Anders bei dem folgenden Versuch, für den wir wiederum unseren Experimentiertrafo verwenden können. Wir nehmen wieder die zwei Spulen mit je 500 Windungen und schalten diese so hintereinander, daß sich deren Magnetisierungseffekte addieren. Das eiserne Jochstück legen wir über einer Papp-Zwischenlage von 1 bis 2 mm Dicke auf. Für die Speisung verwenden wir ein Netzgerät, welches einen Gleichstrom von 5 Ampere liefern kann, wozu eine Spannung von etwa 26 Volt erforderlich ist, oder wir nehmen 2 Autobatterien von je 12 Volt in Hintereinanderschaltung. Zum Ein- und Ausschalten verbinden wir den Pluspol der Spannungsquelle mit einem isoliert festmontierten blanken Metallstift, wofür wir auch einen gut isolierten Bananenstecker in einen kleinen Schraubstock spannen können. Mit diesem bringen wir nachher die blanke Spitze eines ebenfalls sehr sicher isolierten Prüfstiftes zur Berührung, und warten etwa 2 Sekunden. Dann bewegen wir die Prüfstiftspitze so schnell wie möglich schnappend von dem ersteren Metallstift weg. Es zeigt sich dabei ein aufblitzender Abreiß-Lichtbogen von erheblicher Helligkeit und einer Länge bis zu etwa 4 cm. Noch plötzlicher wird der Abreißvorgang, wenn er vor der Stirnfläche eines Magnetpols getätigt wird. Indem das Magnetfeld den Stromdurchgang durch die Luft ablenkt, zeigt sich für einen Augenblick eine leuchtende, nierenförmige Fläche, und man hört einen zischenden Knall. Hierbei kann eine Unterbrechungsspannung von mehr als 2000 Volt entstehen. Deshalb ist in jedem Fall bei Unterbrechung von Strömen durch Magnetwicklungen streng darauf zu achten, daß kein Strom durch den menschlichen Körper fließen kann, auch wenn die verwendete Spannungsquelle nur eine «harmlose» Niederspannung führt. – Bei den Induktionsapparaten wird die primärseitige Unterbrechungsspannung meist durch den Kondensator auf etwa 200 bis 300 Volt begrenzt. Die sekundäre Induktionsspannung ist dann bei der Unterbrechung ebenfalls viel höher als bei der Schließung des Primärkreises, indem eine Transformation beider Spannungen wiederum annähernd im Verhältnis der Windungszahlen stattfindet.

Induktionsapparate nach dem Prinzip der Batteriestrom-Unterbrechung sind heute in Stückzahlen von Hunderten von Millionen in Zündanlagen für Automotoren vorhanden. Bild 9.5 zeigt im Längsschnitt den inneren Aufbau eines solchen Zündtransformators. Der Unterbrecherkontakt wird nicht durch magnetische Anziehung, sondern durch einen Nockenkörper auf der Zündverteilerwelle betätigt, oder

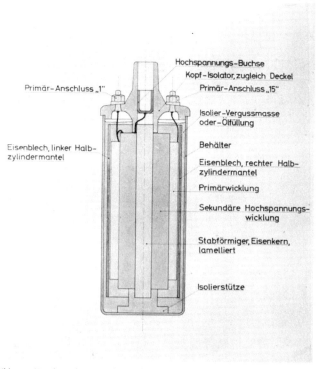

Bild 9.5: Zündtransformator für Kraftfahrzeuge.

durch eine von der Drehung dieser Welle gesteuerte mechanisch-elektronische Vorrichtung ersetzt.

Die Erkenntnis, daß schon in einer Primärwicklung selber Induktionsspannungen eine Rolle spielen, führte dazu, daß auch einfache Spulen mit oder ohne Eisenkern mannigfaltigste Anwendungen gefunden haben, welche auf dieser sogenannten Selbstinduktion beruhen. An Gleichspannung angeschlossen, fließt in einer solchen Spule nach kurzer Verzögerung entsprechend der Lenzschen Regel ein Strom, dessen Stärke sich gemäß dem Ohmschen Gesetz nach dem elektrischen Widerstand des Drahtes richtet. An Wechselspannung angeschlossen, reicht jedoch die Zeit, während die Spannung in einer der beiden wechselnden Richtungen wirkt, nicht aus, um den Strom auf einen Wert der vorigen Größe anwachsen und wieder auf Null abnehmen zu lassen. Die Folge ist eine viel kleinere «effektive» Stärke des dann fließenden Wechselstromes als des Gleichstromes beim Anlegen einer ebenso großen Gleichspannung. Zum Ohmschen Widerstand kommt somit ein «induktiver Widerstand» hinzu. Besonders wenn dieser weit überwiegt, sprechen wir von einer Drosselspule, oder – mehr der Funktionsweise nach – von einer Induktivität. Für deren kennzeichnende Größe wurde das «Henry» als Maßeinheit eingeführt, nach dem amerikanischen Physiker *Henry* (1797 –1878), welchem wir Entdeckungen auf diesem Gebiet verdanken. – Während Ohmsche Widerstände durch den Strom aufgeheizt werden, ist dies bei der rein induktiven Komponente des «Wechselstromwiderstandes» nicht der Fall. Die z.B. zum Betrieb von Plasmalampen zur Stabilisierung des Stromwertes verwendeten «Drosseln» tun dies, ohne daß in ihnen viel Verlustwärme entsteht [8, 29].

Eisenkern und Wirbelströme

Auf die beiden Eisenschenkel unseres Experimentiertransformators stecken wir die beiden Spulen mit je 500 Windungen und schließen sie wie zum Versuch mit dem Ausschaltfunken an, wobei wir wieder die Polung der Spulen beachten, so daß sich deren Wirkungen addieren. Nun aber legen wir das Eisenjoch ohne Pappzwischenlage direkt auf. Wir schalten wieder einen Strom von 5 Ampere ein und nach einigen Sekunden wieder aus, wobei wir keinen so effektvollen Ausschaltfunken mehr erhalten. Darauf versuchen wir das Jochstück abzunehmen, und stellen fest, daß wir es seitlich wegbewegen müssen, weil es durch direktes Wegziehen kaum gelingt. Trotz ausgeschaltetem Strom ist also noch recht starker Magnetismus des Eisens zurückgeblieben: man nennt dies «magnetische Remanenz». Wiederholen wir das Experiment mit Pappzwischenlage, so stellen wir kaum noch remanenten Magnetismus fest. Aber auch bei direkt aufliegendem Joch genügt ein verhältnismäßig geringer Strom in Gegenrichtung, um den remanenten Magnetismus wieder zu beseitigen, solange das Joch noch aufliegt. Nachdem wir wie zuerst kräftig magnetisiert haben, wechseln wir die Polarität der Spannungsquelle und versehen diese noch mit einem Stellwiderstand, mittels dessen wir geringe Stromstärken langsam anwachsend einstellen können. Während wir das Joch mit der einen Hand leicht nach oben zu heben versuchen, steigern wir sehr allmählich den Gegenstrom mit der andern Hand am Stellwiderstand und bemerken, daß das Joch schon bei etwa 25 Milliampere plötzlich magnetisch frei wird, so daß es uns in der Hand bleibt. Würden wir es jetzt nicht abheben, so würde schon ein Strom von etwa 50 Milliampere das Eisen in der umgekehrten Richtung so kräftig magnetisieren, daß wieder erhebliche Kraft zum Lösen des Joches nötig wäre.

Es ist der Vorteil des ganz geschlossenen Eisenkreises, daß schon mit einem Minimum an Strom eine Magnetisierung möglich ist. Demgegenüber können mit einem nicht völlig geschlossenen Eisenkern mit entsprechend größerem Strom auch größere Speicherwirkungen magnetischer Energie erzielt werden; dies war der Grund, warum wir beim Ausschaltfunkenversuch eine solche Zwischenlage genommen hatten. Zudem hätte das Zurückbleiben eines großen Magnetismus-Restes den Effekt vermindert. Auch beim Induktionsversuch nach *Faraday* wäre dies von Nachteil gewesen. So werden in der Praxis je nach Verwendungszweck Eisenkerne mit oder ohne Spalt verwendet. Für Wechselstromtransformatoren wird gewöhnlich direkter Eisenschluß gewählt, während man Drosseln mit passend bemessenem Spalt ausführt und Auto-Zündtransformatoren mit stabförmigem Eisenkern in Gestalt eines Blechstreifenbündels versieht, was einem sehr weiten Spalt gleichkommt.

Bei alledem kommt in Betracht, daß Eisen bzw. Stahl und prinzipiell ähnlich magnetisierbare («ferromagnetische») Materialien nur bis zu einer gewissen, nicht besonders scharfen Grenze Magnetismus aufnehmen können; sie sind dann «magnetisch gesättigt». Für Eisen und Stahl liegt diese Grenze im Gebiet von magnetischen Flußdichten von 1,2 bis 2 Tesla, für Ferrite von 0,3 bis 0,4 Tesla.

Besieht man die magnetisch wirksamen Eisenteile eines Transformators oder Elektromotors genauer, so sind sie nicht aus massivem Eisen gemacht, sondern aus einer Vielzahl Blechen von meist 0,5 mm Dicke zusammengeschichtet, wobei diese Bleche noch eine elektrisch isolierende Oberflächenschicht haben. Wenn wir uns an den Versuch mit dem heißgewordenen Aluminiumring erinnern, so konnten wir uns dabei einen in diesem Ring fließenden Strom vorstellen, der von einer in demselben wie in einer Spulenwindung induzierten Spannung herrühren mußte. Solche Spannungen werden aber auch in dem Eisenkern hervorgerufen, und sie würden, wenn dieser massiv wäre, ebenfalls zu einer Erhitzung, besonders aber auch zu einer Behinderung der Magnetisierung durch die in ihm fließenden sogenannten Wirbelströme führen. Durch die Lamellierung der Kerne mit gegeneinander isolierten Blechen können sich diese Spannungen dann nicht in einem Strom auswirken. Bei Transformatoren mit Ferritkernen, wie sie für höhere Frequenzen als 50 Hertz (Perioden pro Sekunde) in verschiedensten Formen gebraucht werden, ist eine solche Lamellierung unnötig, denn es gibt dafür jeweils Ferritsorten, deren elektrische Leitfähigkeit von vornherein so gering ist, daß Wirbelströme praktisch verhindert werden.

Bild 9.6: Aufgehängtes Magnetstäbchen in der Aushöhlung eines Kupferwürfels kommt beim Ausschwingen sehr schnell zur Ruhe.

Nun gibt es aber auch Fälle, wo Wirbelstromwirkungen erwünscht sind, z. B. zum Abdämpfen von Zeigerschwingungen. Zum Verdeutlichen solcher Wirkungen mögen die folgenden Experimente dienen. Wir nehmen das an einem Bändchen aufgehängte Magnetstäbchen (Bild 9.6) zur Hand und senken es schwingend in die zylindrisch ausgedrehte Höhlung eines Würfels aus massivem Kupfer, ohne die Wand der Höhlung damit zu berühren. Die vorherigen

Drehschwingungen des Stäbchens werden sehr schnell beruhigt. Man erklärt das durch Wirbelströme in dem sehr gut leitenden Kupfer, die nach *Lenz* so entstehen, daß deren Magnetfeld der Ursache ihrer Entstehung, nämlich den Bewegungen des Stäbchen-Magnetfeldes entgegenwirkt.

Einen zweiten Versuch, der sich an ähnliche anlehnt, wie sie *Von Waltenhofen* 1874 mit einer Pendelanordnung, aber dadurch weniger «handgreiflich» gemacht hat, führen wir mit einer Kupferplatte von 3 mm Stär-

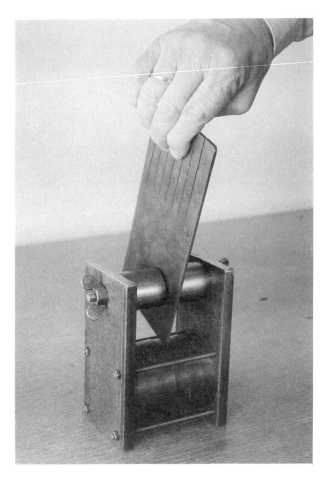

Bild 9.7: Durchschwingen einer Platte aus Kupferblech zwischen den Polschuhen des großen Magneten. Ein zäher Bewegungswiderstand wird verspürt. Beim Durchschwingen der Plattenseite mit Schlitzen dagegen kaum.

ke aus, die wir in das Magnetfeld unseres starken Magneten zwischen zwei einander in nur 6 mm Abstand gegenüberstehende Stirnflächen zylindrischer Polschuhe halten. Diese Platte versuchen wir seitlich möglichst ohne zu streifen durchzubewegen (Bild 9.7). Die massive Seite der Platte wird dabei durch den Magneten stark gebremst, so daß wir ein Gefühl haben, als müßten wir sie durch eine zähe Flüssigkeit ziehen. Nehmen wir die Platte umgekehrt so, daß der mit Schlitzen versehene Teil durch das Magnetfeld bewegt wird, spüren wir keinen solchen Effekt mehr.

10. Gleichrichter

Bei den bisher beschriebenen Versuchen waren schon «Netzgleichrichter» genannt und benutzt worden. Solche Apparate enthalten ein oder mehrere Bauelemente, welche als «Gleichrichter» im engeren Sinne den elektrischen Strom in einer Richtung durchlassen, in der Gegenrichtung jedoch sperren. Sie können deshalb dazu verwendet werden, aus einer Wechselspannung eine – zunächst periodisch unterbrochene, pulsierende – Gleichspannung zu machen.

Wir wissen, daß bei der Netzwechselspannung die spannungsführende, «heiße» Buchse einer Steckdose in jeder Sekunde abwechselnd 50 mal positive und 50 mal negative Spannung gegen die nach Erde hin spannungslose Rückleitungsbuchse aufweist. Nach einem Nulldurchgang = Polaritätswechsel der Spannung steigt diese jeweils bis zu einem Maximalwert, dem sogenannten Scheitelwert an, um dann bis zum nächsten Polaritätswechsel wieder bis auf Null abzunehmen; in der nächsten Halbperiode geschieht Entsprechendes mit dem umgekehrten Vorzeichen. Die Kraftwerks-Generatoren sind so eingerichtet, daß das Ansteigen und Wiederabfallen der Spannung angenähert in Form von zeitlichen Sinuswellen geschieht. Bild 10.1 zeigt ein Zeitdiagramm eines solchen Spannungsverlaufes. Als «Nennspannung» wird dann nicht der in jeder Halbperiode erreichte Scheitelwert der Spannung angegeben, sondern ihr sogenannter Effektivwert, d. h. die Wurzel aus dem Mittelwert der Quadrate der Spannungswerte. Dieser Effektivwert ist unter Voraussetzung der Sinusform das $1/\sqrt{2}$ fache des Scheitelwertes. Bei 220 V Netzspannung ist somit deren Scheitelwert um den Faktor $\sqrt{2}$ größer:

$$U = \sqrt{2} \cdot 220 \text{ V} = 311 \text{ V}$$

Bevor wir nun die verschiedenen Verwendungsarten von Gleichrichterelementen im Schaltungszusammenhang betrachten, sei die Funktionsweise eines solchen einseitig stromdurchlässigen Bauelementes geschildert.

Die weitaus größte Bedeutung und Verbreitung haben heute die Siliziumgleichrichterdioden. Wir hatten schon bei der Erzeugung von Elektrizität aus Licht Siliziumdioden als Solarzellen besprochen. Es war dort von einem höchstgereinigten Siliziumkristall die Rede, der dann schichtweise mit Elementen aus der III. und V. Spalte des chemischen Periodensystems dotiert war. Beide Dotierungen haben eine von deren Stärke ab-

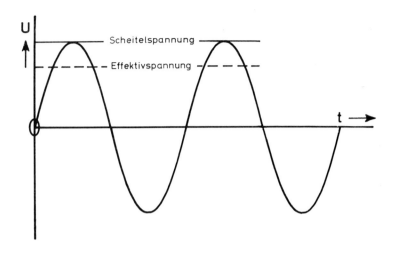

Bild 10.1: Verlauf einer Sinus-Wechselspannung u mit der Zeit t als Abszisse. Die Effektivspannung ist die «Nennspannung», z.B. 220 Volt.

hängende elektrische Leitfähigkeit in den betreffenden Zonen zur Folge, welche jedoch von verschiedener Art ist. Dotiermaterial aus Spalte V erzeugt dort leichtverschiebliche negative Elektrizität (Überschuß-Elektronen), Dotiermaterial aus Spalte III entsprechend leichtverschiebliche positive Elektrizität (Elektronen-Fehlstellen = «Löcher», welche interessanterweise in ähnlicher Art, nur etwas weniger leicht beweglich gefunden werden wie die Überschuß-Elektronen. Im Sinne der Elektronentheorie sind allerdings auch dabei die Elektronen das eigentlich im Raum sich Bewegende; indem sie sich in neue Löcher bewegen, hinterlassen sie Fehlstellen.). Man unterscheidet demnach positiv leitende und negativ leitende Schichten. Wir haben dabei wieder das elektrotechnische Paradoxon, daß die Elektronen-Überschußleitung als negative (n-) Leitung und die Fehlstellen-Leitung als positive (p-) Leitung fungieren. Immerhin mag diese Paradoxie als «Mahnmal» dienen, uns zu erinnern, daß wir uns die Elektronen nicht zu greiflich wie kleine Gegenstände vorstellen; daß ihnen vielmehr fast alle sinnenfälligen Eigenschaften fehlen. Was übrig bleibt, sind nur ungefähr lokalisierbare, sich langsamer oder schneller bewegende Zentren, von denen bestimmte Wirkungen ausgehen können. Und dies gilt auch für die Fehlstellen in etwas komplizierterer Weise.

Eine Silizium-Gleichrichterdiode enthält nun wiederum einen Silizium-Einkristall mit den zwei übereinanderliegenden polaren Dotierungsschichten und den zugehörigen auf den Kristalloberflächen angebrachten metallenen Belegungen für die Strom-Zu- und -Ableitung. Anhand der Bilder 10.2 a, b, c sei nun die Wirkungsweise betrachtet. In Bild b ist positive Spannung an die Seite mit der III-Dotierung gelegt und negative an die andere Seite. Das am Kristall angreifende äußere elektrische Feld ist hier so eingerichtet, daß die positive bewegliche Elektrizität in der p-Schicht und die negative bewegliche Elektrizität in der n-Schicht aufeinanderzugedrängt werden und damit ein leichter Durchgang des Stromes zustandekommt. In Bild c ist die an die Diode angelegte Spannung umgekehrt gepolt. Das von ihr aus in den Kristall hineinwirkende elektrische Feld zieht jetzt die beweglichen Elektrizitäten in den dotierten Zonen auseinander, so daß sie im Mittelgebiet, dem Grenzschichtbereich, fehlen und das praktisch nichtleitende Silizium als «Sperrschicht» dazwischen liegt. Ein wesentlicher Stromdurchgang ist dadurch verhindert. Mit wachsender angelegter Spannung vergrößert sich sogar der elektrische Widerstand der Diode in einem großen Bereich; wir haben es für den Ladungsausgleich geradezu mit einer Selbstsperrung zu tun. Erst wenn die Spannung eine bestimmte Grenze überschreitet, bricht die Sperrung zusammen, und es kann z. B. zur Zerstörung der Diode kommen. Je nach der Dotierungs-Bemessung können dabei zulässige Sperrspannungen bis zu etwa 1500 Volt für eine solche Schicht erreicht werden.

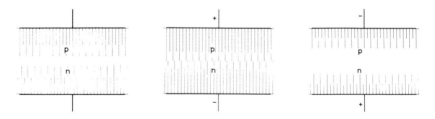

Bild 10.2: Schnitt durch einen Siliziumkristall für Gleichrichtung, schematisch.

a) ohne angelegte Spannung. Zwischen der p-dotierten und der n-dotierten Schicht besteht eine neutrale, kaum leitfähige Zone

b) mit angelegter Spannung in Durchlaß-Richtung. p-Schicht und n-Schicht werden zusammengebracht, so daß Stromübergang eintritt.

c) mit angelegter Spannung in Sperr-Richtung. p-Schicht und n-Schicht werden auseinandergetrieben. Der Stromdurchgang ist blockiert.

Für das Durchlassen des Stromes bei der Polung nach Bild b ist ein der Selbstsperrung entgegengesetzter Effekt, eine Selbstöffnung wirksam. Damit diese eintritt, muß die angelegte Spannung einen Wert von einigen

120

Zehntelvolt, das ist die für die betreffende Temperatur geltende sogenannte Diffusionsspannung, überschreiten. Noch niedriger ist diese Spannung, wenn statt des Siliziumkristalles ein solcher von Germanium verwendet wird. Für die Gleichrichtung besonders niedriger Spannungen werden aus diesem Grunde manchmal Germanium-Gleichrichterdioden vorgezogen.

Bevor die Germanium- und Siliziumtechnik entwickelt waren, gab es schon Halbleiter-Gleichrichter auf Selen- und Kupferoxidul-Basis, deren Wirkungsgrad und sonstige technische Eigenschaften jedoch viel ungünstiger waren; außerdem Vakuum-Gleichrichterröhren mit Glühkathoden, speziell auch für sehr hohe Spannung; dann Quecksilberdampfgleichrichter in Stahlgefäßen für relativ große Leistungen, z.B. für Straßenbahnbetrieb. Eine relativ beschränkte Anwendung hatten auch elektrolytische Gleichrichter, bei denen sich auf einer Aluminium- oder Tantal-Elektrode eine Art Sperrschicht ausbildete.

Wie werden nun solche in nur einer Richtung leitfähige Bauelemente angewandt? Für manche Zwecke, z.B. zum Laden von Akkumulatoren, kann ein pulsierender Gleichstrom unmittelbar verwendet werden. In fast allen anderen Fällen muß jedoch erreicht werden, daß der in einer Richtung durchgelassene Strom mindestens ohne Unterbrechung weitergegeben wird, oder daß eine restliche «Welligkeit» des abgegebenen Gleichstromes unter einer bestimmten Toleranzgrenze liegt. In den Bildern 10.3, 10.5, 10.6 sind die drei meistverwendeten Gleichrichterschaltungen in ihrer einfachsten Form gezeichnet. Um der Forderung nach einem zeitlich mehr oder weniger eingeebneten Gleichstromfluß für einen angeschlossenen Verbraucher zu genügen, wird jeweils von einem Kondensator als Speicher für die Elektrizität Gebrauch gemacht. In vielen Fällen reicht eine solche Glättung noch nicht aus; es sind dann weitere Schaltungsmittel nötig. In Bild 10.3 ist eine Schaltung ohne Eingangstransformator zu sehen. Dies bedeutet, daß die von ihr gelieferte Gleichspannung um einen gewissen Betrag, welcher von der entnommenen Stromstärke abhängt, niedriger als die Scheitelspannung der zugeführten Wechselspannung ist. In Bild 10.4 ist

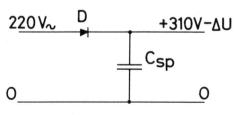

Bild 10.3: Einweg-Gleichrichterschaltung mit Speicherkondensator.

121

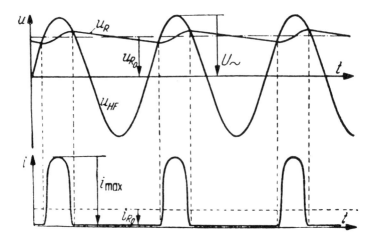

Bild 10.4: Oben: Verlaufsformen der Wechselspannung u und der Richtspannung u_R am Speicherkondensator für eine Schaltung nach Bild 10.3.
Unten: Verlauf der Richtstromstöße i in der Gleichrichterdiode. Horizontale gestrichelte Linie = Richtgleichstrom i_{RO}.

ein Verlaufs-Diagramm für die Wechselspannung, die Richtstromstöße im Gleichrichter und die am Speicherkondensator abgenommene Spannung dargestellt. Ohne Belastung wird der Speicherkondensator somit auf etwa 310 Volt aufgeladen.doch kann auch diese Gleichrichterschaltung noch links durch einen Transformator ergänzt werden, damit eine andere gewünschte Gleichspannung herauskommt. – In der Schaltung nach 10.5 wird ein Transformator mit zwei antisymmetrischen Sekundärwicklungshälften verwendet. Mittels den zwei Gleichrichter-Dioden können so beide Halbwellen der zugeführten Wechselspannung für die Gleichrichtung ausgenutzt werden. Gegenüber der in Bild 10.3 gezeigten Einweg-Gleichrichtung hat diese Zweiweg-Gleichrichtung den Vorteil, daß man mit einem ebensogroßen Speicherkondensator eine mehr als doppelt so gute Gleichspannungs-Glättung erreicht, weil diesem in beiden Halbwellen der Wechselspannung Strom zugeliefert wird. – Die Schaltung nach Bild 10.6 kommt mit einem einfacheren Transformator aus, um denselben Vorteil zu erreichen. Es sind dafür jedoch 4 Gleichrichterdioden in der Brückenschaltung nach *Graetz* erforderlich. Für kleinere Leistungen sind dazu «Brückengleichrichter» erhältlich,

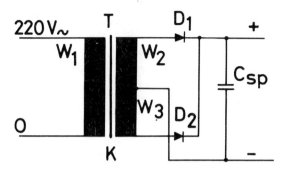

Bild 10.5: Zweiweg-Gleichrichterschaltung über Transformator mit symmetrischen Sekundärwicklungen.

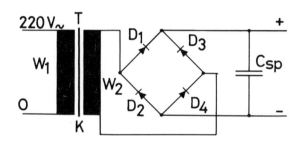

Bild 10.6: Brücken-Gleichrichterschaltung nach *Graetz* über Trenntransformator.

welche 4 gleiche Dioden schon entsprechend zusammengebaut enthalten. Wenn nun eine Gleichspannung von ungefähr 300 Volt gebraucht wird, könnte man daran denken, den Brückengleichrichter ohne Transformator direkt an die Netzwechselspannung anzuschließen. Dann würde jedoch die ganze Gleichspannungsseite eine pulsierende Spannung spezieller Form gegen Erde führen, und das ist fast immer unerwünscht. Um das zu vermeiden, wird man also möglichst immer einen Transformator mit getrennter Primär- und Sekundär-Wicklung in die Schaltung einfügen, auch wenn dieser für eine Spannungsübersetzung 1:1 auszulegen ist.

Ein besonderes Anwendungsgebiet der Gleichrichterdioden ist dasjenige der Messung von Wechselspannungen und Wechselstromstärken. Deren unmittelbare Messung mit den in Kap. 8 erwähnten Dreheisen-Meßinstrumenten ist wenig empfindlich und wenig genau. Die Anwendung einer Gleichrichtung macht es möglich, auch dafür die empfindlicheren und genaueren Drehspul-Meßsysteme oder gar Schaltungen für mehrstellige digitale Anzeige einzusetzen. Universal-Meßinstrumente, sogenannte Multimeter für Gleich- und Wechselstrom enthalten dann meist einen kleinen Brückengleichrichter, aber im allgemeinen keinen Speicherkondensator. Dadurch wird die Messung auf eine Messung pulsierenden Gleichstroms zurückgeführt. Ein Drehspulmeßwerk reagiert dann allerdings nicht entsprechend dem normalerweise interessierenden Effektivwert des Stromes, sondern angenähert auf dessen linearen Mittelwert. Für das Messen angenähert sinusförmig verlaufender Spannungen und Ströme ist dann gewöhnlich der entsprechende Umrechnungsfaktor von $\frac{\pi}{2\sqrt{2}}$ = 1,11 eingeeicht. Bei beliebigen Verlaufsformen können dann erhebliche Abweichungen vom wirklichen Effektivwert entstehen. Für solche Fälle gibt es dann kompliziertere Meßgeräte, welche den echten Effektivwert für beliebige Verlaufsformen in weiten Grenzen zu messen geeignet sind.

11. Schalter und Sicherungen

Zum Ein- und Ausschalten von Strömen gibt es je nach Spannung und Stromstärke Schalter verschiedenster Konstruktionsarten. Das Grundsätzliche dabei ist das Herstellen und wieder Auftrennen einer metallischen Berührung mit ausreichendem mechanischen Druck. Denn je stärker zwei Metallteile aufeinandergedrückt werden, umso größer wird deren wirkliche Berührungsfläche, und umso weniger kann der Strom die Kontaktstelle überhitzen. Diese wird am besten sauber blank bleiben, wenn man für eine reibende Einschaltberührung sorgt; das gilt selbstverständlich auch für Steckverbindungen. – Das Auftrennen andererseits muß umso schneller geschehen, je größer Spannung und Stromstärke sind, besonders wenn es sich um Stromkreise mit Magnetwicklungen handelt, damit nicht das jedesmalige Entstehen eines Ausschaltfunkens die Kontakte zu schnell schädigt. Wenn es sich nicht um ausgesprochene Schwachstromkreise handelt, werden die weitaus meisten Schalter mit geeigneten Schnappvorrichtungen versehen.

Außer den Schaltern, welche direkt vom Benutzer betätigt werden, gibt es, z. B. für große Stromstärken, auch Anordnungen für indirektes Schalten. Es wird nur ein relativ schwacher Hilfsstrom direkt geschaltet, und dieser schaltet dann elektromagnetisch den Hauptstrom. Zwischen dem Hilfsstromschalter und dem elektromagnetischen «Schaltschütz» für den Hauptstrom kann dann eine längere Leitung liegen (Fernschaltung).

Die Erfahrung hat immer wieder gezeigt, daß man bei einem elektrischen Stromkreis nicht davon ausgehen kann, er werde stets in jeder Beziehung fehlerfrei funktionieren. Deshalb ist es seit langem üblich, Sicherungen einzufügen, welche im Fall eines Kurzschlusses oder einer Überlastung den Stromkreis unterbrechen. Oft entstehen Kurzschlüsse durch schlechte Kontaktverbindungen, wo durch eine nur lose Berührung eine Überhitzung schon bei der gewöhnlichen Stromstärke eintritt; die nächste Folge kann sein, daß dort die Isolation verkohlt oder daß durch entstehende Kupferdämpfe über die Isolation hinweg eine leitende Brücke gebildet wird. Beide Möglichkeiten führen im Endeffekt einen Kurzschluß herbei. Überlastungen der Leitung können eintreten, wenn Geräte eingeschaltet werden, deren Strombedarf größer ist als dem Kupferquerschnitt der Leitung zugemutet werden kann; oder auch wenn z. B.

ein angeschlossener Transformator oder Motor einen Isolationsfehler in der Wicklung (sog. Windungschluß) aufweist.

Am einfachsten gebaut sind die Schmelzsicherungen. Ein feines, in seiner Dicke und Länge passendes Drähtchen aus Silber oder einer Silber-Kupfer-Legierung, unter leichtem Federzug innerhalb einer Keramik- oder Glashülse in Quarzsand eingebettet, schmilzt im Gefahrenfall ab und unterbricht dadurch den Stromweg. Die Quarzsandfüllung verhindert dabei, daß sich ein Lichtbogenübergang halten kann. Eine neue Sicherung darf dann erst eingesetzt werden, wenn der Fehler im Stromkreis gefunden und behoben ist.

Außerdem gibt es Leitungsschutzschalter («Automaten»), welche bei Überlastung mit Hilfe eines Wärmefühlers und bei Kurzschluß äußerst schnell elektromagnetisch eine Sperre lösen, so daß eine Feder den Schalter zum Ausschnappen bringt. Ist der Stromkreis wieder fehlerfrei, kann man durch Druck auf einen Knopf wieder einschalten.

Einpolige Schalter und Sicherungen werden immer auf der spannungsführenden Seite und niemals auf der Rückleitungsseite in den Stromkreis eingefügt. Zweipolige Schalter dagegen schalten Hin- und Rückleitung zugleich. Für Drehstrom werden dreipolige Schalter genommen, und in jede der drei Leitungen eine Sicherung eingesetzt.

12. Schutz gegen Stromgefahren

Die in Europa gebräuchliche Netzspannung von 220 Volt kann für den Menschen gefährlich werden, wie schon viele Todesfälle und Verletzungen aus der Vergangenheit beweisen. Stromunfälle können sich besonders bei Elektromonteuren, beim Experimentieren mit Elektrizität, aber auch infolge von Fehlern an elektrischen Geräten und Maschinen oder beim unsachgemäßen Umgehen mit solchen ereignen. Für den Laien gibt es heute Geräte zum Anschluß an 220 Volt, an denen eine gefährliche ungewollte Berührung spannungsführender Teile fast unmöglich ist. Aber doch nur «fast». Schon mancher ist in der Badewanne zu Tode gekommen, weil ein angeschlossenes, aber nicht einmal eingeschaltetes Gerät, z. B. Haartrockner, durch irgendwelche Umstände hineinfiel. Und was kann nicht alles passieren, wenn ein Kleinkind mit Drahtstiften oder Ähnlichem in eine durchaus vorschriftsmäßige Steckdose hineinlangt? Die bisher meist angewandten Schutzmaßnahmen bestehen in einer guten, nicht leicht zerbrechlichen isolierenden Umkleidung eines Gerätes, oder im Fall eines Metallgehäuses darin, daß dieses mit einer dritten Kabeladern (außer spannungsführender und rückführender Leitungsader) an den geerdeten Kontakt einer dreipoligen Steckdose angeschlossen ist. Diese «Erdung» ist ein Schutz für den Fall, wenn irgendwo die Isolation der inneren elektrischen Teile gegenüber dem Gehäuse schadhaft geworden ist. Es wird dann der Fehlerstrom zur Erde abgeleitet, ohne daß das Gehäuse auf eine gefährliche Spannung gegen Erde kommen kann. Allerdings kann dann beim Ersetzen eines z. B. zerbrochenen Steckers durch einen Laien eine Verwechslung zweier Kabeladern sehr gefährlich werden, wenn dann beim Einstecken das Metallgehäuse auf 220 Volt kommt. Die neuesten Geräte und Maschinen für Haushalt und Do it yourself haben fast durchweg doppelte Schutzisolation, so daß die Notwendigkeit einer Erdung nicht mehr besteht.

Grundsätzlich ist das Berühren eines spannungsführenden Teils z. B. mit einem Finger der Hand dann gefährlich, wenn der Strom an einer anderen Körperstelle wieder heraus zur Rückleitung oder zur Erde gelangen kann. Dies ist gegeben, wenn z. B. die andere Hand etwa mit einem Wasser- oder Gasleitungsrohr oder einem Heizradiator Kontakt bekommt, oder wenn der Betreffende mit Ledersohlen auf einem Betonboden steht. Bei trockenen Gummisohlen oder auf sehr trockenem Boden ist allerdings keine Ableitung über die Füße zu befürchten. Besonders gefährlich sind dagegen auch einpolige Berührungen in feuchten Räumen. Lebensgefährlich kann das Hineinwaten in einen überschwemmten Kellerraum werden, wenn in diesem eine angeschlossene elektrische Waschmaschine steht. Vor dem Betreten eines überschwemmten Raumes sollten deshalb, wenn irgend möglich, die Haus-Sicherungen herausgenommen, oder hohe, dichte Gummistiefel angezogen werden.

Für Gefahren, wie sie beim Berühren spannungsführender Teile in feuchten Räumen oder gar in der Badewanne bestehen, gibt es neuerdings eine Entschärfungsmöglichkeit durch besondere Fehlerstromschutzschalter. Ein solcher schaltet die Spannung in Hundertstelsekundenschnelle ab, sobald der Stromkreis sich nicht bloß über die eigentliche Rückleitung, sondern außerdem auch noch über eine Erdverbindung schließt, worin ja z. B. die Gefahr für den Menschen liegt. Eine solche Einrichtung muß sehr präzis hergestellt sein. Im übrigen schützt sie selbstverständlich dann nicht, wenn jemand mit seinem Körper in den Stromkreis zwischen dem spannungsführenden Pol und dem eigentlichen Rückleitungspol gerät. Hierbei sollte also der Fehlerstromschutzschalter nicht zu Unvorsichtigkeit verleiten!

Für den Laien ist es nur erlaubt, elektrische Geräte mit den normalen zwei- bzw. dreipoligen Steckern an eine Steckdose anzuschließen. Nur wer wirklich die erforderlichen Kenntnisse über die Elektrizität besitzt, darf z. B. mit Einzelverbindungen mit berührungsgeschützten Bananensteckern in Stromkreisen am 220 Volt-Netz experimentieren. Man tut dabei gut, immer erst zuletzt, wenn die ganze sonstige Zusammenschaltung gemacht ist, die Verbindung zum «heißen» Netzpol herzustellen. Und beim Beenden des Versuchs oder der Messung wird man diese Verbindung zuerst wieder lösen. Und wir werden ganz besonders auf unsere Hände achten, wenn irgendwo spannungsführende Teile nicht isolierend abgedeckt sind. Das Schlimmste wäre, nach einem solchen Teil zu greifen, während die andere Hand an einem geerdeten Metallteil, z. B. auch Gerätegehäuse liegt! Das vorliegende Buch mag den genügend Kundigen durchaus auch zu Experimenten am 220 Volt-Netz anregen. Aber soweit der Leser nicht nur genau nach einer Anleitung arbeitet, gehört mehr dazu, als was im Rahmen dieser Schrift vermittelt werden kann: nämlich daß der Leser durch weitere Fachstudien in der Lage ist, einen selbsterdachten Versuchsaufbau auch in den Einzelheiten sachgemäß zu dimensionieren, und wenn der Apparat das Gewünschte nicht leistet, den Grund des Mißlingens herauszufinden.

Schlimme Gefahrenquellen enthalten gelegentlich ältere Elektroinstallationen in Gebäuden. So liest man ja öfters vom Abbrand eines Hauses, einer Scheune infolge Kurzschluß, wenn auch diese Ursache nicht immer die wirkliche sein mag. Neben der schon erwähnten Erhitzungsgefahr von unsicher gewordenen Verbindungsstellen elektrischer Kontakte und Leitungen können Feuchtigkeit oder gar Nagetiere einen Kurzschluß herbeiführen. Alle technischen Einrichtungen sind eigentlich in passenden Zeitabständen einer aufmerksamen Nachprüfung bedürftig. Und schon im voraus sollte bedacht werden, inwieweit ein Material haltbar sein kann. Schon beim Montieren eines Steckers an ein flexibles Litzenkabel wäre es falsch, die Litzenenden, welche eingeschraubt werden sollen, dafür dick mit Lötzinn zu versehen, denn Zinn ist ein zu weiches Material, als daß die Schraubklemmung fest bleiben könnte.

In neuerer Zeit wird immer wieder die Frage aufgeworfen, ob und inwieweit von elektrischen Anlagen auch ohne eine direkte Berührung schädigende Einflüsse auf die Gesundheit von Menschen oder auch anderen Lebewesen ausgeübt werden. Zunächst sind ungünstige Wirkungen auf Menschen besonders in der näheren Nachbarschaft von großen Hochspannungsleitungen sowie in den Strahlenkegeln von Mikrowellen-Sendern zu befürchten. Schon seit Jahrzehnten ist bekannt, daß auch beim beruflichen Umgang mit starken Magneten, z. B. bei der Montage von Lautsprecher-Chassis, die Hände nicht an die Stellen größter magnetischer Flußdichte kommen sollen. Neuerdings wurden auch niederfrequente Wechsel-Magnetfelder als gesundheitsschädlich erkannt. Solche entstehen ja immer in Verbindung mit entsprechenden elektrischen Strömen. Die deutsche Berufsgenossenschaft Feinmechanik und Elektrotechnik kam 1981 zu der Empfehlung, daß längerer Aufenthalt des Personals in Feldern von mehr als 5 Milli-Tesla (mT) zu unterbinden sei. Im Vergleich dazu sei erwähnt, daß die Stärke des natürlichen erdmagnetischen Feldes etwa 0,05 mT und dessen zeitliche Schwankungen meist unter 0,001 mT betragen. In dem engen «Luftspalt» von Lautsprecher-Chassis dagegen werden neuerdings magnetische Flußdichten bis etwa 1700 mT verwendet (Kap. 22). Schon in einem Abstand von 50 cm vor dem Lautsprecher sinkt die Flußdichte allerdings auf einen Wert um 0,2 mT. – Wir kommen von hier auf die niederfrequenten Wechselmagnetfelder und deren Wert von 5 mT zurück. *Volker Genrich* bemerkt dazu in der

«Funkschau» 1984: «... Diese heute für den Arbeitsschutz verbindlichen Grenzwerte können jedoch auf keinen Fall für den Wohnungsbereich übernommen werden, da die Sensibilität des menschlichen Nervensystems zwischen aktiver Arbeitsphase einerseits und passiver Regenerationsphase andererseits in dieser Beziehung erhebliche Unterschiede aufweisen könnte. Von der Einflußgröße Schall wissen wir z. B., daß zwischen der Grenzbelastung am Arbeitsplatz und dem Pegel für einen optimalen Nachtschlaf etwa 6 Zehnerpotenzen liegen. Für die Wahrnehmung von Störgrößen im unterschwelligen Bereich wurde der Begriff der Streßreaktion geprägt. Es stellt sich daher die Frage, ob es notwendig ist, den Begriff «Elektrostreß» zukünftig als weiteren umweltbedingten Belastungsfaktor auf breiter Basis zu diskutieren.» *Genrich*, der Meßgeräte für solche Felder entwickelt hat, weist auch auf Untersuchungen in Krankenhäusern, wo bei deren heute so weitgehenden Elektrifizierung oft beachtlich hohe Felddichtewerte angetroffen werden. – Schon 1977 erschien von *Herbert L. König* eine 2. Auflage eines Werkes «Unsichtbare Umwelt» (Selbstverlag München), worin vielfältigste Einflußmöglichkeiten aus elektrophysikalisch-fachlicher Sicht besprochen sind [20].

Als gegen die Gesundheit und die Fähigkeit des Menschen gerichtete unmittelbare Elektrizitätswirkungen fassen wir zusammen:

Schrecken, Stechen, Verbrennungen, Verdrängungen des Willens in Krampf, Lähmung. Bewußtlosigkeit, Herzstillstand.

Bei schwächerer Einwirkung sind Einschlaf-Schwierigkeiten, allgemeines Unwohlsein, Schmerzen verschiedener Art wahrscheinliche Folgen.

Auf das Lebensfeindliche der Elektrizität wies *Rudolf Steiner* ebenso hin [52], wie auf Gefahren für die menschliche Kultur [45], auf die wir in der Schlußbetrachtung noch zu sprechen kommen. Doch regte *Steiner* auch anthroposophische Ärzte zum Erforschen therapeutischer Möglichkeiten mit magnetischen und elektrischen Feldern an [47].

13. Elektromagnetische Schwingungen. Teslaströme.

In Kap. 9 hatten wir festgestellt, daß ein durch eine Magnetwicklung fließender Strom beim Unterbrechen noch einen Ausschaltfunken hervorruft, d. h. daß die Stromstärke nicht sofort zu Null wird. Betrachten wir nun den Vorgang beim Entladen einer Leidener Flasche durch einen Funken, besonders unter der Voraussetzung, daß der Entladungsweg noch über eine Spule von einigen Drahtwindungen führt. Entsprechend der Lenzschen Regel braucht dann schon der Anstieg des Stromes auf seinen Höchstwert eine gewisse, wenn auch sehr kurze Zeit; und nachher wird der Strom in dem Augenblick, wo die Spannung zwischen den Belegungen schon Null geworden ist, wiederum nicht sofort verschwinden und damit eine Wiederaufladung mit umgekehrter Polarität hervorrufen. So wird der Vorgang dann noch einigemal, natürlich mit immer weiter abnehmender Stärke, hin- und hergehen wie das Ausschwingen eines Pendels. *Feddersen* stellte 1858 beim Beobachten des Entladungsfunkens einer Leidener Flasche über einen sich sehr schnell drehenden Spiegel die Periodizität eines solchen ausschwingenden Vorganges fest: er bekam eine Reihe von Lichtflecken in gleichen, kleinen Abständen mit schrittweise abnehmender Helligkeit zu sehen. Man hatte demgemäß von «elektromagnetischen Schwingungen» bei der Entladung einer Leidener Flasche oder überhaupt eines Kondensators zu sprechen. – Das «über das Ziel Hinausschießen» des Entladestromes war ja durch das mit dem Strom verbundene magnetische Feld – als Wirkung der «Selbstinduktion» – bedingt. Diese Schwingungsvorgänge erwiesen sich als ungeheuer schnell. Für die Zeit zwischen zwei aufeinanderfolgenden Lichtflecken errechnete *Feddersen* eine Spanne von wenigen Millionstelsekunden.

Wenn der Nicht-Physiker von «Schwingungen» liest, so stellt er sich zunächst vielleicht eine Schaukel oder ein Pendel vor, d. h. ein Gegenständliches, dessen Bewegungs-Rhythmus er gewissermaßen lebendig mitfühlen kann. Was nun hier von elektromagnetischen Schwingungen gesagt war, unterscheidet sich von dem Gewohnten sehr weitgehend. Elektrische Stromstärken, Ladungen, und auch Magnetfelder sind nicht Erscheinungen für unsere Sinne. Millionstelsekunden sind etwas, das jenseits unserer konkreten Mitlebensmöglichkeit liegt. Und doch können wir einen Gedankengang vollziehen, wie er vorstehend für die Entladung eines Kondensators über Funkenstrecke und Spule geschildert war. Bei näherer Bekanntschaft mit dem ganzen Gebiet erwächst auch die Überzeugung, daß wir mit diesem Denken uns eine sichere Orientierung und eine Möglichkeit des Handhabens der Dinge verschaffen. Weiteres sollten wir darin allerdings zunächst nicht suchen. Im unmittelbar Sinnenfälligen haben wir bei einer solchen Entladung den momentanen Lichtblitz und scharfen Knall, d. h. eine Erscheinung, die uns als plötzlich, schlagartig gewaltsam entgegentritt, und gar nichts von etwas harmonisch Schwingendem. Lassen wir eine Reihe solcher Vorgänge aufeinanderfolgen, so hören wir ein Knattern, und wenn wir die Schnelligkeit der Folge immer weiter steigern, so geht dieses in ein Kreischen mit einer ungefähr bestimmbaren Tonhöhe über.

Mit den vorbeschriebenen schnellen, «schwingenden» Entladungsvorgängen eines Kondensators über eine Funkenstrecke und eine Wicklung mit wenigen Windungen dicken Drahtes experimentierte dann *Nicola Tesla*, indem er die Induktionswirkung auf eine Sekundärspule studierte. In Kap. 9 hatten wir die Induktionswirkung in Transformatoren erläutert, deren Primärwicklung mit technischem Wechselstrom gespeist wurde. Dieser hat – jetzt schon seit längerer Zeit – in Europa 50, in Amerika 60 Perioden pro Sekunde, d. h. 100 bzw. 120 Polaritätswechsel. Bei diesen langsamen «Frequenzen» hatte man, um brauchbare Sekundärspannungen aus Transformatoren zu bekommen, Kerne aus Eisenblechen gebraucht, in welchen hohe magnetische Felddichten entstanden. Nun hängt die induzierte Spannung, wie sich früh gezeigt hatte, nicht von der magnetischen Felddichte als solcher, sondern von deren Änderungsgeschwindigkeit ab. Man kann also eine bestimmte Induktionsspannung entweder mit einer großen Felddichte und langsam wechselnder Polarität (kleiner Frequenz) oder mit kleiner Felddichte und entsprechend größerer Frequenz erzeugen. Dies ausnützend, konnte *Tesla* zu Transformatorengestaltungen ohne Eisenkern gelangen, welche sogar höhere Spannungen lieferten, als dies mit Eisenkern-Transformatoren bis dahin möglich war. 1891 führte er einen solchen Transformator vor, welcher eine Sekundärspannung von mindestens einer Million Volt lieferte.

Elektrische Spannungen und Ströme mit so schnellen Polaritätswechseln – sie wurden unter dem Namen «Tesla-Ströme» bekannt; heute spricht man von «Hochfrequenz» – haben verschiedene interessante Eigenschaften, welche im Folgenden an Hand von Experimenten beschrieben seien. Wir benötigen dazu zunächst einen Kondensator, eine Funkenstrecke und eine Primärspule, dazu eine Ladevorrichtung für den Kondensator. Da wir nicht nur einen einzelnen Schwingungsvorgang hervorrufen wollen, sondern fortlaufende Reihen von solchen, so muß diese Ladevorrichtung auch relativ schnell arbeiten. Dieser Forderung genügt z. B. unser schon mehrfach erwähnter Experimentiertransformator, wenn wir die Hochspannungs-Sekundärwicklung (mit 23 000 Windungen) einsetzen. Als Kondensator kann eine größere Leidener Flasche

Bild 13.1: Teslatransformator mit Funken-Übergang.
Unten: Aluminiumchassis auf Isoliersäulen. Mitte: Primärwindungen mit weitem Durchmesser. Innerhalb derselben Sekundärwicklung auf langem Isolierrohr mit oberem Abschluß durch Metallkugel. Rechts Funkenstrecke. (Farbige Abb. siehe Seite 321)

oder ein moderner impulsfester Hochspannungskondensator für maximal 10 000 Volt und mit etwa 3 Nanofarad Kapazität dienen. Als Primärspule im Entladungskreis nehmen wir eine zylindrische Spule mit 20 Windungen von 20 cm Durchmesser aus Kupferdraht von 4 mm Stärke. Diese ist mit vertikaler Achse auf 4 Isoliersäulen in passender Höhe über einem großflächigen Aluminiumchassis aufgesetzt, welches seinerseits ebenfalls auf 4 Isolierfüßen steht (Bild 13.1). Koaxial mit der Primärspule ist die dünndrähtige, einlagig gewickelte Sekundärspule in Form einer hohen Säule angeordnet, mit einem kugeligen Konduktor-Kopf. An dem letzteren ist das obere Wicklungsende angeschlossen, während das untere mit dem Chassis verbunden ist.

Die Funkenstrecke für die Primär-Entladungen besteht aus 5 hintereinandergeschalteten Teilfunkenstrecken und ist dafür eingerichtet, daß wahlweise 1 bis 5 Teilstrecken verwendet werden können. Dafür sind 6 Kupferstäbe vom Querschnitt 25 x 8 mm parallel zueinander an der Unterseite einer Isolierplatte (Acrylglas) befestigt, derart, daß zwischen je zwei Stäben ein freier Spalt mit möglichst genau gleichmäßiger Breite von 0,4 mm besteht (Bild 13.2). Die Isolierplatte ist Deckel eines nicht zu kleinen Kunststoff-Gehäuses, so daß die in den Funken entstehenden unangenehmen Gase (Ozon und Stickoxide) und das Funkengeräusch nicht unmittelbar in die Umgebung gelangen. Das Gehäuse ist dann nach einigen Experimenten jeweils im Freien auszulüften.

Bild 13.2: Unterteilte Funkenstrecke 5 · 0,4 mm zwischen Kupferstäben (Löschfunkenstrecke nach *M. Wien* für schnelle Entionisierung) mit Schutzgehäuse gegen Ozon, Stickoxide und Lärm. a) geschlossen

Über einen Schalter und einen Stelltransformator oder Stellwiderstand wird dann der Auflade-Transformator an eine Netzsteckdose angeschlossen. Zwischen dessen Hochspannungswicklung für etwa 10 000 Volt und der Funkenstrecke sind noch zwei drahtgewickelte, genügend belastbare

134

Bild 13.2: b) geöffnet zwecks Entlüftung im Freien.

Schutzwiderstände (je 10 000 Ohm, 40 Watt) eingefügt, welche ein Eindringen von Stoßwellen von der Funkenstrecke zurück in die Transformatorenwicklung verhindern sollen. Bild 13.3 zeigt die Gesamtschaltung.

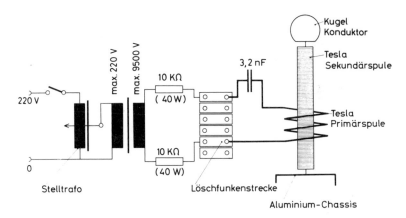

Bild 13.3: Schaltschema für den Teslatransformator.

Für einen ersten Versuch verwenden wir alle Teilfunkenstrecken in Reihe und setzen auf die Konduktorkugel noch eine kleine Spitze in das dafür vorgesehene Steckloch. Bei zurückgedrehtem Stelltransformator schalten wir nun die Apparatur ein und gehen langsam zu höheren Ein-

135

Bild 13.4: Teslatransformator mit Sprüherschei-
nung an der Spitze. (Farbige Abb. siehe Seite 322)

stellungen über, bis wir die ersten Überschläge in der Primär-Funkenstrecke bekommen. Dabei mögen wir durch ein lautes, scharfes Geräusch erschrecken, welches von einem Heraussprühen der hochgespannten Elektrizität aus der Konduktorspitze herrührt. Die dort ansetzenden Lichtfiguren erinnern in ihrer Form an Pflanzenwurzeln, aber mit Vertauschung von oben und unten. – Bei weiterem Höherdrehen des Stelltransformators geht der anfänglich mehr knatternde Lärm in ein Kreischen über, und der «Stamm» des jetzt 15 bis 25 cm hohen Lichtbüschels erscheint stärker konzentriert.

Bei solchen Experimenten demonstrierte *Tesla* seinen erstaunenden Zuschauern, daß er seinen Arm mit einem Metallgegenstand in der Hand in Richtung zum Konduktor strecken und ein intensives Bündel von Funken vom Konduktor zum Metallteil überspringen lassen konnte, ohne selbst Schaden zu nehmen oder auch nur ein erhebliches Elektrisiertwerden zu spüren. Es stellte sich heraus, daß Wechselströme mit mehreren hunderttausend Perioden pro Sekunde keine direkten chemischen Wirkungen im lebenden Gewebe hervorbringen, sondern höchstens Temperatur-Erhöhungen: die sonst typische Nervenreizung bleibt somit aus. Wir können deshalb an unserer Apparatur unbedenklich auch diese Versuche nachmachen. Nur hüte man sich vor unmittelbar in die eigene Haut einschlagenden intensiveren Funken: es können zwar kleine, aber relativ tiefgehende Verbrennungen eintreten, welche schlecht heilen oder gar operativ behandelt werden müssen.

Für unseren Versuch dieser Art benützen wir eine längere leichte Metallstange, welche unter Zwischenschaltung einer Glühlampe (z. B. 40 W) an einem metallenen Handgriff befestigt ist. Wir nehmen die Spitze oben am Konduktor weg, und verwenden jetzt nicht mehr alle 5 Teilfunken-

strecken, sondern nur noch 4. Ohne die Spitze würde bei 5 Teilfunkenstrecken die Spannung an der Sekundärwicklung so hoch werden können, daß schädliche Überschläge von der Sekundärwicklung zu den Primärwindungen erfolgten. Mit dem Stelltransformator kann nun eine erhebliche Leistung eingestellt werden. Die möglichst frei und isoliert stehende Versuchsperson hält jetzt den Stab in Richtung zum Konduktor
hin so nahe, daß ein kräftiger Funkenstrom zu diesem übergeht. Die
Glühlampe leuchtet dabei deutlich auf, wenn auch nicht mit voller Helligkeit (Stromstärke etwa 0,1 Ampere). – Bei allen diesen Versuchen mit
Sprüherscheinungen und Funkenüberschlägen entstehen in der Raum-
luft beachtliche Mengen von Ozon, teilweise auch Stickoxide, weshalb
sich eine zwischenzeitliche Lüftung empfiehlt!

Weitere Experimente machen wir im freien Raum um den Teslatransformator, indem wir z. B. eine der gebräuchlichen Leuchtstoffröhren etwa vertikal in der Hand halten und sie bis auf ungefähr 30 cm Abstand
an den Teslatransformator heranbringen: die ganze Röhre leuchtet gut
sichtbar auf, ohne irgendwo «angeschlossen» zu sein. Ähnlich auch eine
Glimmlampe oder ein nur mit Neongas in geeigneter Verdünnung ge-
fülltes Glasgefäß.

Aber auch in der normalen atmosphärischen Luft können größere Vo-
lumina zu einem gleichförmigen blauen Leuchten gebracht werden, welches bei genügender Abdunkelung beobachtbar wird. Wir nehmen dazu
den Kugelkonduktor von der Sekundärspule weg, und ersetzen ihn
durch einen horizontalen Drahtring von etwa 30 cm Durchmesser.
Wenn wir jetzt im Primärschwingungskreis wieder alle 5 Teilstrecken
benützen, so zeigt sich ein gewissermaßen faseriges Sprühen über der gesamten Draht-Oberfläche, wie lauter Tannennadeln aus violettem Licht.
Dieses Sprühen geht aber nach außen hin in ein schwächeres, unstruktu-
riertes Leuchten über, das den Draht bis in eine Entfernung von 3 bis
4 cm überall umgibt. Solches Absprühen der Elektrizität von einem
Draht oder von Kanten, Ecken, Spitzen wird als «Corona»-Erscheinung
bezeichnet.

Die hier beschriebene räumliche Form des Teslatransformators mit einer Primärspule von verhältnismäßig großem Windungsradius und kurzer axialer Länge sowie einer langen, einlagig auf ein isolierendes Rohr
gewickelten Sekundärspule, wird neuerdings fast ausschließlich gewählt,
wenn mit geringstem Aufwand möglichst hohe Spannungen erzielt werden sollen. Wir hatten inzwischen die großen Funkenschlagweiten be-

Bild 13.5: Corona-Plasma um Drahtring oben am Teslatransformator. (Erscheint im Foto heller als in Wirklichkeit, farbige Abb. siehe Seite 322)

merkt, und können daran sehen, daß wir zwischen denjenigen Teilen der Sekundärwicklung, wo die höchsten Spannungswerte auftreten, und den übrigen Partien des Transformators wirklich genügende Abstände haben müssen, damit nicht ungewollte Überschläge erfolgen. – Solche Konstruktionen bringen es allerdings mit sich, daß das von der Primärspule erzeugte magnetische Wechselfeld nur zu einem Bruchteil auf die Sekundärspule induzierend wirken kann. Aber die damit gegebene «losere Kopplung» wird durch etwas Anderes aufgewogen, und das ist die Erscheinung einer Resonanz im Gebiet des Elektromagnetischen. Wir hatten bezüglich der Entladung des Primärkondensators von elektromagnetischer Schwingung gesprochen, welche eine bestimmte Periodizität = Eigenfrequenz aufweist. Und nun ist es möglich, die Sekundärseite so zu bemessen, daß sie etwa dieselbe Eigen-Periodizität wie die Primärseite bekommt, auf diese sozusagen «abgestimmt» ist. Während *Nicola Tesla* in den USA mehr experimentell geeignete Bemessungen solcher Art fand, wurde teilweise wohl erst später – hauptsächlich in Europa – die exakte Berechnungsmöglichkeit elektromagnetischer Koppelschwingungen entwickelt. Eine Art Krönung fand diese dann 1906 durch eine Arbeit von *Max Wien* in Königsberg. Er behandelte den Fall, daß der Primärfunke in dem Augenblick erlischt, in welchem der Sekundärschwingungskreis

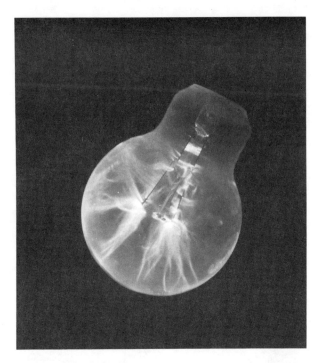

Bild 13.6: Sprüherscheinung in Glühlampe älterer Bauart mit Stickstoff-Atmosphäre. Teslatransformator nur schwach eingestellt: Stark reduzierte Primärspannung; nur 2 Teilfunkenstrecken werden benützt. (Farbige Abb. siehe S. 323)

sein erstes «Schwebungsmaximum» erreicht. Dieser kann alsdann weiterschwingen, ohne daß die in den Primärkreis zurückinduzierte Spannung dort wieder Resonanz findet. Um diesen Fall zu verwirklichen, eignet sich eben eine solche unterteilte Funkenstrecke mit ihrer wirksamen Kühlung der Funken-Ansatzflächen durch das Kupfermaterial. Außerdem muß der Kopplungsgrad geeignet bemessen sein [16, 26].

Weitere Versuche führen wir jetzt aus, indem wir die Sekundärspulen-Säule herausnehmen. Wir können nun einen Teil der Primärspule als Spannungsquelle verwenden, z.B. 4 Windungen von den insgesamt 20. Wir schließen an diese 4 Windungen mittels Abgreifklemmen eine starke Projektionsglühlampe (115 Volt, 500 Watt) an. Sobald wir mittels des Stelltransformators eine relativ schnelle Folge von Funken über alle 5 Teilstrecken erreichen, glüht die Lampe schon recht hell auf: es kann sich eine Leistung von annähernd 200 Watt ergeben.

139

Für ein weiteres Experiment ersetzen wir die bisherige Anordnung mit der Primärspule von 20 Windungen durch eine neue Primärspule von nur 3 Windungen (etwa 14 cm Durchmesser) auf einem geeigneten Ständer. Dadurch liegt bei den Entladungen des Primärkondensators an jeder der 3 Windungen eine höhere Teilspannung als an einer der Windungen der vorigen Primärspule mit ihren 20 Windungen. Auch die Schwingfrequenz wird dadurch höher. In den Innenraum der 3-Windungsspule setzen wir nun eine Glaskugel mit einem Inhalt von Neongas des geringen Druckes von etwa 4 Millibar. Es kommt darauf an, daß diese Glaskugel von den Windungen der Primärspule relativ eng äquatorial umschlossen wird. Wenn wir jetzt wieder einschalten, erhalten wir ein Aufleuchten im Gasraum der Neonkugel, und zwar besonders stark in einer Ringform in nächster Nähe der Primärspule: wir können hier von einem in sich geschlossenen, elektrodenlosen Plasma-Ringstrom spre-

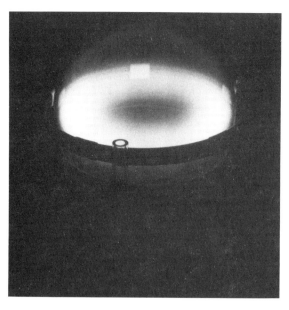

Bild 13.7: Glaskugel («Tesla-Kugel», NEVA-Geräte für Physik), evakuiert und mit Inhalt von Neon-Gas mit dem geringen Druck von 4 Millibar versehen, konzentrisch von einer Tesla-Primärspule mit 3 Windungen umgeben.
Im Gasraum bildet sich ein sekundärer Plasmastrom in Form eines in sich geschlossenen Ringwulstes aus. (Farbige Abb. siehe Seite 323)

chen. Bei rascher Folge der Primärfunken entwickelt sich schnell auch eine erhebliche Hitze, die sich auf die Glaswand überträgt; es ist somit Vorsicht geboten, daß nicht zu lange eingeschaltet wird!

Wegen der Gefahr der Störung von Funkdiensten durch Versuche wie die hier Beschriebenen siehe nächstes Kapitel 14!

14. Maxwell. Elektromagnetische Wellen

Für Versuche mit der Elektrisiermaschine (Kap. 3) hatten wir schon einen in sich zurücklaufenden Elektrizitätstransport ins Auge gefaßt: teils auf der bewegten Trommeloberfläche mitgenommene, teils durch die Luft sprühende und von Luftströmungen weitergetragene, teils durch «elektrische Leitung» in Metall-Teilen bzw. -Drähten weitergegebene Elektrizität. Beim «Ladungstransport durch die Luft» hatten wir es mit sehr zarten Erscheinungen zu tun. Dem stand dann beim Entladen durch einen Funken, etwa gar aus einer Leidener Flasche, ein eher gewaltsamer, aber dann auf ein kleines Luftvolumen beschränkter Vorgang gegenüber. Die Erscheinungen waren allesamt so, daß die Vorstellungen eines dahinströmenden, hindurchschießenden oder auch nur mitbewegten «Etwas» nahelag. Und beim Studium der Kathodenstrahlen (Kap. 4) waren die Physiker dann zu Vorstellungen von Elektronenströmungen gelangt, wobei sie sich die Elektronen als eine Art winziger Korpuskeln mit quasimateriellen Eigenschaften dachten.

Durch die Idee einer Strom-Kontinuität waren Einige schon viel früher, wahrscheinlich erstmals *Faraday*, besonders aber *Maxwell* (1831–1879) und *Heaviside* (1850–1925) auf die Frage gestoßen, wie es sich z. B. im Raum zwischen zwei Kondensatorplatten mit dem «Strom» verhalte, wenn in den Zuleitungen Ladungen zu- oder abfließen. Die Frage stellte sich sowohl beim Vorhandensein eines besonderen «Dielektrikums» zwischen den Platten, als auch, wenn bloß Luft oder auch sogar Vakuum dazwischen war. Dabei war vorausgesetzt, daß kein Durchbruch mit Plasmabildung im Spiel war.

Im Blick auf diese Frage betrachten wir nun nochmals die Tesla-Versuche, z. B. den Versuch mit der Leuchtröhre im Wirkensfeld der Teslasekundärspule. Zwischen deren Konduktorkopf einerseits und dem unten angeschlossenen Aluminiumchassis entsteht ja ein elektrisches Wechselfeld. Wird die Leuchtröhre angenähert, so wird sie von diesem Wechselfeld influenziert. Zwischen der oberen Hälfte der Leuchtröhre und dem oberen Teil der Sekundärspulenseite, und zwischen der unteren Leuchtröhrenhälfte und den unteren Teslatransformatorteilen, werden Teilfelder wirksam. Das Aufleuchten der Röhre werten wir dann als Stromdurchgang durch deren Plasma, und fragen nun nach der Fortset-

142

zung in den genannten Teilfeldern in den betreffenden Zwischenräumen, wo wir jetzt – nebenbei gesagt – keine Plasmabildung feststellen. – In ähnlicher Art ergibt sich die Frage bei jenem anderen Tesla-Versuch, wo wir den Kugelkonduktor durch einen Drahtkreis ersetzt hatten und eine Plasmawolke in Form eines Ringwulstes um diesen Drahtkreis beobachten konnten. Diese Plasma-Atmosphäre reichte ja nur bis zu einer radialen Entfernung von wenigen cm von der Drahtoberfläche. Im ganzen weiteren Umgebungsraum bestand keine wesentliche andere Möglichkeit eines Stromdurchgangs als die in den reinen Felddichte-Änderungen bestehende, somit, wenn wir von dem geringen Luft-Einfluß absehen, als nichtmateriell zu bezeichnende. Im Unterschied von einem «Leitungsstrom» können wir hier von einem «kapazitiven» Strom sprechen. Die Kapazität einer elektrischen Anordnung, z. B. auch eines Kondensators, ist der Maß-Ausdruck von deren relativer Speicherfähigkeit für elektrische Ladungen. Der von *Maxwell* herrührende ältere Ausdruck «Verschiebungsstrom» war auf Grund bestimmter damaliger Dielektrikums- und Äther-Hypothesen gebildet. Nachdem sich quasimechanische Äther-Hypothesen als widersprüchlich erwiesen haben, und die rein kapazitiven Ströme auch im bloßen Vakuum anzusetzen sind, entfiel die Rechtfertigung für den Ausdruck «Verschiebungsstrom».

Seit *Oerstedt* weiß man, daß elektrische Leitungsströme stets von einem Magnetfeld umringelt sind; und seit *Faradays* Entdeckung der Induktion elektrischer Spannungen infolge Magnetfeld-Änderungen kennt man diese sozusagen umgekehrte Beziehung zwischen Magnetismus und Elektrizität. Es war nun *Maxwells* geniale Idee, daß nicht nur Leitungsströme, sondern auch rein kapazitive Ströme magnetische Wirbelfelder hervorrufen sollten, und er war konsequent und kühn genug, in seine Grundgleichungen der Elektrodynamik eine solche Beziehung mit aufzunehmen, obwohl eine experimentelle Bestätigungsmöglichkeit mit damaligen elektrophysikalischen Hilfsmitteln noch kaum zu erhoffen war. Aber *Maxwell* gelangte dann im mathematischen Umgang mit den beiden Gleichungen für den elektrisch verursachten magnetischen Wirbel und für den magnetisch verursachten elektrischen Wirbel zu einer solchen Verknüpfung der beiden, daß dies zu einer außerordentlich bedeutenden Folgerung führte: sein Resultat konnte er deutlich als Differentialgleichung transversaler elektromagnetischer Wellen erkennen, die sich im Umgebungsraum ausbreiten. Und die Fortpflanzungs-Geschwindigkeit dieser Wellen ergab sich beim Einsetzen der aus elektrischen und magnetischen Messungen bekannten Werte der Feldkonstanten auch noch als mit der optisch gemessenen «Lichtgeschwindigkeit» gut übereinstimmend. So konnte *Maxwell* 1864 eine Theorie veröffentlichen, welche die Vorgänge bei der Ausbreitung des Lichtes in der Form elektromagnetischer Transversalwellen fassen lehrte. Damit erschien eine mathematisch-physikalische Möglichkeit für ein Verständnis z.B. der Polarisations-Erscheinungen bei optischen Versuchen eröffnet.

Aber – es gelang zu *Maxwells* Lebzeiten (bis 1879) nicht mehr, mit elektrischen Meßmitteln konstatierbare elektromagnetische Wellen herzustellen und zu handhaben. Dies erreichte erst 1888 der bedeutende Experimentator und Theoretiker *Heinrich Hertz* (1857–1894), einschließlich des sicheren Nachweises des mit dem Maxwellschen «Verschiebungsstrom» verbundenen Magnetfeldes [26].

Inzwischen hatte sich die Auffassung, daß «Licht» im Grunde nichts anderes sei als bestimmte elektromagnetische Vorgänge, in immer mehr Köpfen eingenistet. Aber schon bald nach den Entdeckungen von *Heinrich Hertz* kam *Rudolf Steiner* in seinen «Einleitungen zu Goethes Naturwissenschaftlichen Schriften» in dem Abschnitt «Goethe, Newton und die Physiker» auf die «Deutung» des Lichtes als elektromagnetische Wellen und auf die Hertzschen Versuche zu sprechen. Er führte aus, daß das Licht durch solche Vorgänge im Räumlich-Ausgedehnten eben «vermittelt» wird: «... Wenn ich dann die Formen dieser Bewegung untersuche, dann erfahre ich nicht: was das Vermittelte IST, sondern auf welche Weise es an mich gebracht wird ...» [33]. Und in einer Fragenbeantwortung 1919 (veröffentlicht im Anhang zu dem Band «Geisteswissenschaftliche Impulse zur Entwicklung der Physik» (GA Nr. 320): «Licht ist nicht als eine Funktion der Elektrizität zu betrachten, sondern die Letztere als eine Art leiblicher Träger des Lichtes» [48]. Im «Medium» des bloßen Räumlich-Ausgedehnten sind nur «Bewegungen», z.B. Wellenbewegungen möglich. Konkrete Unterschiede können nur in der Wellenlänge, der Intensität und der Konfiguration sämtlicher Bewegungsrichtungen angegeben werden. Betrachten wir den Zustand an einem im Raum fest gedachten Aufpunkt, so haben wir dort eine zeitlich-periodische Änderung der Feldstärkenwerte, und wir drücken die Schnelligkeit des Wechsels mit Hilfe der «Frequenz» aus. Dabei gilt die bekannte Beziehung: Frequenz = Fortpflanzungsgeschwindigkeit/Wellenlänge, bzw. $f = \frac{c}{\lambda}$. Nach den Frequenzen geordnet haben wir dann das Spektrum der möglichen elektromagnetischen Strahlungen. Dessen einzelne Gebiete sind von der Natur dem Vermitteln sehr verschiedener Wirkens-Qualitäten zugeordnet, wie dies im Schema 14.1 dargestellt ist. Zwar ergeben sich diese FREQUENZEN dem messenden Physiker weithin noch weniger direkt als die WELLENLÄNGEN, doch sind sie eben gerade die für die Zuordnung des Qualitativen charakteristischen Größen, während sich die Wellenlängen als abhängig von verschiedenen Medien erweisen, welche von der betreffenden Strahlung durchsetzt werden. Andererseits sind die Frequenzzahlen schon von den Tonfrequenzen an so groß, daß eine konkrete sinnenfällige Vorstellbarkeit als Schwingungszahl für den Menschen eigentlich nicht mehr besteht. Wir betätigen uns beim Umgang mit denselben also weit im Abstrakten.

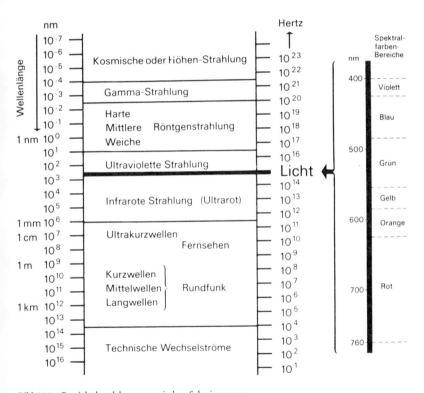

Bild 14.1: Bereich der elektromagnetischen Schwingungen.

Für ein Experimentieren mit eigentlichen elektromagnetischen Wellen schuf *Heinrich Hertz* eine Anordnung, die als linearer Dipol-Oszillator

145

zu bezeichnen ist. Zwei gerade Metallstäbe, manchmal auch mit daraufgeschobenen Blechscheiben zur Kapazitätsvergrößerung, sind in einer Linie auf Isolierstützen so angeordnet, daß zwischen den einander zugekehrten Stabenden ein Luftabstand verbleibt, über welchen elektrische Funken springen können. Die Gesamtlänge des Oszillators kann z. B. 1 m betragen. Sobald die von einer geeigneten Spannungsquelle (damals «Funkeninduktor») z. b. über zwei Hochohmwiderstände gelieferte Spannung den Überschlagswert erreicht, tritt eine Entladung über den Funken in Gestalt einer äußerst schnellen, abklingenden Schwingung ein. Von den dabei entstehenden Feldern elektrischer Art von einem Stab zum andern, und magnetischer Art in Kreisform um die Stab-Längsachsen, gehen dann elektromagnetische Wellen aus, die sich in Richtung radial von den Stablängsachsen weg in den Umgebungsraum hinaus fortpflanzen. *Hertz* stellte dann in einigem Abstand von dem Oszillator parallel zu diesem eine ähnliche Stabordnung auf, aber mit einer nur sehr kleinen Überschlagsstrecke. Besonders wenn es gelang, die Eigenschwingungsperioden des primären und des sekundären Oszillators ungefähr auf Resonanz zu bringen, konnte man am letzten ebenfalls kleine Funken erhalten, wenn am Primäroszillator kräftige Funken übersprangen. Daß dies auf den Übergang elektromagnetischer Wellen im Sinne der Maxwellschen Theorie zurückzuführen sein mußte, sicherte *Hertz* durch vielfältige Variation seiner Versuchsanordnungen.

Es konnten mit solchen Wellen nicht nur die von der Optik her bekannten Erscheinungen der Reflexion und Polarisation demonstriert werden, sondern auch z. B. diejenigen stehender Wellen. Bei den Lichtwellen ist dies ja nicht so leicht möglich, weil deren Wellenlängen nur Bruchteile von 10^{-6} m betragen, während *Hertz* z. B. Wellenlängen von mehreren Metern verwendete. Er setzte dann auch einen etwas kleineren linearen Oszillator in die Brennlinie eines zylindrisch-parabolischen Reflektors von 2 x 2 m Fläche aus Zinkblech als «Hohlspiegel», dem er dann in einiger Entfernung einen gleichen Reflektor mit einem Sekundär-Oszillator gegenüberstellte. Dort waren dann wiederum kleine Fünkchen zu beobachten, wenn die beiden Reflektoren aufeinander ausgerichtet waren. *Hertz* veröffentlichte solche Untersuchungen 1888 unter dem Titel: Über Strahlen elektrischer Kraft.

Für Experimente solcher bzw. ähnlicher Art mit elektromagnetischen Wellen liefert die heutige Lehrmittelindustrie gut zu handhabende Geräte mit Versuchsbeschreibungen. Einen sehr einfachen Versuch mit einem

Hertzschen linearen Dipoloszillator können wir aber auch wie folgt machen: Wir verwenden unsere schon in Kap. 2 erwähnte kleine Spannungsquelle für 1240 Volt. Die äußeren Enden der beiden in den Klemmen eingesetzten Kabelschuhe nähern wir einander bis auf einen winzigen Abstand von etwa Schreibpapierdicke, so daß die genannte Spannung ausreicht, um diese kleine Funkenstrecke zu durchbrechen. In die Stecklöcher der Apparateklemmen kommen dann die mit Steckstiften versehenen inneren Enden zweier kräftiger Drahtstücke von je etwa 1/2 m Länge als Dipolstäbe. Nach dem Einschalten ist dann ein Übergang mikroskopisch kleiner Fünkchen zwischen den Kabelschuhkanten zu beobachten; es sind einige tausend pro Sekunde. Wir setzen die Anordnung in wenigen m Entfernung von einem Fernseh-Empfänger in Betrieb und sehen nun im Fernsehbild eine größere Anzahl kleiner heller Lichtpunkte über die ganze Fläche verteilt an jeweils etwas verschiedenen Stellen aufblitzen. Eine Störung der Tonwiedergabe braucht dabei noch nicht einzutreten; dazu ist die Stärke der von unserem Dipol ausgehenden Wellenstrahlung noch zu gering. Bei den von *Hertz* seinerzeit verwendeten Oszillatoren mit Funkenstrecken bis nahezu 1 cm und Überschlagspannungen von der Größenordnung 20 000 Volt könnte heute schon die ganze Nachbarschaft im Fernsehen gestört werden. Deshalb müssen bekanntlich z. B. Zündanlagen von Kraftfahrzeugen durch besondere Mittel «entstört» sein.

Die Abstrahlung elektromagnetischer Wellen durch den freien Raum in den Wellenlängenbereichen von Millimeter-Bruchteilen bis zu vielen km Länge wird heute für die verschiedensten Übermittlungsdienste technisch benutzt. Als abkürzende Bezeichnung für dieses Frequenzgebiet bzw. Wellenlängengebiet innerhalb des noch viel umfassenderen Gesamtgebietes elektromagnetischer Strahlungen sei der Ausdruck Funkfrequenzen bzw. Funkwellen verwendet. Es gibt heute auf der ganzen Erdoberfläche und bis in planetarische Entfernungen von der Erde in den Kosmos hinaus keine Stellen mehr (ausgenommen hinter größeren Weltkörpern infolge «Abschattung»), wo nicht irgendwelche auf der Erde ausgesandten Funkwellen mittels geeigneter Empfänger aufgenommen werden könnten.

Beim Experimentieren mit elektromagnetischen Wellen im Physikunterricht muß Sorge getragen werden, daß nicht Funkdienste irgendwelcher Art gestört werden. Selbstverständlich gilt dies besonders auch für die Tesla-Versuche, wo ja ziemlich starke Hochfrequenz-Wechselfelder entstehen. Der Verfasser war in der günstigen Lage, die in Kap. 13 beschriebenen Versuche innerhalb eines durch Metallwände dicht nach außen elektromagnetisch abgeschirmten Raumes ausarbeiten zu können. Beim Vorführen solcher Apparate in einer Schule sind nun die in Frage kommenden Einschaltzeiten für einen einzelnen Schau-Versuch meist kürzer als 1 Minute, und der didaktische Wert ist immerhin bedeutend. Es kann dann auch geltend gemacht werden, daß natürlich vorkommende elektromagnetische Wellen, die von Gewittern herrühren, Störungen ungefähr gleicher Stärke und in demselben Frequenzbereich (von Langwellen bis etwa 50 Megahertz) hervorrufen. Außerordentlich schwach sind dagegen die in der Radio-Astronomie untersuchten, aus großen kosmischen Entfernungen kommenden Wellen, deren Besprechung über den Rahmen dieses Buches hinausgehen würde.

Die Funkwellen pflanzen sich nun nicht bloß im freien oder mehr oder weniger freien Raum fort. Relativ lange Wellen können eine gewisse Strecke längs Drähten, insbesondere Freileitungen fortwandern; kürzere Wellen z. B. in konzentrischen Kabeln (isolierter Draht in metallischer Umhüllung) und extrem kurze Wellen in Metallrohren, sog. Hohlleitern.

Mit Rücksicht auf die große Wichtigkeit der Funkwellen für die Nachrichtentechnik und Navigation haben die Postverwaltungen der Staaten die Aufteilung und Kontrolle des benutzbaren Frequenzgebietes bis derzeit 275 Gigahertz übernommen [28]. Die wenigen schmalen Frequenzkanäle, welche für sonstige technische, wissenschaftliche und medizinische Zwecke noch zur Verfügung stehen, heißen dann bezeichnenderweise «Ausnahmefrequenzen». Auch diese unterliegen hinsichtlich Bandbreite, Frequenz-Genauigkeit und ausgestrahlter elektrischer Leistung einschränkenden Vorschriften, wie dies auch für die eigentlichen Funkverkehrsgeräte der Fall ist. (Über die Bedeutung der Bandbreite und der dieserhalb erforderlichen Frequenz-Abstände s. Kap. 25!). Zu alledem gehört, daß auch elektrische Apparate und Maschinen beliebiger Art so eingerichtet sein müssen, daß deren (unbeabsichtigte) Ausstrahlung von Störwellen unterhalb einer gewissen Toleranz-Grenze liegt. Störquellen liegen ja in jeder Art von Funkenbildung. Trotzdem bleibt natürlich ein Rest von Störungsmöglichkeiten beim drahtlosen Empfang. Dies gilt vor allem für den Fernempfang während Gewittern im Frequenzgebiet unterhalb von etwa 50 MHz. Auch wer mit seinem Radiogerät in nächster Nähe einer großen Hochspannungsleitung wohnt, wo überall von den Metallteilen der Leitung auf die Isolator-Oberflächen feine Sprühvorgänge stattfinden, kann besonders im Mittel- und Kurzwellengebiet statt entfernterer Stationen nur ein mehr oder weniger gleichmäßiges Rauschen oder Prasseln hören. – Dieses Rauschen ist nicht zu verwechseln mit dem sehr viel schwächeren Rauschen, welches jeder Widerstand, jeder Halbleiter, jede Elektronenröhre in einer Empfangsschaltung als thermisches Grundrauschen verursacht. Letzteres wird vor allem beim Abstimmen im UKW-Gebiet als Zwischensender-Rauschen bemerkbar. Ebenso wie Funkwellen pflanzen sich aber auch Störwellen fort und können ihren Weg z. B. längs eines Netzkabels in einen Empfangsapparat nehmen.

Elektrizität haben wir nun in 3 Formen kennengelernt: Zuletzt als elektromagnetische Welle, auch über materiefreien Raum weithin wirkend; früher als «reine Elektrizität» bzw. Elektronenströmung sowohl in stark verdünnter Luft oder im Vakuum, als auch in Metallen und geeigneten Halbleitern, welche von der Elektrizität keine stoffliche Änderung, sondern nur Temperaturänderungen erfahren; und endlich auch an stoffliche Begleiter in Form von Ionen gebunden, im Plasma und in der Elektrochemie sich auslebend.

Die reine Elektronenströmung mit der z. B. in den Kathodenstrahlen zu erschließenden Schwungwirkung weist auf eine quasimaterielle Eigenschaft dieser Elektrizität selbst. In der elektromagnetischen Wellenstrahlung haben wir – sinnenfällig – nur noch den «Sender» und den «Empfänger». Nach *Maxwell* übt allerdings das Auftreffen von Wellenstrahlung z. B. auf eine Metallfläche einen «Strahlungsdruck» aus. Dieser ist aber so schwach, daß er nur mit feinsten Untersuchungsmethoden nachgewiesen werden kann. Einen ähnlichen minimalen Rest quasimaterieller Wirkung haben wir dann noch in der äußerst geringen «relativistischen» Strahlenkrümmung in Sonnen-Nähe. – Daß die Ausbreitungsgeschwindigkeit der elektromagnetischen Wellen im leeren Raum nicht unendlich groß, sondern endlich ist, weist ebenso wie schon die Lenzsche Regel (Kap. 9) auf etwas den mechanischen Hemmungen entfernt Verwandtes. Mathematisch-physikalisch werden schon den Feldern, sowohl dem elektrischen, als auch dem magnetischen, jeweils «Energie-Inhalte» zugeschrieben. Aber erst in einem Empfänger wird dann ein kleiner Bruchteil der Energie-Inhalte eines elektromagnetischen Strahlungsfeldes aktualisiert. Ohne einen Empfänger oder eine Meßapparatur stellen diese also jeweils nur eine «potentia» dar.

15. Gliederung der Elektrizitäts-Anwendungen

Bisher war vorwiegend Grundlegendes über die «Natur» der Elektrizität dargestellt, sowie deren Erzeugung. In den folgenden Abschnitten wird auf charakteristische elektrotechnische bzw. elektronische Einrichtungen näher einzugehen sein. In früherer Zeit unterschied man dabei die «Starkstrom-» und die «Schwachstrom-Technik» (später «Nachrichtentechnik»). Eine heute zweckmäßige Gliederung wird am besten mit den drei Begriffen

Energietechnik – Meßtechnik – Informationstechnik

vorgenommen. Während in der Energietechnik das Hervorrufen der Elektrizität und des Elektromagnetismus sowie deren Wirksamkeiten im Stofflichen im Vordergrund stehen, spielen in der Informationstechnik Sender-Empfänger-Beziehungen und zeitliche Formen von Spannungsverläufen einschließlich deren Speicherung die wesentliche Rolle. In den elektrischen Leuchten sowie den einfachsten Haushaltgeräten mit ihren Schaltern und Sicherungen haben wir praktisch reine Energietechnik verwirklicht. Umgekehrt beim Taschenrechner. Zwar wird auch hierin eine Batterie allmählich verbraucht; doch sein täglicher Zweck sind Resultate für unser Wissen. Wir müssen ihn dafür mit Zahlenmaterial und Verarbeitungsbefehlen informieren, und er wandelt diese Informationen für unsere weiteren Zwecke um. – Alle drei Technikarten zuammen finden wir dann im «Automaten», welcher z. B. nach Eingabe eines bestimmten Programmes komplizierte Arbeiten verrichtet, deren Energie-Umsatz ebenfalls von Bedeutung sein kann.

Sowohl die Meßtechnik als auch die Informationstechnik verdanken ihre enorme Entwicklung in den letzten Jahrzehnten zwei grundsätzlichen technischen Errungenschaften. Die eine macht es möglich, den Ablauf von Vorgängen auch durch feinste Einflüsse streng gesetzmäßig steuern zu lassen. Dabei werden die letzteren von «Meßfühlern» erfaßt, und die von diesen gelieferten, winzigen elektrischen Spannungen rufen in einem «Verstärker» eine vielmal größere, zu einer solchen Steuerung ausreichende Spannung hervor (s. Kap. 19!). – Die andere Errungenschaft umfaßt Anordnungen, in welchen fortlaufende Schwingungen genau bestimmter Periodizität hervorgerufen werden. Solche Schwingungen waren im Lauf der letzten Jahrhunderte auf dem Gebiet der reinen Mechanik in der Konstruktion immer besserer Uhren schon weit entwickelt worden. In unserer Zeit kam die Erzeugung elektrischer Oszillationen in einem weitesten Bereich von Schnelligkeiten und mit vorher unvorstellbarer Genauigkeit hinzu (s. Kap. 20!).

In der Polarität Energietechnik – Informationstechnik haben wir eine Art Parallele zu unserer eigenen leiblich-geistigen Organisation, worin wir auf der einen Seite willensmäßige Kraft-Entfaltung vermittels des Stoffwechsels und auf der anderen Seite die Sinnes- und Vorstellungs-Tätigkeit haben, als Polarität wiederum von Blut- und Nerven-Vorgängen. Bei der Informationstechnik gilt das Interesse des Benutzers selbstverständlich dem Inhalt des Übermittelten, d. h. den Wahrnehmungen der Augen, Ohren, und den sich anschließenden Vorstellungen und Gedanken. Diese sind zu trennen von den akustischen, optischen, elektrischen bzw. elektromagnetischen raumzeitlichen Vorgängen der Übertragung. Letztere können durch ihre Unvollkommenheit diese Übermittlung beeinträchtigen. Die Erkenntnis und Behandlung dieser Unvollkommenheiten sind Gegenstände der bisherigen, materialistisch-mechanistischen «Informationstheorie». Neuerdings treten jedoch zunehmend Fragestellungen ins Bewußtsein, welche auch das Verhältnis zwischen der angewandten Technik und dem Inhaltlichen von der Seite des Menschlichen und Künstlerischen her neu in Betracht ziehen.

Es obliegt uns, wirklich einen Vergleich zwischen Mensch und Automat bzw. Roboter zu ziehen. Man weiß, daß der letztere an spezieller Fähigkeit für seine Aufgabe und an Präzision den Menschen oft weit übertreffen kann. Doch wenn der Automat auch noch so fein mit seinen Meßfühlern auf eine Temperatur, ein Niveau, einen Abstand oder eine chemische Eigenschaft reagiert, so «fühlt» er ohne ein seelisches Innen-Erlebnis, wie wir Menschen es im tagwachen Bewußtsein haben. Aber – noch Anderes ist im Menschen wirksam. Seitdem das Interesse der Forschung das Unbewußte in Betracht zieht, ist man auf Merkwürdiges gestossen. *Rudolf Steiner* fand, daß im einzelnen Menschen außer dem selbstbewußten Ichwesen noch etwas wie ein zweites Wesen als innerer «Doppelgänger» das Leben mitbestimmt, den Menschen an Krankheiten und Schicksalsereignisse sowie an Taten heranführt, die er oft nachher zu bereuen hat. Und diesen nicht leicht zu überwindenden Doppelgänger schildert Steiner als ein Wesen von einer großen, aber mephistopheli-

schen Intelligenz und einem starken Willen, «der den Naturkräften viel
näher steht als unser menschlicher Wille, der durch das Gemüt reguliert
wird» [42]. Die Empfindung des Unheimlichen, welche viele Menschen
unserer Zeit gegenüber dem «Roboter» haben, darf man wohl damit in
Verbindung bringen, daß letzterer wie eine Art Bild von etwas vor uns
steht, was wir in unserem Unbewußten noch unverwandelt in uns tragen. – An die Stelle des «Gemüts» im Menschen tritt beim Automaten
die streng gesetzmäßige Dimensionierung und meßtechnische Erfaßbar-
keit der Teilfunktionen und ihres Zusammenspiels. Damit entfällt dann
auch die Möglichkeit einer eigentlichen Kreativität des Roboters.

Bei aller Elektrotechnik müssen vier Faktoren zusammenkommen:

1) Es geht um einen praktischen Zweck, zu dem eine bestimmte Gruppe von Abläufen kombiniert werden muß. Schon beim elektrischen Koch-
herd müssen die Platten einzeln in und außer Betrieb gesetzt werden und
auf je eine passende Stufe der Heizstärke gebracht werden können.

2) Um diese Abläufe verwirklichen zu können, sind die physikalischen Möglichkeiten ausfindig zu machen, welche hierfür aus der «Natur» der Elektrizität heraus zur Verfügung stehen. Beim Herdbeispiel das
Heißwerden eines Drahtes bei Stromdurchgang. Dazu sind die physikalischen und chemischen Anforderungen an die Materialien bezüglich Leit-
und Isolations-Fähigkeit bei den in Frage kommenden Temperaturen zu
berücksichtigen.

3) Für die einzelnen Abläufe ist eine passende Schaltungs-Logik zu
entwerfen. Nehmen wir das Beispiel einer auf 6 Stufen umschaltbaren
elektrischen Kochplatte. Sie wird durch eine Glühdrahtwendel mit 2
Anzapfungen erhitzt. Die 3 Teilwiderstände werden für die 6 Heizstufen
0-6-5-4-3-2-1 jeweils so zusammengeschaltet, wie dies in den Bildern 15.1
bis 15.6 dargestellt ist. Dabei ergeben sich die in den Bildern jeweils
rechts angegebenen wirksamen Widerstandswerte, wobei das Umschalten z. B. durch einen 4-poligen Schalter mit einer Ausschaltstellung und 6
aktiven Stellungen zu realisieren ist (Bild 15.7).

4) Um ein Ganzes zu haben, muß die Einrichtung an eine Stromquelle
angeschlossen werden können. Vorher ist diese Einrichtung nur ein
räumlich-stoffliches, mehr oder weniger kompliziertes Gebilde. Wenn in
diesem alles richtig dimensioniert und zusammenmontiert ist, tritt es
dann beim Einschalten in Wirksamkeit: Willensartiges schießt hinein
und schafft darin gesetzmäßig.

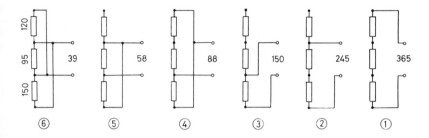

Bild 15.1 bis 15.6: Heizwendeln einer elektrischen Kochplatte für 6 Heizstärken: Die Wendel-Abteilungen mit 150-95-120 Ohm werden für die unten bezifferten Heizstufen 1 bis 6 von reiner Parallelschaltung über kombinierte Parallel-Reihen-Schaltungen bis zur reinen Reihenschaltung verschieden zusammengeschaltet, so daß sich die jeweils rechts stehenden Ohmzahlen ergeben.

Der Konstrukteur muß auf das Zusammenstimmen seines Denkens mit den vielfachen Gegebenheiten bauen können, und wenn einmal das Gewollte nicht sogleich eintritt, so weiß er, daß es durch systematisches Untersuchen möglich sein muß, einen Fehler im Entwurf oder in der praktischen Ausführung zu finden. Nur die außerordentliche Kompliziertheit bestimmter moderner Computersysteme macht hier eine Ausnahme: die Vielfalt der Möglichkeiten ist hier zu groß, um noch überschaubar zu sein.

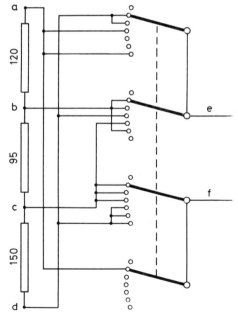

Bild 15.7: Die Heizwendeln wie in den vorstehenden Bildern zusammen mit einem 4 poligen Umschalter mit zusätzlicher «Aus»-Stellung für die Stufenwahl.

16. Elektrische Beleuchtung

Wenn wir die Glühlampen nicht so sehr gewohnt wären, müßte uns auffallen, daß etwas ohne Flamme und in gläsern abgeschlossenem Raum mit einer unverschämt blendenden Helligkeit glüht. Durch Matt- oder Opal-Glas kann dann auch erreicht werden, daß der Eindruck für das Auge gemildert wird und ungefähr demjenigen von «Sonne durch Nebel hindurch» oder mondartigem Licht entspricht. Für nostalgische Dekorationen werden gegenwärtig auch noch Lampen mit geringelten Kohle-Glühfäden hergestellt, wie sie, ähnlich den ursprünglichen Edison-Lampen, zur Zeit um 1900 in Gebrauch waren.

Bei den Glühlampen wird die Lichtausbeute umso besser, und das Licht umso schöner weiß, je höher die Temperatur des kleinen Drähtchens aus dem hochschmelzenden Wolfram-Metall ist. Umso schneller wird aber dieses Drähtchen durch den Betrieb bei der betreffenden Temperatur dünner und spröder. Von seiner Oberfläche verdampft nämlich immer ein wenig und schlägt sich als schwärzlicher Belag auf der Glaskolben-Innenfläche nieder. Um die Lichtwirkung und Dauerhaftigkeit von Glühlampen weiter zu verbessern und den Schwärzungseffekt zu verhindern, sind in den letzten Jahrzehnten hauptsächlich für Scheinwerfer und Projektionszwecke noch sogenannte Halogenlampen entwickelt worden. Diese haben einen relativ kleinen, sehr heiß werdenden Quarzglaskolben, welcher ein Füllgas mit Zusätzen von Jodwasserstoff oder Bromwasserstoff enthält. Die Halogene Brom und Jod bewirken dann, daß verdampfendes Wolfram sich im Gasraum mit ihnen chemisch verbindet, aber bei nachheriger Berührung mit der heißen Wolfram-Wendel wieder als reduziertes Metall auf der Drahtoberfläche landet. Eine Begrenzung der Brenndauer wird dann nur noch durch die nicht ganz gleichmäßige Verteilung des zurückkommenden Metalls bewirkt [29].

Etwa zur gleichen Zeit wie die Glühlampen wurden auch die Lampen mit Kohle-Lichtbogen technisch brauchbar. Schon 1813 hatte *Humphry Davy* in England bei Versuchen mit einer besonders großen Voltaschen Säule entdeckt, daß er zwischen zwei Kohle-Elektroden, welche er kurzzeitig zur Berührung brachte und dann ein wenig auseinanderzog, eine sehr helle Lichterscheinung erzeugen konnte. Durch große Hitze-Entwicklung bei äußerst heller Glut der benachbarten Kohlespitzen wurde

154

hier ein Elektrizitäts-Übergang durch die Luft möglich. Die «Bogenlampen» mit Kohlestiften als Elektroden, die später noch mit einem Dochtkern aus Metallsalzen zur Steigerung der Helligkeit versehen waren, wurden um 1900 besonders zur Beleuchtung von Straßen und Plätzen verwendet, und bis weit in unser Jahrhundert noch in Scheinwerfern und Projektoren. Da die Kohlestifte im Luftsauerstoff allmählich abbrannten, wurden solche Bogenlampen mit elektromechanischen, automatischen Nachführ-Vorrichtungen für die Stifte ausgerüstet.

Bei den in Kap. 3 geschilderten Versuchen war nun Plasmaleuchten zu beobachten, welches keine Flammentemperaturen voraussetzte, sondern eine Tatsache eigener Art darstellte. Doch ist immer auch eine Temperaturerhöhung sowohl des Gases als auch der Elektroden damit verbunden. Sie ist umso geringer, je kleiner die Gasdichte ist. So konnte man bei den ersten, von *MacFarlan Moore* anfangs unseres Jahrhunderts in Amerika entwickelten, viele Meter langen Beleuchtungsröhren, in denen Stickstoff oder Kohlensäure wie in den Geisslerröhren verdünnt zum Einsatz kam, von «kaltem Leuchten» sprechen.

Neuere Plasma-Lampen gibt es in sehr vielfältigen Formen mit großen und kleinen Röhren [29]. Die langen, fast kalt «brennenden» Leuchtröhren nach *Moore* wurden später mit den Edelgasen Neon oder Argon versehen, welche größere Helligkeit ergaben als Stickstoff oder Kohlensäure. Es sind die Röhren, die wir in den verschiedensten Formen an Gebäudefassaden als Lichtreklame finden. – Sehr verbreitet sind seit Jahrzehnten die Leuchtstoffröhren, welche mit Quecksilberdampf und z. B. Neonzusatz gefüllt sind. Die Innenwand dieser Glasröhren trägt noch einen Belag von stark fluoreszierenden Stoffen, deren chemische Beschaffenheit für die Lichtfarbe von bestimmendem Einfluß ist. Die vom Quecksilberdampf-Plasma zunächst erzeugte ultraviolette Strahlung trifft diesen Belag und regt ihn zur Fluoreszenz im sichtbaren Spektralgebiet an. Neben den meist geradelinig gestreckten Formen dieser Lampen gibt es seit kurzem auch sehr gedrängt konstruierte mit relativ kleinen, mehrfach gebogenen Röhren für das Plasma, so daß man diese Lampen in Glühlampenfassungen einschrauben kann.

Für große Lichtstärken wurden weitere, mit höherem Gasdruck arbeitende Plasma-Lampen entwickelt, die wir in der öffentlichen Beleuchtung an Verkehrsanlagen, Sportplätzen usw. finden: Quecksilberdampf- und Natriumdampf-Hochdrucklampen, Halogen-Metalldampflampen.

Für eine feinfühlige Betrachtung erscheint das Licht von Glühlampen natürlicher als dasjenige wohl aller Arten von Plasmalampen; bei den letzteren hat man stärker den Eindruck des «Elektrischen». Physikalisch und technisch bestehen zwischen den beiden Lampenarten erhebliche Unterschiede:

a) Die Lichtausbeute moderner Plasmalampen ist um ein Mehrfaches höher als bei Glühlampen gleichen Wattverbrauchs.

b) Während Glühlampen unmittelbar über einen Schalter mit den beiden Polen einer Spannungsquelle verbunden werden können, benötigen sämtliche Plasmalampen noch mindestens das Vorschalten eines die Stromstärke stabilisierenden Bauelements, gewöhnlich einer «Drossel» (Kap. 9). Darüber hinaus sind meist noch besondere Hilfsmittel zum «Zünden» des Stromdurchgangs erforderlich.

c) Die Plasmalampen liefern ein Licht mit einem meist wesentlich anderen Spektrum als Glühlampen. Bei leuchtenden Gasen oder Dämpfen hat dieses ein stark durchbrochenes Aussehen, worin besonders einige wenige Spektrallinien mit ihrer Helligkeit hervorstechen. Werden zusätzlich Leuchtstoffe verwendet, so kann durch geeignete Kombination der Substanzen ein ziemlich vollständiges Spektrum demjenigen der Gase überlagert werden. Dabei ist es möglich, die Helligkeiten in den drei Spektralgebieten von Rot, Grün und Violett so gegeneinander abzuwägen, daß eine dem Tageslicht nahekommende oder auch etwas wärmer wirkende Farbe des Eigenleuchtens resultiert. In solchem Sinne werden auch die 3 Leuchtsubstanzen der Bildröhren für das Farbfernsehen zusammengepasst, und es ergibt sich dabei ein durchaus befriedigender Eindruck für die «Weiß»-Wiedergabe. – Bekannt ist die Erfahrung, daß jedes elektrische Licht menschliche Gesichter, Speisen, farbige Textilien usw. farblich mehr oder weniger anders erscheinen läßt als normales Tageslicht. Mit Glühlampen ist es nicht möglich, dem letzteren entsprechende relative Intensitäten im Gebiet von Blau bis Violett herauszubringen. Mit Plasmalampen sind bei entsprechender Wahl der Substanzen bessere Farb-Angleichungen möglich. Doch besteht auch die Gefahr des Grellwerdens der Farbtöne z. B. auf Gemälden, oder auch einer Schädigung derselben durch Ultraviolett-Komponenten.

d) Während Glühlampen praktisch sofort mit dem Einschalten ihre volle Lichtstärke abgeben, muß bei Plasmalampen oft mit einem Anfangs-

Flackern gerechnet werden. Dazu kommt eine Verzögerung des Hell-werdens. Besonders bei Lampen mit vorwiegendem Metalldampfleuchten kann es viele Minuten dauern, bis sich im Plasmaraum die richtige Temperatur und damit der optimale Dampfdruck eingestellt hat.

e) Der heute für «ruhende» Beleuchtungsaufgaben meist gebrauchte Wechselstrom ergibt bei genauerem Zusehen eine mit der Polwechselzahl von 100 pro Sekunde zeitlich variierende Lichtstärke. Bewegen wir einen glänzenden Gegenstand, z. B. Stricknadel oder Schere, im Licht einer Leuchtröhre, so ergeben sich flimmernde Bilder der Glanzlinien nebeneinander. Bei Glühlampen ist dieser Flimmer-Effekt viel weniger ausgeprägt. Mit Hilfe einer Fotozelle und eines Oszilloskops kann diese Ungleichförmigkeit genau untersucht werden; s. die Oszillogramme in Kap. 21! Wie einschneidend sich dieser Nachteil der Plasmalampen praktisch und zum Nachteil für die Augen auswirkt, muß wohl noch weiter untersucht werden.

17. Elektro-Motoren

Die Kraftentwicklung im Elektromotor unterscheidet sich darinnen grundlegend von den Antriebsarten aller übrigen Kraftmaschinen, daß nicht ein Materielles auf die Fläche eines Kolbens oder einer Turbinenschaufel drückt; nichts bewegt sich außer dem Rotor selber und der von ihm teilweise mitgerissenen Luft. Es wird vielmehr die Anziehungskraft zwischen Magnetpolen benutzt, die wir in Kap. 1 als eine solche von quasimagisch-saugendem Charakter ins Bewußtsein genommen hatten. Sollen uns nun diese so viel gebrauchten Motoren noch vollends intellektuell vertraut werden, so müssen wir auch verstehen, wie elektromagnetische Kräfte dazu gebracht werden konnten, eine fortlaufende Drehung eines auf einer Welle sitzenden Rotors zu erzeugen. Um dies zu erläutern, bedienen wir uns eines für den Unterricht konzipierten Gleichstrommotor-Modells, das in der Berufsausbildungswerkstatt an der Freien Waldorfschule in Kassel entwickelt wurde. Bild 17.1 zeigt das Modell in seiner am leichtesten verständlichen Form: etwas erhöht einen Feld-Elektromagneten in Form eines umgekehrten U, und zwischen den rundlich ausgehöhlten Polkörpern desselben einen symmetrisch-stabförmigen Eisenkörper mit zwei Wicklungshälften auf der Welle sitzend, derart, daß die Pole dieses «Läufers» mit wenig Abstand frei an den Polkörper-Innenflächen des Feldmagneten vorbeilaufen können. Anfang und Ende der Läuferwicklung sind zu zwei halbzylindrischen Kupfersegmenten geführt, die in einen runden Isolierkörper auf der Läuferwelle eingelassen sind. Zwei Stückchen Preßkohle, einander gegenüber, drücken durch Federkraft leicht auf den Umfang des Isolierkörpers mit den Kupfersegmenten, so daß auf diese Weise der Wicklung des rotierenden Läufers Strom zugeführt werden kann. Die Anordnung der Segmente hat dann zur Folge, daß nach je einer halben Umdrehung die Stromrichtung in der Läuferwicklung und damit deren magnetische Polarität wechselt; die Vorrichtung heißt dementsprechend Stromwender. Die Winkelstellung der Segmente gegenüber den Läuferpolen ist so gewählt, daß beim direkten Gegenüberstehen der Feld- und Läufer-Magnetpole der Übergang vom Berühren des einen Segments durch die Kohle zum Berühren des anderen Segments erfolgt. Bei der Läuferdrehung haben wir also während der Annäherungsphase des Läuferpols an den Feld-

Bild 17.1: Unterrichts-Modell für Gleichstrom-Elektromotor, mit eingesetztem zweipoligen Läufer (Berufsbildendes Gemeinschaftswerk an der Freien Waldorfschule Kassel).

oder Ständer-Pol noch Anziehung, und bei der Weiterdrehung in der Phase des Sich-Entfernens Abstoßung. Beide wirken im gleichen Drehsinn, und damit kommt die fortlaufende Drehung zustande. – Wenn wir jetzt das Motormodell so anschließen, daß ein Gleichstrom über die Kohlen durch die Läuferwicklung und «in Reihenschaltung» auch noch durch die Feldwicklung fließen kann, so genügt etwa 1A Stromstärke für eine fortlaufende Läuferdrehung. Es ist dabei Vorsicht geboten, daß diese nicht zu schnell wird.

Nun hatten wir schon in Kap. 5 für Gleichstrom-Dynamos eine andere Läufer-Gestalt kennengelernt: den Trommel-Läufer nach *Hefner von Alteneck*, der einen Stromwender mit einer größeren Anzahl Kupfersegmente und einen aus gestanzten Elektro-Eisenblechen zusammengesetzten Läuferteil mit zyklischer Bewicklung aufweist. Solche Trommel-Läufer werden heute in den Elektromotoren mit Stromwendung durchwegs verwendet. Für das Motormodell wurde deshalb auch ein solcher zum

Auswechseln gegen den einfachen Doppel-I-Läufer vorgesehen. – Wir nehmen nun den Feldmagneten des Modells auseinander und heben den Doppel-I-Läufer aus der Lagerung, um den Trommel-Läufer einzulegen. Mit Hilfe eines Drahtbügels aus Kupfer, der unter Weglassen des Feldmagneten in die Befestigungslöcher für den letzteren gesteckt wird, stellen wir nun die Grundplatte mit dem Trommel-Läufer aufrecht (Bild 17.2). Dies ermöglicht eine bequeme Feststellung der Magnetisierungsrichtung dieses Läufers, wenn wir über die Kohlebürsten durch diesen einen Strom (z. B. 1 A) hindurchschicken. Es liegt dann Spannung zwi-

Bild 17.2: Unterrichts-Modell für Gleichstrom-Elektromotor, ohne Feldmagnet, mit eingesetztem Trommel-Läufer; Grundplatte und Läuferachse vertikal gestellt.
Rechts daneben Kompaß auf Holzklotz zum Untersuchen der Magnetisierungsrichtung bei Stromdurchgang im Läufer.

schen den beiden von den Kohlen berührten, gegenüberliegenden Strom-wender-Segmenten. Der Trommel-Läufer hat eine Bewicklung, deren Drähte ihn jeweils in einer Meridianebene umschlingen und innerhalb des Zylindermantels in Rillen, den sogenannten Läufernuten, so einge-bettet sind, daß die bei schneller Drehung auftretende Zentrifugalkraft sie nicht herausreißt. In jedem diametral gegenüberliegenden Nutenpaar liegen zwei Teil-Wicklungen bzw. -Wicklungsgruppen, deren Drahtan-fang an ein zugeordnetes Stromwender-Segment, und deren Drahtende an das am Umfang nächstfolgende Segment angeschlossen ist; alles in zy-klischer Reihenfolge, so daß an jedem Segment ein Drahtanfang und ein Drahtende (von der vorausgehenden Wicklung) angelötet ist. Der einem Stromwender-Segment zugeführte Strom findet somit stets zwei Pfade, um durch je eine Hälfte aller Wicklungen hindurch zum diametral gegen-überliegenden Segment zu gelangen. Dabei werden die beiden Wicklungs-teile in jeder Nut teils gleichsinnig, teils gegensinnig von je der Hälfte des Gesamtstroms durchflossen. Die Folge ist, daß sich in der Summe auf der Mantelfläche des Trommel-Läufers zwei gegenüberliegende Magnetpole ausbilden. Wir können also jetzt in unserer Anordnung mit vertikal ge-stellter Läufer-Achse entweder mit Hilfe des an einem Bändchen hängen-den Magnetstäbchens nach Kap. 1, oder mit einem Kompaß die Richtun-gen des resultierenden Magnetfeldes und damit die am Läuferumfang ent-stehenden Polstellen untersuchen. – Nun können wir ja den Trommel-Läufer auch gegenüber seiner bisherigen Stellung mit der Hand verdre-hen. Wenn wir sonst irgend einen Magneten in eine andere Winkelstel-lung bringen, dreht sich dessen Magnetfeld entsprechend mit. Beim Trommel-Läufer mit Stromwender ist es nun das Besondere, daß seine Magnetisierungsrichtung, von kleinen Änderungen abgesehen, erhalten bleibt, wie wir ihn auch hindrehen. Sie ändert sich nur, wenn man die Anordnung mitsamt der Grundplatte dreht. Die zyklische Struktur des ganzen Läufers macht dies möglich und einsehbar.

Wenn wir nun nach Wegnahme des Kompasses einen Magneten (am besten den in Kap. 1 beschriebenen großen Magneten) derart in die Nähe des Trommel-Läufers bringen, daß die Feldrichtung des Magneten etwa quer zur Feldrichtung des Läufers steht, so beginnt der Letztere, sich fortlaufend zu drehen. Für praktisch zu verwendende Motoren werden dann die Pole eines Feldmagneten mit nur kleinem «Luftspalt» dazwi-schen ganz nahe an der Mantelfläche des Läufers angeordnet, damit eine möglichst starke Anziehungskraft zustandekommt. Auch unser Versuchsmodell können wir mit relativ kleinem Luftspalt zwischen Läufer und Feldelektromagnet-Polen betreiben. Nach dem Herausnehmen des Bügels zum Aufstellen setzen wir die beiden eisernen Polstücke wie beim ersten Versuch ein, und legen die Grundplatte mit diesen und dem Trommel-Läufer auf den Tisch. Dann setzen wir noch das zweiteilige eiserne Joch mit der Feldspule auf. Doch ist jetzt der Polabstand noch unverhältnismäßig groß. Es wurde deshalb noch ein Paar Zwischen-Polschuhe vorgesehen, die nun noch eingeschoben und mit je einer Schraube festgemacht werden können. Sie werden um einen geeigneten Winkel versetzt eingebaut, um wenigstens einen wesentlichen Teil jener Winkelversetzung auszugleichen, welche die Magnetisierungsrichtung des vorhandenen Trommel-Läufers gegenüber der Symmetrielinie des Feldmagnetgestells aufweist. Bild 17.3 zeigt einen solchen Zusammenbau. Wir können diesen Motor dann entweder in Reihenschaltung von Feldwicklung und Läufer (Hauptschluß-Betrieb) oder in Parallelschaltung (Nebenschluß-Betrieb) an eine Gleichspannungsquelle von 2 bis 3 Volt anschließen, um ihn zum Laufen zu bringen (für kurzzeitige Experimente eignet sich schon die weniger stromergiebige Taschenlampen-Flachbatterie 4,5 V). Beim Vergleich der beiden Schaltmöglichkeiten fällt auf, daß im Hauptschluß-Betrieb trotz viel kleinerer Stromaufnahme eine viel schnellere Drehung zustandekommt. Im Nebenschluß-Betrieb liegt die ganze Batteriespannung an der Feldmagnetwicklung, und beim Laufen in dem stärkeren Magnetfeld wird in der Läuferwicklung schon bei kleinerer Drehzahl soviel Gegenspannung erzeugt (Kap. 5), daß diese eine weitere Drehzahlerhöhung verhindert.

Ein Motor gleicher prinzipieller Anordnung kann dann nicht nur für Gleichstrom, sondern auch für Wechselstrom verwendet werden, wenn man diesen in Reihenschaltung durch die Läuferwicklung und die Feldwicklung schickt. Dann werden nämlich bei den Polaritätswechseln sowohl die am Läufer entstehenden Magnetpole, als auch die Feldmagnetpole gleichzeitig umgepolt, und damit bleibt die Anziehungswirkung in derselben Richtung erhalten. – Beim genauen Betrachten unseres Läufers ist übrigens noch festzustellen, daß dessen zylindrischer Eisenkörper nicht aus massivem Eisen besteht, sondern aus einer Vielzahl ausgestanzter Blechscheiben von z. B. 0,5 mm Dicke zusammengeschichtet ist. Nur dann folgt nämlich die Ummagnetisierung des Läufers bei seiner Drehung ohne wesentliche Verzögerung. Wenn nun Wechselstrom verwendet werden soll, muß auch der Feld-Elektromagnet entsprechend den

Bild 17.3: Unterrichtsmodell für Gleichstrom-Elektromotor, mit eingesetztem Trommel-Läufer, mit Feld-Elektromagnet und winkelversetzten Zwischen-Polschuhen.

Polwechseln mit seiner Magnetisierung gut folgen können, und deshalb muß dann auch das im Feldmagneten wirksame Eisen «lamelliert» sein (vgl. Kap. 9!).

Der zweite erwähnte Weg zum Zustandebringen einer fortlaufenden Drehung beruht auf dem Erzeugen eines magnetischen «Drehfeldes» im Innenraum des Motors, während bei dem bisher beschriebenen Weg ja die wirksame Magnetisierungsrichtung im Raum praktisch stehen blieb. Ein solches räumliches Drehfeld kann eben durch Wechselströme hergestellt werden, wie von *Ferraris*, von *Haselwander* und von *Tesla* 1887 fast gleichzeitig herausgefunden wurde. Zwei Ausführungsarten haben seither in der Technik weite Verbreitung gefunden. Ja die eine hat dazu geführt, daß schon in den großen Generatormaschinen der Kraftwerke nicht ein einziger, sondern 3 Wechselströme hergestellt werden. Diese unterscheiden sich voneinander nur dadurch, daß ihre Polwechsel nicht gleichzeitig erfolgen, sondern im Abstand von je 1/3 der Periodendauer, d. h. von 6,667 Millisekunden in europäischen bzw. 5,556 Millisekunden in amerikanischen Stromnetzen zyklisch. Dies wird durch gestaffelte

Anordnungen dreier induzierter Wicklungen im Ständer des Generators erreicht, an denen die erregenden Magnetpole des Läufers vorbeisausen. Dieser Läufer besteht ja in einem Polrad mit abwechselnden Nord- und Südpolen, und indem es sich dreht, ist das von ihm erzeugte Feld schon als ein «magnetisches Drehfeld» im Innern des Generators anzusprechen [16]. Die in den 3 Ständerwicklungen erzeugten 3 Wechselspannungen sind dann am Verbraucherort nach mehrmaliger Transformation der Spannung verfügbar. Ein dazu passender Drehstrom-Motor hat dann wiederum einen Ständerring mit 3 gestaffelt ineinandergeschachtelten Wicklungen, durch die sich im Innern dieses Ringes wiederum ein magnetisches Drehfeld ergibt. Als Läufer für den Motor würde nun im Prinzip ein zylindrischer Dauermagnet mit einer am Umfang aufgeteilten Polfolge, welche der Anordnung der Ständerwicklung entspricht, genügen: dieses Polrad müßte dann die Magnetfeld-Drehung «synchron» mitmachen. Praktisch würde sich dabei zeigen, daß ein solcher Motor erst durch ein Anwerfen auf eine nahe an die «Synchrondrehzahl» herankommende Geschwindigkeit gebracht werden müßte, um «Tritt fassen» zu können. Doch fand sich rasch eine andere, recht einfache Möglichkeit, welche ohne diese Kom-

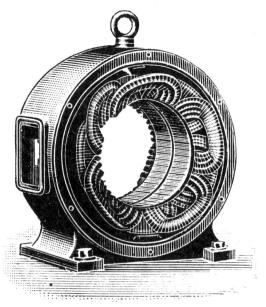

Bild 17.4: Ständer eines Dreiphasen-Drehstrommotors mit 6 Wicklungen, zyklisch eingebaut.

plikation auskommt. Man braucht nämlich nur z. B. einen massiven Eisenzylinder als Läufer ins Innere des Motor-Ständerrings auf die Drehachse zu setzen. In einem solchen Metallkörper werden dann schon im Stillstand nach dem Einschalten durch das Drehfeld solche Wechselströme induziert, daß sich dadurch eine sekundäre Magnetisierung des Läufers ergibt. Diese wirkt dann gerade so, daß der letztere von dem primären Drehfeld mitgenommen wird. Allerdings würde diese Wirkung bei genau der synchronen Drehzahl verschwinden. Deshalb erreicht der Läufer diese Drehzahl nie ganz, sondern dreht sich je nach seiner mechanischen Belastung mehr oder weniger untersynchron [16]. In der Praxis bleibt es dann bei solchen «Asynchronmotoren» nicht beim Massiveisen-Rotor. Man erhält eine noch bessere Induktionswirkung, wenn man auch diesen Läufer lamelliert und dafür mit Stäben aus dem viel besser leitenden Kupfer oder Aluminium versieht, die dicht unterhalb der Mantelfläche etwas schräg zu den Mantellinien gleichmäßig verteilt und auf den Stirnseiten in verbindende Ringe eingeschweißt sind (Bild 17.5), so daß für die induzierten Ströme in diesem Metallkäfig kurzgeschlossene Bahnen geringsten Widerstandes entstehen.

Bild 17.5: «Kurzschluß»-Läufer für Drehstrommotor, passend zum Ständer nach Bild 17.4

Eine interessante Vereinfachung ergibt sich für das Zuleiten der 3 Wechselströme zu den Ständerwicklungen eines solchen Motors. Man braucht dazu nicht etwa 6 Verbindungsdrähte oder wenigstens 3 Hinleitungs- und einen gemeinsamen Rückleitungsdraht. Würde man das Letztere vorsehen und dann den Strom in der Rückleitung messen, so ergäbe sich dort ein kaum von Null verschiedener Stromwert. Unterbricht man dann diese Rückleitung vollends, so läuft der Motor an den insgesamt nur 3 Verbindungsdrähten genausogut. Dies können wir uns mit dem sinuswellenförmigen zeitlichen Verlauf der 3 Wechselspannungen erklären, wo sich beim Dreiphasenbetrieb herausstellt, daß in jedem Augenblick die Stromstärke in einem Zuleitungsdraht gleich der negativen algebraischen Summe der Stromstärken in den beiden anderen Zuleitungsdrähten ist.

Eine zweite Möglichkeit für Drehfeldbetrieb besteht für die Fälle, wo man mit einer einfachen Wechselstromzuleitung (2 Drähte) auskommen möchte. Man kann dann ein magnetisches Drehfeld auch erst im Zusammenhang mit dem Motor erzeugen. Der Ständerring erhält dann 2 Wicklungen, deren Magnetisierungs-Richtungen ein Kreuz miteinander bilden. Die eine Wicklung wird dann unmittelbar an die zugeführte Wechselspannung angeschlossen, die zweite in Reihenschaltung mit einem Kondensator. Dieser wirkt dabei so, daß die Zeitpunkte der Ummagnetisierung für die über ihn gespeiste Wicklung vorverschoben werden. Damit ist wiederum ein – wenn auch weniger «rundes» – Drehfeld gegeben.

Wenn wir diese Drehfeld-Motoren mit den zuerst beschriebenen Stromwendermotoren vergleichen, so hat der Stromwender den Nachteil, daß er einer erheblichen Abnützung unterworfen ist und durch die nicht völlig vermeidbare Bildung von Übergangsfunken noch Radio-Entstörungsmittel notwendig macht. Aber gegenüber den Drehfeld-Motoren ergibt sich bei den Stromwender-Motoren der Vorteil, daß die Wahl der Drehzahl nicht an bestimmte Verhältnisse zur Netzfrequenz gebunden ist.

Es konnten im Rahmen dieses Buches nur wenige, besonders viel verwendete Motorenarten in wesentlichen Zügen charakterisiert werden. Bezüglich näheren Einzelheiten und weiterer Konstruktionsarten möge der Leser zu den speziellen Fachbüchern greifen. – In den hauptsächlichen Industrieländern ist die Zahl der vorhandenen Elektromotoren heute schon viel größer als diejenige der arbeitenden Menschen. Die Motorgrößen reichen vom elektrischen Zeigerantrieb einer analog abzulesenden Quarzuhr bis zu riesigen Abmessungen etwa eines Walzwerkmotors. Die Hauptbedeutung des elektromotorischen Antriebs liegt in seiner besonderen Anpassungsfähigkeit an die allerverschiedensten Arbeitsaufgaben.

18. Telegraf, Telefon

Die erste bedeutende technische Anwendung der Elektrizität war der Telegraf zur Signalgabe oder Nachrichten-Übermittlung. Vor allem der Punkt-Strich-Schreibtelegraf von *Samuel Morse* (1837) war bis weit in unser Jahrhundert herein verbreitet. Am Sendeort befand sich ein rückfedernder Tastschalter (Morsetaste), (Bild 18.1), mittels dessen der Telegrafist eine Folge von entweder kurzen oder längeren Stromstößen aus einer Batterie einschalten konnte. Diese durchflossen am Empfangsort die Spule eines Elektromagneten, der einen Schreibhebel gegen einen gleichmäßig ablaufenden Papierstreifen drückte (Bild 18.2). Die kurzen Stromstöße ergaben dabei Punkte, die längeren Striche. Das «Morse-Alphabeth» bestand dann aus bis zu 4 Zeichen pro Buchstabe und 5 Zeichen pro Ziffer (Tafel Bild 18.3). – Bald erwies sich, daß der kräftige Schreibmagnet über eine größere Entfernung hin wegen des elektrischen Widerstandes der Leitung nicht genügend Strom bekam. Dann benützte man diesen geschwächten Strom am Empfangsort für einen kleineren Elektromagneten, der nur einen leichtbeweglichen Kontakt betätigte (sogenanntes Magnet-Relais), und schaltete mit diesem den stärkeren Strom für den

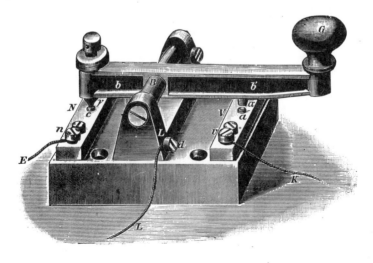

Bild 18.1: Morse-Taste, 19. Jahrhundert.

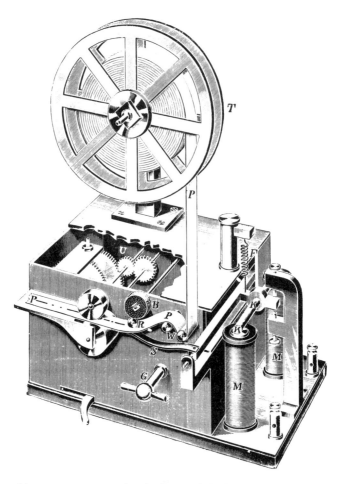

Bild 18.2: Morse-Papierstreifen-Schreiber, 19. Jahrhundert.

Schreibmagneten aus der dortigen Batterie. Statt Relais mit einfachem Elektromagneten wurden später die sog. Polarisierten Relais verwendet. Diese hatten einen Permanentmagneten, dessen einer Polschuh in zwei Hälften mit Magnetwicklungen aufgeteilt war. Eine eiserne Zunge mit Kontakt befand sich dann ohne Strom in Gleichgewichtsstellung zwischen den beiden Polschuh-Hälften. Es genügte dann ein schwacher Magnetisierungsstrom, um eine solche Unsymmetrie hervorzurufen, daß der Kontakt zum Gegenkontakt hinsprang.

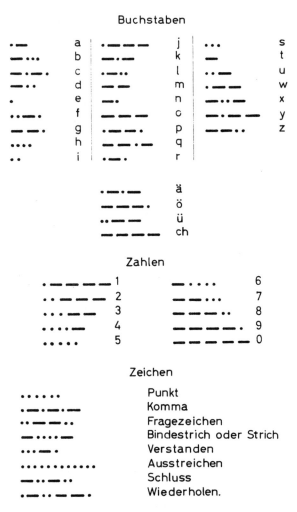

Bild 18.3: Morse-Zeichen.

Durch mehrfache Unterteilung einer Strecke mit zwischengeschalteten Relais konnte man noch größere Entfernungen überbrücken. Als Leitung zum Telegrafieren konnte man einen einzelnen, isoliert aufgehängten Draht benützen, und an Stelle einer besonderen Rückleitung den Erdboden, indem auf jeder Station z. B. eine Kupferplatte eingegraben wurde.

An die Stelle dieses Telegrafensystems sind neuerdings – soweit nicht überhaupt telefoniert wird – die allerdings weit komplizierteren Fernschreibsysteme mit dem Ausdrucken von Buchstaben bzw. Ziffern getreten. Daneben werden im Funkwesen, besonders von Amateuren, noch Morsezeichen in Form von kürzeren und längeren Ton-Impulsen verwendet.

Wenige Jahrzehnte später als das Telegrafieren gelang es auch, mittels Elektromagnetismus die Schallschwingungen von Sprache zu übermitteln: zum erstenmal 1861 *Philipp Reis*; 15 Jahre später hatte *Graham Bell* in den USA die ersten Telefonapparate für praktische Verwendung. Sowohl zum Aufnehmen, als auch zum Wiedergeben der Sprachschwingungen wurde zuerst dieselbe Anordnung verwendet: Ein stabförmiger Dauermagnet trug an seinem einen Ende noch eine Magnetspule. In ganz kleinem Abstand von der ebenen Frontfläche des Magneten war eine am Rande eingespannte, kreisförmige Membran aus dünnem Eisenblech angebracht, und das Ganze in einem Holzgehäuse in Handgriffsform mit dosenförmiger Erweiterung eingebaut. Zwischen dem Außenraum und dem Innenraum hinter der Membran bestand fast vollständiger Luftabschluß. Schwingungen des äußeren Luftdrucks konnten dann die Membran zu feinen Biegeschwingungen veranlassen, so daß der Abstand der Membranmitte von der Magnet-Frontfläche und damit die dortige magnetische Felddichte periodisch verändert wurde. Durch «Induktion» entstanden dann Wechselspannungen in der den Magnetstab umschlie-

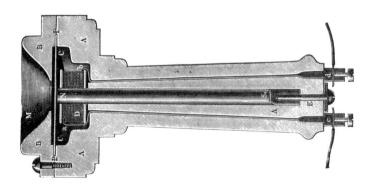

Bild 18.4: Elektromagnetischer Hör- und Sprechapparat von *Graham Bell*, 1876.

ßenden Spule. Nun war über ein Paar von Leitungsdrähten in einiger Entfernung ein gleicher Apparat angeschlossen, so daß dessen Spule von den erzeugten Wechselströmen durchflossen wurde. Diese riefen dann wieder periodische Änderungen der Magnetkraft hervor und bewegten damit die dortige Membran mit der Periodizität dieser Ströme. Von der Membran gingen dann wiederum Schall-Wellen durch die Luft in das Ohr. – Wegen der gleichen Konstruktion der Apparate zum Hineinsprechen und zum Hören funktioniert eine solche Telefonverbindung in beiden Richtungen – man braucht nur den Apparat das eine Mal vor den Mund, das andere Mal ans Ohr zu halten. Nur war bei diesem System die Sprachwiedergabe recht leise und wegen der Leitungsverluste nicht über weitere Entfernung möglich.

Eine stärkere Sprachwiedergabe und größere Reichweiten ermöglichte erst die Erfindung des Kohlemikrofons (1878) durch *Hughes*. Es brauchte nicht mehr die schwache Induktionswirkung die Sprechströme zu erzeugen. Vielmehr wurde eine Batterie verwendet, und der von ihr gelieferte Strom durch einen Kohlewiderstand besonderer Form geleitet. Es hatte sich gezeigt, daß die Leitfähigkeit der Kohle vom mechanischen Druck abhängt. So ändert sich besonders der Widerstand beim Übergang von einem Körper aus Preßkohle zu einem zweiten, der den ersten lose berührt, sehr empfindlich mit dem Berührungsdruck. Gibt man dem einen die Form einer biegsamen Membran, während der andere diese z. B. in der Mitte mit leichtem Druck berührt, so erfährt der durchgelassene Strom bei Einwirken von Schallwellen periodische Änderungen. Einem ohne Schallschwingungen fließenden «Ruhe-Gleichstrom» sind dann «Sprechwechselströme» sozusagen überlagert. Entscheidend war dabei, daß die letzteren viel stärker waren als die in einem magnetinduktiven Apparat der vorbeschriebenen Art Entstehenden. Doch brachte die Mechanik des einfachen Kohlekontaktes zunächst eine ziemlich verzerrte Sprachwiedergabe. Dieser Nachteil konnte weitgehend gemildert werden, indem man der Kohlemembran einen fest eingebauten Hohlkörper aus Kohle in kleinem Abstand gegenüberstellte, dessen Höhlung mit Kohlegries gefüllt war. So ergab sich eine Vielzahl von Kontaktstellen mit statistisch verteiltem Auflagedruck. Solche Mikrofone sind im heutigen öffentlichen Telefonverkehr noch weit verbreitet. Doch werden sie jetzt in steigendem Maß durch wiederum magnetinduktive Mikrofone ersetzt, seit es möglich ist, noch innerhalb der Mikrofonkapsel einen auf dem Transistorprinzip beruhenden Verstärker (Kap. 19) unterzubringen.

Hierdurch wird eine noch weit klarere und zuverlässigere Sprachübertragung erreicht, während sich die Kohlemikrofone doch immer auch als lageempfindlich und unsicher erweisen konnten. – Die Hörkapseln beruhen auch heute noch auf dem anfänglichen elektromagnetischen Prinzip. Durch die seitherigen Verbesserungen für die Herstellung kräftiger Magnete auch kleinster Bauform können diese Kapseln heute viel kleiner und leichter gebaut werden als in der Anfangszeit.

Betrachten wir nun das Telefonieren vom menschlichen Gesichtspunkt aus. Im Normalfall sprechen zwei Menschen miteinander über die Telefonverbindung. Jeder nimmt den Anderen zunächst mittels seines Hörsinnes wahr, wobei die Sprachklänge doch immerhin etwas verfärbt auftreten. Trotzdem ist es meist möglich, die Stimme des Sprechenden sofort als die seine zu erkennen. Diese Möglichkeit wird sogar bei kriminalistischen Ermittlungen unter Verwendung von Sprachklang-Analysatoren ausgenützt. – Dagegen fehlt beim Telefonieren der zugehörige optische und sonstige Eindruck. Über den Hörsinn kann dann der Laut- oder Sprachsinn und über diesen wiederum der Gedankensinn sich betätigen (wir folgen hier der von *Rudolf Steiner* gegebenen Analyse der menschlichen Sinnestätigkeiten [7, 46]), und damit wird der Inhalt des Gesprochenen erfaßbar. Schlechte Übertragung behindert den Sprachsinn, was oft durch eine gewisse Intelligenzleistung mit Hilfe des Kontextes noch zu überbrücken ist. Der Ichsinn leidet schon durch die bloße Tatsache des nicht unmittelbaren Gegenüberstehens der zwei Menschen. Dies mag am wenigsten nachteilig sein, wenn diese einander sonst häufig persönlich treffen. Doch werden wir gerne vermeiden, menschlich Eingreifendes «telefonisch zu erledigen», statt dem Anderen mit Blick und Gesten gegenüberzutreten.

Von der einfachen Verbindung zweier Telefone bis zum heutigen Welttelefonverkehr mit Selbstwahl verlief eine Entwicklung, welche eine riesige Summe erfinderischer Arbeit erforderte. Aber schon im einzelnen gewöhnlichen Telefonapparat ist z.B. ein besonderer Schaltungskunstgriff enthalten, daß der Sprechende nicht auch noch die eigenen Worte laut aus dem Hörer bekommt (sogenannte Rückhördämpfung, welche, auch während er nicht selber spricht, Geräusche aus dem eigenen Raum unterdrückt [32]).

Besonders wichtig für eine gute Sprach-Verständlichkeit ist es, daß die Klangfarbe der Laute nicht zu stark verändert herauskommt. Über Klangfarben hatte schon *Hermann Helmholtz* («Die Lehre von den Tonempfindungen», 1863) Grundlegendes festgestellt. Musikalische Töne, aber auch Sprachlaute haben zunächst eine Ton-Höhe, welche durch die Höhe des «Grund-Tones» bestimmt ist. Außer diesem können nun «Obertöne» bemerkt werden, deren Schwingungszahlen ganzzahlige Vielfache der Grundton-Schwingungszahl sind. So hat z. B. der Kammerton «a1» als Grundton 440 Hertz, d. h. 440 Schwingungen/Sekunde. Wird er gesungen oder auf einem Instrument gespielt, so sind dabei noch Obertöne mit den Frequenzen 880 – 1320 – 1760 – 2200 – 2640 ... Hertz feststellbar. Und mit den einzelnen Stärkeverhältnissen dieser Obertöne zum Grundton hängt nach den Helmholtzschen Untersuchungen die Klangfarbe eindeutig zusammen. Hieraus resultiert eine Forderung an jede Einrichtung zur Sprache- oder Musik-Übermittlung: es muß dafür gesorgt werden, daß die Stärke der Übertragung für alle in Betracht kommenden Tonhöhen bzw. Frequenzen möglichst gleichmäßig, d. h. frequenzunabhängig wird. Nur dann bleiben die betreffenden Stärkeverhältnisse für beliebige Grundtöne ungeändert. So einfach diese Forderung aussieht, ist sie doch in der technischen Praxis immer nur annähernd zu erfüllen, sobald elastische mechanische Konstruktionsteile, z. B. Membranen gebraucht werden. Im Zusammenhang mit der «HiFi-Technik» soll auf diese Probleme später (Kap. 22, 23) eingegangen werden. Für den Telefonbetrieb konnte man sich nach den Ergebnissen näherer Untersuchungen darauf beschränken, in der internationalen Telefonie-Norm einen Frequenzbereich von 300 – 3400 Hz festzulegen, in welchem die genannte Forderung genügend erfüllt sein muß, während der Hörsinn des Menschen im Optimalfall ein viel breiteres Frequenzgebiet von etwa 16 Hz bis über 20 000 Hz wahrnehmen kann.

Die beim Telefonapparat wesentlichen Funktionen sind:

Wählvorgang
Rufsignal
Sprach-Aufnahme
Sprach-Wiedergabe
ggf. Gebühren-Ermittlung

Beim Wählen jeder einzelnen Ziffer geht im Rücklauf der Wählscheibe eine der Ziffer entsprechende Anzahl (bei «0» allerdings 10) von kurzen Stromimpulsen durch die Leitung vom und zum Vermittlungsamt. Dadurch werden elektromagnetisch-mechanische Umschalter mit 10 Kontaktstellen («Wähler») schrittweise bewegt, und nach Abschluß der

Bewegung auf den Wähler für die nächste Ziffernstelle umgeschaltet, so daß die folgende Wählscheibendrehung diesen bewegt, und so weiter bis zum Zahlen-Ende. Die in den Ämtern befindlichen Wähler stellen damit die Verbindung vom Apparat des Anrufenden zum Amtsanschluß des Gerufenen her. Sobald diese erreicht ist, wird das periodisch wiederholte «Wecksignal» mittels Wechselstrom von 25 Hz oder 50 Hz vom Amt zum gerufenen Teilnehmer gesendet. Wenn dieser das Mikrotelefon von der Gabel abhebt, so wird mittels der Gabelkontakte das Wecksignal weggeschaltet und die Sprechverbindung hergestellt. – Bei modernen Apparaten mit Drucktasten statt Wählscheibe wird jeweils eine entsprechende Reihe von Stromimpulsen mit Hilfe einer besonderen Elektronik durchgeschaltet. Auch in den Vermittlungsämtern ist wohl in nächster Zeit mit einem allmählichen Ersatz der elektromagnetisch-mechanischen Wähler durch abnützungsfreie elektronische Hilfsmittel zu rechnen. Auf Grundelemente der «elektronischen» Technik wird in späteren Abschnitten noch eingegangen. Weiteres über Telefonapparate und die Technik der Gebührenermittlung mag der Leser in der Spezial-Literatur finden, z.B. in *P. Senn,* Telefon-Apparate, 7. Auflage 1975 [32].

174

19. Analoge Verstärkung

Bei der Telegrafie hatten wir schon kennengelernt, daß der schwach an einer Empfangsstation ankommende Strom mit Hilfe eines empfindlichen «Relais» einen vielmal stärkeren Strom für den Schreibmagneten schalten konnte. Eine neue Aufgabe liegt vor, wenn ein zu steuernder Strom oder eine Spannung nicht nur zwischen Null und einem bestimmten ausreichenden Wert schlagartig geschaltet werden soll, sondern in Abhängigkeit von der momentanen Größe einer geringen Spannung, deren Stärkeänderungen proportional in einem bestimmten Verhältnis vervielfacht mitmachen soll. Im Unterschied zu dem einfachen «digitalen» Relais mit elektromagnetisch betätigtem Schaltkontakt zielt jetzt die Frage nach einem «Analog-Relais», einem «Verstärker». Es ist somit eine Anordnung, welche an ihren «Eingangs»-Anschlußpunkten eine Gleich- oder Wechselspannung zugeführt bekommt, und an ihren «Ausgangs»-Anschlußpunkten die vergrößerte Gleich- oder Wechselspannung abgibt. Damit sie das Letztere kann, ist eine Leistungs-Speisung aus einer Batterie oder einem Netzgleichrichter erforderlich (Blockbild 19.1). In seinem Innern enthält der Verstärker geeignete Steuerungsmittel, auf die wir weiter unten zu sprechen kommen. Durch sie resultiert dann die konkrete Steuerungs-Funktion, welche durch Variation der Eingangsspannung gemessen und als «Kennlinie» des Verstärkers aufgezeichnet werden kann. Wenn diese vorliegt, können wir in Gestalt eines «Spiege-

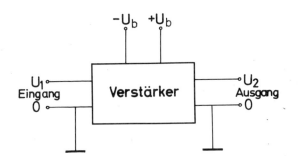

Bild 19.1: Block-Schema eines Verstärkers.

175

lungs-Diagramms» für einen vorgegebenen zeitlichen Verlauf einer Eingangsspannung die sich ergebende Kurve des Ausgangsspannungsverlaufes ermitteln. Bild 19.2 zeigt ein Beispiel. Zwischen der oberen und unteren Grenzlinie, die durch die Werte der Betriebsspannungen $+U_b$ und $-U_b$ gegeben sind, soll eine solche Kennlinie einen möglichst genau geradlinigen Anstieg aufweisen, der nur in der Nähe der Grenzen eine Abkrümmung erfährt. Nur im Bereich der Geradlinigkeit ist die Forderung nach Proportionalität zwischen Eingangs- und Ausgangs-Spannungsänderungen erfüllt.

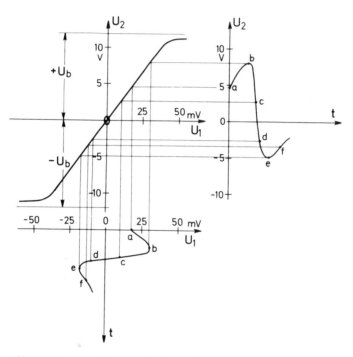

Bild 19.2: Spiegelungs-Diagramm für einen Analog-Verstärker.
Links oben die Verstärker-Kennlinie, welche die Abhängigkeit der momentanen Ausgangsspannung (Ordinatenwert) von der Eingangsspannung (Abszissenwert) in verschiedenen Spannungsmaßstäben darstellt.
Darunter der zeitliche Verlauf einer Eingangs-Wechselspannung mit nach unten gerichteter Zeitachse.
Rechts oben der Verlauf der Ausgangswechselspannung mit nach rechts gerichteter Zeitachse.

Die Steuerungsmittel müssen in Bauteilen bestehen, deren Stromdurchgang mittels einer Steuerelektrode beeinflußbar ist. Der gesteuerte

Strom durchfließt dann entweder direkt einen «Verbraucher» mit dem Lastwiderstand R_L oder einen Arbeitswiderstand R_a, an welchem die verstärkte Spannung auftritt, so daß diese wieder als Eingangsspannung für eine nächste Verstärkerstufe verfügbar wird. Meist hat man es ja mit sehr kleinen Spannungen zu tun, die verstärkt werden sollen. Dabei reicht das in einer einzigen Stufe erzielbare Spannungs-Verstärkungsverhältnis nicht aus, so daß man mehrere Stufen kaskadenartig aufeinander folgen lassen muß.

Ein «Verstärker» bringt somit von «kleinen Ursachen» her «große Wirkungen» zustande. Aber nicht wie der Vorgang einer «Auslösung», wie diese z. B. auftritt, wenn ein glimmendes Streichholz einen Großbrand hervorruft. Vielmehr wird bei einem richtig gebauten Verstärker die größere Ausgangsspannung in jedem Augenblick durch die kleine Eingangsspannung «beherrscht». Und für die technisch so wichtige Energiebilanz ergibt sich, daß jeweils ein Teil der von der Gleichspannungsquelle entnommenen Energie im Lastwiderstand auftritt, und ein weiterer Teil am gesteuerten Bauteil durch dessen Temperaturerhöhung bemerkbar wird.

Für Verstärker werden in neuerer Zeit fast durchweg Halbleiter-Anordnungen, die «Transistoren», verwendet. Ihnen gingen die Elektronenröhrenverstärker voraus, z. T. auch schon in der Form, daß in einem einzigen evakuierten Glaskolben bis zu 3 Einzelsysteme mit je einer Glühkathode, einem Steuergitter und einer Anode eingebaut waren (*M. v. Ardenne*). Das Prinzip der Elektronenröhre als Verstärker hatten etwa gleichzeitig und unabhängig *L. de Forest* in den USA und *R. v. Lieben* in Österreich 1906 gefunden. Die von einer Glühkathode in einem luftleeren Glasgefäß ausgehende Elektronenströmung (s. Kap. 4!) konnte auf ihrem Weg zur Anode durch ein von einer weiteren Elektrode bewirktes elektrisches Feld im Sinne einer Steuerung beeinflußt werden. Diese weitere Elektrode wurde etwas später zu einem im Zwischenraum zwischen Kathode und Anode angebrachten «Steuergitter» ausgestaltet. Weiterhin entstanden dann die verschiedensten, auf bestimmte Zwecke hin konstruierten Röhren, auch besonders solche mit mehreren hintereinander wirksamen Gittern: die Tetroden, Pentoden, Hexoden. – 1948 erfanden dann *Bardeen* und *Brattain* in den USA den (heute nicht mehr verwendeten) Spitzentransistor, und ebenfalls noch 1948 *Shockley* in den USA den Flächentransistor. Durch enormen technologischen Forschungseinsatz kam es dann zu den vielfältigen heute verfügbaren Transistorformen, welche sich bald für Verstärkungszwecke als praktischer und sparsamer erwiesen als die Elektronenröhren. Während die letzteren einen Raumaufwand wenigstens von Kubikzentimetern brauchten, können Transistoren jetzt mikroskopisch klein und in großer Zahl miteinander auf kleine Siliziumplättchen gebaut werden. Für größere umzusetzende Leistungen werden sie einzeln verwendet und wegen der Verlustwärme auf geeignete Kühlflächen gesetzt. Jedoch für noch größere Leistungen greift man nach wie vor zu Röhren, sobald es sich z. B. um Hochfrequenzverstärkung mit Leistungen im Kilowattbereich und bis zu Hunderten von Kilowatt in Radio- und Video-Sendern handelt. Bei solchen Leistungen würde in Halbleiter-Materialien eine zu große Wärmekonzentration entstehen.

Die Steuerungsfunktion der Elektronenröhre bedingt im einfachsten Fall drei Elektroden: eine Kathode für die Elektronen-Emission, eine dieser gegenüber positive Anode, sowie dazwischen ein Gitter als Steuer-Elektrode. Meist ist das Gitter Eingangs-Elektrode und die Anode Ausgangs-Elektrode, während die Kathode sowohl dem Eingangskreis, als auch dem Ausgangskreis angehört. Auch der Transistor weist drei entsprechend anzuschließende Elektroden auf, welche an drei verschieden dotierten Schichten eines Halbleiterkristalles liegen.

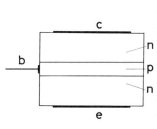

Bild 19.3: Flächen-Transistor. Prinzip der Schichten-Anordnung: b Basis, e Emitter, c Collector.

Am Silizium-Gleichrichter war geschildert worden (Kap. 10), daß zwischen einer n-leitenden Schicht und einer p-leitenden Schicht je nach der Polarität der angelegten Spannung Durchgang oder Sperrung des Stromes eintritt. Beim Flächen-Transistor werden nun nicht nur zwei, sondern drei Schichten in der Folge npn oder pnp übereinandergelegt, sodaß also zwei Übergänge zwischen Schichtpaaren entstehen. Die mittlere p- oder n-Schicht wird dann sehr dünn gemacht. Wenn nun an die äußeren Anschlüsse eine Gleichspannung gelegt wird, so liegen die zwei Übergänge mit entgegengesetzter Polung in Reihe. Auch bei beliebiger Polarität der angelegten Spannung muß jetzt immer einer der beiden Übergänge sperrend wirken; es kommt so noch kein Stromdurchgang zustande. Dies wird erst anders, wenn auch die Mittelschicht einen Spannungsanschluß bekommt, und zwar mit einer Spannung solcher Polarität gegen eine der Außenelektroden, welche dem Vorzeichen der Mittelschicht entspricht. Zwischen den beiden Außen-Elektroden eines npn-Transistors (Bild 19.3) liege beispielsweise eine Spannung von 12 Volt, und zwar + am «Collector» c und – am «Emitter» e, wobei die Plus-Spannung über ein Milliamperemeter zugeführt ist (Bild 19.4). Die zwischen der oben gezeichneten n-Schicht und der mittleren p-Schicht liegende Übergangszone wirkt zunächst sperrend. Nun legen wir den «Basis»-Anschluß b der Mittelschicht durch Schließen des Schalters S an den Pluspol einer Quelle für einstellbare Spannung, deren Minuspol mit an e angeschlossen ist. Wenn nun an b eine Spannung von z. B. 0,6 Volt gegen e eingestellt ist, erweist sich der Übergang von b nach e als leitend. Die in der dicken, unten gezeichneten n-Schicht vorhandene bewegliche negative Elektrizität strömt durch diesen Übergang zur p-Schicht. Ist die letztere dünn genug, so schießt der weitaus größte Teil der Elektronenströmung durch diese p-Schicht hindurch und gelangt unter der Feldwirkung des auf noch höherer positiver Spannung liegenden Collectors bis zu diesem. Die Basis-Spannungsquelle braucht dabei also nur einen relativ kleinen Strom zu liefern, um einen vielfach größeren Strom im «Collectorzweig» zustandezubringen.

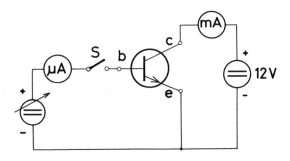

Bild 19.4: Meß-Schaltung für Flächentransistor.

In Bild 19.5 ist ein einfachstes Schaltbild einer Verstärkerstufe für Sprech-Wechselspannung dargestellt. Von einem elektromagnetischen oder elektrodynamischen Mikrofon (es kann auch eine Hörkapsel als Mikrofon dienen) führt eine Leitung in abschirmender Hülle bis zur rechts gezeichneten Verstärkerstufe. Das Ende der abgeschirmten Ader ist direkt mit der Basis b des Transistors Tr verbunden. Eine Batteriezelle mit

179

1,5 V speist über die Wicklung eines Hörers die Collector-Emitterstrecke von Tr. An derselben Batteriespannung liegt noch ein «Potentiometer» P, d. h. ein Spannungsteilerwiderstand mit einstellbarem Abgriff. Damit kann über einen Stabilisierungswiderstand R_{st} ein passender Basisgleichstrom so bemessen werden, daß der Collectorstrom am Hörer einen Gleichspannungsabfall von etwa 0,5 Volt hervorruft. Im Emitterzweig fließt dann die Summe aus Basis-Gleichstrom und Collector-Gleichstrom. Nimmt nun das Mikrofon Schall auf, so überlagert sich die im Mikrofon induzierte Wechselspannung der Basisgleichspannung. Diese Wechselspannung könnte wegen des Widerstandes R_{st} nur einen unverhältnismäßig kleinen Basiswechselstrom zustandebringen. Deshalb ist für diesen ein Nebenzweig mit dem Kondensator C vorgesehen, dessen Kapazität so groß ist, daß er kein merkliches Hindernis mehr bildet. Der so ermöglichte, aber immer noch kleine den Basiszweig durchfließende Mikrofonwechselstrom bewirkt dann einen vielfach größeren Wechselstrom im Collectorzweig mit dem Hörer.

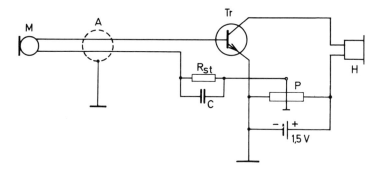

Bild 19.5: Einfacher Transistorverstärker für Sprechströme. Links ein magnetisches Mikrofon M. Von dort führt eine Leitung in einen zweiten Raum zum Basiskreis des Transistors Tr in Form eines zweiadrigen Kabels in geerdetem Abschirmgeflecht (A). Rechts eine niederohmige Hörkapsel H.

Das Schaltbild-Symbol und die Bezeichnung für den Flächen-Transistor stammen noch aus der Zeit der ersten Transistoren, bei denen zwei Metallspitzen sehr nahe beieinander die Oberfläche eines Germaniumkristalls berührten, welcher letzterer als «Basis» (im räumlichen Sinne) diente. – Das Symbol für den pnp-Transistor unterscheidet sich von demjenigen für den npn-Transistor durch eine umgekehrte Pfeilspitze vom Emitter zur Basis.

Neben den vorstehend beschriebenen Flächentransistoren erlangen seit mehr als einem Jahrzehnt die Feldeffekttransistoren (FET) eine immer größere Bedeutung. Während die Steuerung des Stromdurchgangs bei den ersteren durch einen Elektrizitäts-Übergang zwischen Basis und Emitter bewirkt wird, haben wir beim FET eine Steuerung durch bloßen Einfluß elektrischer Felder, so daß dafür keine wesentliche elektrische «Leistung» benötigt wird. Die Eingangsseite einer solchen Verstärkerstufe kann somit für Gleichspannung und niedrige Frequenzen recht «hochohmig» gemacht werden. Bezüglich der Konstruktion unterscheiden wir den «Sperrschicht-FET» und den «Isolierschicht-FET», welcher angesichts der Schichten-Reihenfolge: Metall-Oxid-Halbleiter bzw. semiconductor kurz als MOS-FET bezeichnet wird.

Bild 19.6 zeigt den prinzipiellen Aufbau eines Sperrschicht-FET. Die Anschlüsse für den gesteuert durchfließenden Strom werden mit «source» (s), d. h. Quelle (beim n-Kanal-FET für Elektronen), und mit «drain» (d), d. h. Ablauf, bezeichnet. Die steuernde Elektrode heißt «gate» (g), als ein mehr oder weniger weit geöffnetes Tor. s und d liegen zu beiden Seiten des Siliziumkristalles, welcher dort und in mittlerer Tiefe eine n-Dotierung enthält, so daß sich in dieser Zone der «n-Kanal» ausbilden kann. Zwischen den Anschlüssen s und d in der Querschnittzeichnung befindet sich dann eine sehr stark p-dotierte Zone (im Bild durch pp gekennzeichnet) mit ihrem Anschluß g. Diese setzt sich vor und hinter der Zeichnungsebene bis zu dem unten dargestellten pp-Gebiet fort, so daß

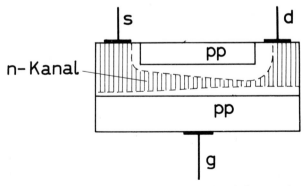

Bild 19.6: Sperrschicht-Feldeffekttransistor. Prinzip der Schichten-Anordnung.

also der n-Kanal von dem gesamten stark p-dotierten Gebiet wie von einer Spange rings umschlossen wird. Legt man nun an g eine gegen s negative Spannung an, so bildet sich zwischen dem n-dotierten Gebiet und der pp-Spange eine Sperrschicht aus, die den n-Kanal rings umgibt und je nach der Größe der negativen Spannung mehr oder weniger verengt oder gar abschnürt. In der Nähe von d wird die Sperrschicht am dicksten, so daß dort der Querschnitt des n-Kanals am kleinsten und damit das Spannungsgefälle am größten wird (s. Bild 19.6). So kann also durch eine Spannungsänderung an g und die entsprechende Änderung des elektrischen Querfeldes und der Sperrschicht eine Änderung des Stromdurchgangs zwischen d und s in weiten Grenzen erreicht werden. – Ein solches relativ einfaches Prinzip war schon 1952 von *Shockley* angegeben worden. Aber die technische Verwirklichung gelang erst nach langen Reihen von Einzeluntersuchungen, welche sich auf die Silizium-Technologie, das Hineinbringen der Dotierungen, die Kontaktierung der Anschlüsse usw. bezogen.

Der Aufbau eines Isolierschicht-FET ist in Bild 19.7 dargestellt. Der Siliziumkristall ist im Hauptteil seines Volumens p-dotiert; direkt im Gebiet der Anschlüsse s und d ist jedoch eine sehr starke n-Dotierung eingebracht. Zwischen diesen Anschlüssen ist die Oberfläche des Kristalls mit einer Siliziumdioxidschicht bedeckt, und diese trägt oben eine Aluminium-Belegung mit dem g-Anschluß. Der p-dotierte Kristall, auch als Substrat bezeichnet, trägt an der Unterseite noch einen Anschluß «b» (bulk), der in der äußeren Schaltung gewöhnlich direkt mit s verbunden wird. – Zwischen den beiden nn-«Inseln» bildet sich unterhalb der Isolierschicht ein n-Kanal aus, dessen Dicke nun durch die an g angelegte Spannung gegen s in weiten Grenzen verändert, oder durch entsprechend größere negative Spannung auch ganz abgeschnürt werden kann.

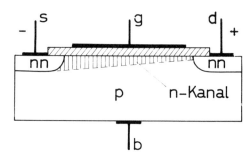

Bild 19.7: Isolierschicht-Feldeffekt-Transistor. Prinzip der Schichten-Anordnung.

Transistor-Kennlinien

Die vorstehend geschilderten Aufbau- und Funktionsprinzipien der Flächen- und Feldeffekt-Transistoren bedingen wesentliche Unterschiede für deren praktischen Einsatz. Der Fachmann beurteilt diese an Hand der sogenannten Kennlinien. Zunächst interessiert dabei die Abhängigkeit des gesteuerten Stromes von einer der Steuerelektrode zugeführten Spannung. D. h. beim Flächentransistor die Abhängigkeit des Collectorstromes I_C von der Basis-Emitter-Spannung U_{BE}, ausgedrückt durch die I_C/U_{BE}-Kennlinie. Bild 19.4 zeigt eine einfache Meß-Schaltung für diese, und Bild 19.8 die Kennlinie selbst (ausgezogene Linie). Erst bei einer U_{BE}-Spannung von mehreren Zehntelvolt beginnt ein merklicher Collectorstrom zu fließen; aber bei weiterer Erhöhung von U_{BE} nimmt dieser rapide zu. Die Anstiegsform ist annähernd die einer Exponentialkurve. Und für alle Flächentransistoren gilt, daß in dem in Betracht kommenden Kennliniengebiet eine U_{BE}-Erhöhung um nur etwa 30 Millivolt eine Vergrößerung von I_C im Verhältnis e = 2,72 bewirkt. – Beim Messen in der Schaltung nach Bild 19.4 zeigt sich zudem, daß nach dem Anschalten ei-

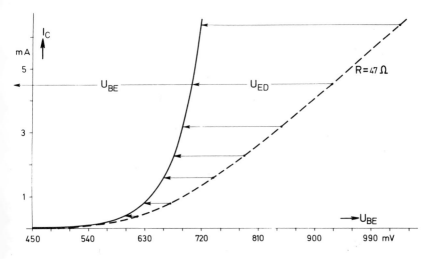

Bild 19.8: I_C/U_{BE}-Kennlinien eines Flächentransistors.
Ausgezogene Kurve: Exponentiell ansteigende Grund-Kennlinie.
Gestrichelte Kurve: Resultierende Kennlinie für den Fall eines Widerstandes (47 Ohm) in der Emitterleitung. Die Länge der Pfeile von der ersten zur zweiten Kennlinie gibt den jeweiligen Spannungsabfall am Emitterwiderstand für den zugehörigen Strom-Ordinatenwert an.

ner U_{BE}-Spannung mit dem Schalter S der I_C-Wert, wenn man noch ein wenig wartet, sich noch mehr oder weniger ändert. Der Grund dafür ist eine Temperaturänderung in der Basiszone infolge der Strombelastung, wobei jedes Grad zu fast 4% Stromänderung führt. Um die Kennlinie überhaupt einigermaßen messen zu können, darf jeweils S nur so kurz wie möglich eingeschaltet sein; und nach jeder Einzelmessung ist der Temperaturrückgang abzuwarten.

Zu dieser Schwierigkeit mit Strom-Änderungen kommt noch der Nachteil der starken Krümmung der Exponentialkennlinie für die praktische Verwendbarkeit hinzu. In jeder Verstärkerstufe wird beim Ansteuern mit einer sich zeitlich ändernden Eingangsspannung ein bestimmter Teil der Kennlinie durchfahren, und es war schon gesagt, daß nur dann ein der Eingangsspannung genau proportionaler Verlauf des Ausgangsstromes und damit der Ausgangsspannung erzielbar ist, wenn das durchfahrene Kennlinienstück genügend genau geradlinig ist. Betrachten wir den Fall einer rein sinusförmigen Wechselspannung am Eingang. Bei gekrümmter Kennlinie weicht dann der Ausgangswechselstrom von der Sinusform entsprechend ab. Eine Tonfrequenzspannung enthält dann außer dem Grundton noch Obertöne als Neubildungen im Verstärker. Bei Musik- und Sprachwiedergabe bedeutet dies Klang-Verfärbungen. Und wenn mehrere, sonst harmonisch zusammenklingende Töne zugleich kommen, gibt es die Möglichkeit für disharmonische Komponenten. Wenn wir allerdings nur die sehr kleinen, z.B. von einem Mikrofon abgegebenen Spannungen von Bruchteilen eines Millivolt am Eingang der betreffenden Verstärkerstufe haben, so bleibt innerhalb des zugehörigen äußerst kleinen Stücks der Kennlinie deren Abkrümmung noch minimal und damit unschädlich. Aber schon bei etwas größerem «Aussteuerungsbereich» von einigen Millivolt entstehen wahrnehmbare oder meßbare «Verzerrungen».

Um die beiden Schwierigkeiten zu verkleinern, gibt es schon für die einzelne Transistor-Verstärkerstufe eine sehr einfache Möglichkeit: Wir brauchen nur in die Emitterleitung einen Ohmschen Widerstand geeigneter Größe einzufügen. Bild 19.8 zeigt, wie sich ein solcher von z.B. 47 Ohm auf die Kennlinienform auswirkt; an die Stelle der ausgezogenen Linie tritt nun die gestrichelte Linie. Sie ergibt sich zeichnerisch aus der ersteren, in dem wir von einzelnen Punkten derselben aus den am Widerstand entstehenden Spannungsabfall des betreffenden Stromes (der Emitterstrom unterscheidet sich nur ganz wenig von dem Collectorstrom) nach rechts hin abtragen und die so gewonnenen Punkte verbinden. Die neue Kennlinie durch diese Punkte ist allerdings dann weniger steil; d. h. die mit dem Transistor erreichbare Verstärkungszahl ist wesentlich kleiner. Aber die Proportionalität wird im selben Maße verbessert. Und hier kommt in Betracht, daß an die Proportionalität ganz bestimmte Anforderungen zu stellen sind. Daß dann demgegenüber für die verlangte Gesamt-Verstärkungszahl mehr Transistorstufen gebraucht werden, bildet kein unüberwindliches Hindernis.

Bild 19.9 zeigt einen 3-stufigen Transistorverstärker, bei welchem eine alle 3 Stufen übergreifende Linearisierungsschaltung angewandt ist, die besonders wirksam ist. Eine solche Schaltung mit je einem Koppelkondensator am Eingang und am Ausgang eignet sich zur Verstärkung von Tonfrequenz-Wechselspannungen.

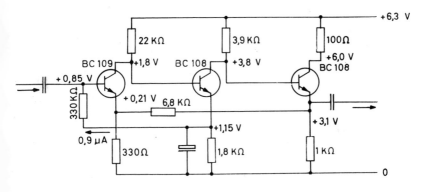

Bild 19.9: Verstärker mit 3 Transistoren und Widerstands-Spannungsteilern für Linearisierung und Stabilisierung, sowie Koppelkondensatoren am Eingang und Ausgang für Wechselspannungen, z. B. Tonfrequenzen.

Die Feldeffekt-Transistoren haben entsprechend I_d/U_{gs}-Kennlinien, die aber viel weniger gekrümmt sind als die der Flächen-Transistoren. Aber auch die pro Stufe erzielte Spannungsverstärkung ist kleiner als bei den letzteren, wenn diese ohne R_E betrieben werden. So ergeben sich beim Feldeffekt-Transistor schon von vornherein ähnliche Verhältnisse wie beim Flächentransistor mit Emitterwiderstand. Der eigentliche Vor-

185

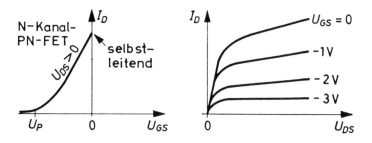

Bild 19.10: Kennlinien eines Sperrschicht-Feldeffekt-Transistors.
Linke Seite: Steuerungsspannung von Gate nach Source als Abszisse (U_{gs}), Drainstrom I_d als Ordinate.
Rechte Seite: Spannung Drain-Source als Abszisse, Drainstrom I_d für verschiedene Steuerspannungen U_{ds} als Ordinate.

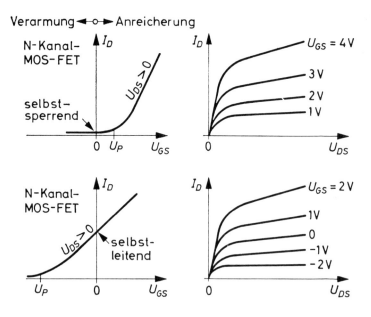

Bild 19.11: Entsprechende Kennlinien für einen Isolierschicht-FET vom Anreicherungstyp («normally off» bei U_{gs} = 0), oben, und für einen solchen vom Verarmungstyp («normally on» bei U_{gs} = 0), unten.

186

teil beim FET ist in solchen Schaltungen gegeben, wo die Eingangsseite besonders «hochohmig» sein muß.

In den Bildern 19.9, 19.10 sind typische Kennlinienformen der verschiedenen FET-Arten wiedergegeben. Auf der rechten Bildseite sind jedesmal noch die «Ausgangs-Kennlinien» I_d/U_{ds} mit dargestellt, die vom Abszissen-Nullpunkt an steil ansteigen und noch bei relativ kleinen Spannungen U_{ds} in einen nur noch wenig steigenden Teil übergehen. Dort liegt dann der bei Verstärker-Anwendungen gebrauchte Bereich. Auch die Flächentransistoren haben übrigens Ausgangs-Kennlinien I_C/U_{CE} von sehr ähnlichem Verlauf.

Operationsverstärker

Durch die neuere Technologie der «integrierten Schaltkreise» (ICs) stehen dem Elektroniker kleine Bauteile zur Verfügung, die eine ganze Anzahl von Transistorfunktionen mit zugehörigen Koppelwiderständen und Verbindungen im Inneren enthalten. Eine wichtige, vielseitig verwendbare Gattung sind die «Operationsverstärker». Bild 19.12 zeigt die

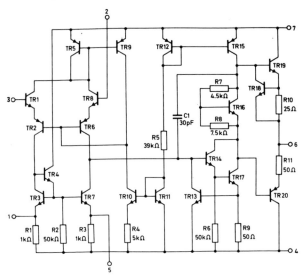

Bild 19.12: Innere Schaltung eines Standard-Operationsverstärkers, welcher 20 Transistorfunktionen enthält.

187

innere Schaltung eines Standard-Typs dieser Art, welche 20 Transistor-funktionen enthält. Ein solches Bauelement weist beim Durchmessen recht genau eine Kennlinie der in Bild 19.2 gezeichneten Gestalt auf. Die Grundverstärkung ist verhältnismäßig hoch und wird gewöhnlich durch äußeres Anschalten eines Widerstands-Spannungsteilers auf den gewünschten Wert reduziert, wobei dieser Teiler zugleich für bestmögliche Linearität der Verstärkung sorgt. Die paarweise symmetrische Anordnung von Transistorfunktionen im Innern wirkt stabilisierend gegenüber dem Einfluß von Temperaturveränderungen und verbessert schon von vornherein die Linearität der resultierenden Kennlinie. In der Regel wird der Operationsverstärker aus einer Doppel-Spannungsquelle gespeist, welche eine positive und eine ebensogroße negative Spannung gegen «Erde» bzw. den Spannungs-Nullpunkt am Gehäuse liefert. Statt dessen kann manchmal eine einzige Spannungsquelle genommen, und diese über den Symmetriepunkt eines Ohmschen Spannungsteilers geerdet werden. Insgesamt vereinfacht der Einsatz von Operationsverstärkern den Entwurf und die Fertigung vieler elektronischer Schaltungen gegenüber der Verwendung von Einzel-Transistoren weitgehend, soweit es sich nicht um allzuhohe Frequenzen handelt (für solche sind die Operationsverstärker wegen ihrer komplizierten Funktion nicht geeignet). – Ein Operationsverstärker mit MOS-FET-Eingängen findet sich z. B. auch in dem in Kap. 2 genannten und im Anhang (Kap. 28) beschriebenen Elektrometrischen Verstärker.

20. Fortlaufende («ungedämpfte») Schwingungen. Rückkopplung.

In Kap. 13 hatten wir Schwingungsvorgänge in Schaltungen mit Kondensator und Selbstinduktionsspule kennengelernt, welche durch einen Elektrizitäts-Durchbruch im Funken angestoßen waren und dann mit abnehmender Schwingungsspannungs-Amplitude einem Ende zugingen. Solche Anstoß- und Abklingvorgänge konnten sich dann im Takt einer Funkenfolge wiederholen. Die Elektrizität kann aber auch veranlaßt werden, eine mit konstanter Stärke fortdauernde Schwingung zu erzeugen. Der Unterschied läßt sich mit demjenigen der Tonerzeugung von Musikinstrumenten vergleichen: dort haben wir einerseits die Schlag- und Zupfinstrumente, bei denen eine Schwingung plötzlich entsteht und allmählich abklingt, und andererseits die Blas- und Streichinstrumente, deren Töne mit etwa gleichbleibender Stärke eine Zeitlang gehalten werden können. Eine fortlaufende elektrische Schwingungs- und Ton-Erzeugung hatte erstmals *Duddell* 1900 gefunden, als er einen aus Kondensator und Spule bestehenden Nebenzweig parallel zu einem elektrischen Lichtbogen schaltete. Ein solcher Lichtbogen zwischen zwei Kohlestiften kommt, wie in Kap. 16 beschrieben, zustande, wenn diese über einen geeigneten Vorwiderstand an eine kräftige Spannungsquelle angeschlossen sind.

Für einen Versuch nach *Duddell* benötigen wir zwei Stifte von etwa 6 mm Durchmesser aus homogener Preßkohle (die später für Bogenlampen gebräuchlich gewordenen «Effektkohlen» mit Docht aus Metallsalzen sind ungeeignet! Geeignete Kohlestifte können notfalls aus einer Taschenlampenbatterie entnommen werden) und eine Speise-Gleichspannung von etwa 300 Volt. Diese wird über einen Vorwiderstand von 140 Ohm und eine Spule auf Eisenkern mit Luftspalt (Selbstinduktion etwa 0,3 Henry) als «Drossel» an die Kohlestifte gelegt. Der Parallelzweig kann z. B. aus einem Kondensator von 4 Mikrofarad in Reihe mit einer Selbstinduktionsspule von 0,05 Henry bestehen, s. Schaltbild 20.1! Die Drossel D und die Selbstinduktionsspule L sollen mit genügend dickem Kupferdraht und kräftig aufgebaut sein. Für L eignet sich die zu unseren Magnetversuchen benutzte Spule nach Bild 7.1, und für D die Spule mit

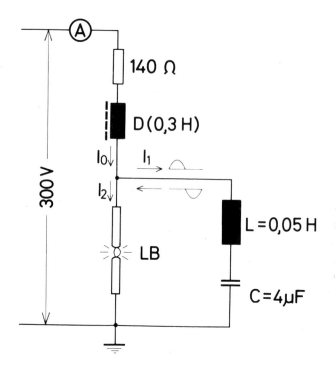

Bild 20.1: Schaltung für Lichtbogen-Schwingungen (Tonfrequenz), etwa 350 Hz.

500 Windungen vom Experimentier-Transformator mit hineingesteck-tem geradem Eisenblechpaket von diesem Transformator. Zieht man jetzt nach einer kurzen Berührung die Kohlenstifte langsam bis auf einen Spitzenabstand von etwa 3 mm auseinander, so fließt ein Gleichstrom von etwa 1,7 Ampere aus der Spannungsquelle über Vorwiderstand und Drossel zum Lichtbogen, und im Parallelzweig zu diesem entsteht ein Wechselstrom von etwa 350 Hertz, der sich dem zugeführten Gleich-strom im Lichtbogen überlagert. Durch die periodischen Temperaturän-derungen im Plasma erklärt man sich, daß jetzt ein entsprechender Ton (mit einigen Oberschwingungen) hörbar wird.

Wie kommt es nun zu einer solchen fortlaufenden Schwingung? Daß eine einmal angestoßene Schwingung schneller oder langsamer abklingt, bringen wir z. B. bei einer Stimmgabel mit der inneren Reibung im Material und mit der Schall-Abstrahlung in die Luft in Zusammenhang. Bei einem Pendel oder einer Schaukel mit Reibungseffekten und mit dem Strömungswiderstand der Luft; und bei elektrischen Schwingungskreisen mit dem Leitungswiderstand des Spulendrahtes, mit Dielektrikumsverlusten im Kondsator und ggf. mit der Abstrahlung elektrischer Wellen. Um eine Schwingung in gleicher Stärke aufrechtzuerhalten, müssen daher im Takt der Schwingung selber entsprechende Kräfte aufgewendet werden. Wie ist es z. B. bei der Schiffschaukel? Der Schaukelnde steht darin, geht abwechselnd in die Hocke und streckt sich. Sein Rhythmus muß so sein, daß er Energie zuführt, die in der richtigen Phase wirksam wird. Dazu muß er im Gebiet eines oberen Umkehrpunktes in die Hocke gehen, um dann beim Durchsausen durch die unterste Lage, die schwerevermehrende Zentrifugalkraft überwindend, sich aufrichten zu können. Durch solche jedesmalige Anstrengung kann er die Schwingungsweite zuerst steigern und dann eine längere Zeit hindurch erhalten.

Auch bei der Duddellschen elektrischen Schwingung muß laufend Energie zugeführt werden, und dies geschieht aus der Speisespannungsquelle mit Hilfe der besonderen Eigenschaften des Lichtbogens. Es war schon erwähnt, daß dessen Plasma nicht einen elektrischen Widerstand

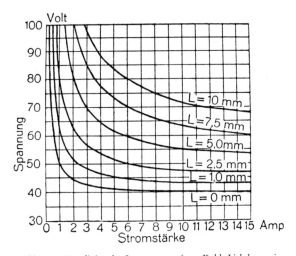

Bild 20.2: Kennlinien der Spannung an einem Kohle-Lichtbogen in Abhängigkeit von der Stromstärke, mit dem Abstand zwischen den Kohlespitzen als Parameter.

wie ein Metalldraht hat, wo für einen doppelt so großen Strom auch etwa eine doppelt so große Spannung gebraucht wird. Wenn der Lichtbogen einmal brennt, so braucht er im Gegenteil beim Vergrößern der Stromstärke weniger Spannung. Bild 20.2 stellt ein solches Verhalten in Form von Kennlinien für einen Gleichstrom-Lichtbogen für verschiedene Abstände zwischen den Kohlestiftspitzen dar. Wie macht es nun der

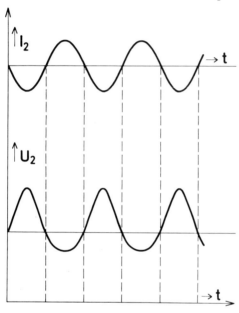

Lichtbogen, daß die Schwingung fortlaufend erhalten wird? Im Schaltbild 20.1 ist rechts der Nebenweg mit der Selbstinduktionsspule L und dem Kondensator C gezeichnet, in welchem dann ein annähernd «sinusförmiger» tonfrequenter Wechselstrom fließt. Was sich hierbei im Lichtbogen zusammen mit dem vom Speisegerät kommenden Gleichstrom ergibt, ist in den Zeitdiagrammen von Bild 20.3 dargestellt: oben der Lichtbogenstrom, der abwechselnd Minimalwerte und Maximalwerte durchläuft. Bei seinen Mini-

Bild 20.3: Stromverlauf I_2 und Spannungs-Verlauf U_2 im Lichtbogen, Zeitdiagramm.

malwerten hat dann der unten dargestellte Spannungsverlauf am Lichtbogen gerade seine Maximalwerte, und bei den Strom-Maximalwerten liegen seine Minimalwerte. Was bedeutet dies nun im Blick auf die Schaltung? Bei einem solchen Maximum der Lichtbogenspannung fließt ja im Nebenzweig der Strom maximal von oben nach unten und subtrahiert sich dadurch von dem Strom I_O, welcher vom Speisegerät kommt. Das heißt aber, daß das Strom-Minimum vom Lichtbogenstrom I_2 tatsächlich in die Zeit des dortigen Spannungsmaximums fällt und der ganze Vorgang so fortdauernd existieren kann!

Zu Bild 20.3 sei noch bemerkt, daß bei fast genau sinusförmigem Stromverlauf sich ein Spannungsverlauf ergibt, der von der Sinusform erheblich abweicht, und je nach den Brennbedingungen des Lichtbogens in sehr verschiedenem Grade. Dies hängt mit der Tatsache zusammen, daß die Lichtbogenkennlinien nicht einfach absteigende Geraden, sondern stark gekrümmte Linien sind. So können wir auch verstehen, daß der tönende Lichtbogen außer dem Grundton noch mehr oder weniger Obertöne hörbar macht.

Nachdem die Herstellung fortlaufender Schwingungen im Tonfrequenzgebiet in solcher Art gelungen war, richtete sich das Interesse auf die besonders wichtige Frage, ob dies auch im Hochfrequenzgebiet möglich sei. Es gelang wenige Jahre darauf *Valdemar Poulsen*, indem er den Bogen in einer wasserstoffhaltigen Atmosphäre und unter dem Einfluß eines geeigneten Magnetfeldes brennen ließ. Mit solchen Schwingungen im Frequenzgebiet von 200 bis 300 Kilohertz ergab sich schon die neue Möglichkeit der «drahtlosen Telefonie», während mit den bisherigen von Funken angestoßenen Schwingungen nur eine relativ langsame Nachrichten-Übermittlung mittels digitaler Zeichen erfolgen konnte. Nun «modulierte» man die Stärke der ausgesandten Hochfrequenz mit den Sprechfrequenzen und stellte am Empfangsort mittels Gleichrichtung der Hochfrequenz wieder einen von Sprechwechselströmen überlagerten Gleichstrom für die Hörerkapsel her. – Auf die näheren mit Modulation und Demodulation zusammenhängenden Fragen werden wir in Kap. 25 eingehen.

Weit bessere und stabilere Mittel zum Erzeugen von Dauerschwingungen als der Lichtbogen wurden in den Elektronenröhren und später in den Transistoren gefunden. Diese haben nun allerdings nicht von sich aus eine solche abfallende Kennlinie wie der Lichtbogen; sie kann ihnen jedoch durch den Kunstgriff der Rückkopplung in der Schaltung beigebracht werden. Diese wurde 1913 von *Alexander Meissner* für gittergesteuerte Elektronenröhren erfunden. Wir erläutern hier im Folgenden eine entsprechende Transistorschaltung (Bild 20.4).

Damit ein Schwingungskreis im Zustand einer Dauerschwingung gehalten werden kann, muß er, wie wir gesehen haben, im Takt seiner Eigenperiode Spannung bzw. Strom zugeführt bekommen. Im Bild 20.4 liegt ein solcher Kreis als Parallelschaltung einer Spule L (= Induktivität) und eines Kondensators C1 im Collectorzweig des Transistors Tr. In Reihe mit dem Konsendator ist noch eine Niedervolt-Glühlampe eingefügt. Sie wirkt hier für das Experiment als hauptsächliches Dämpfungsmittel, zeigt das Fließen eines Schwing-Wechselstromes im Kondensatorzweig und veranschaulicht damit zugleich die entstehende Schwinglei-

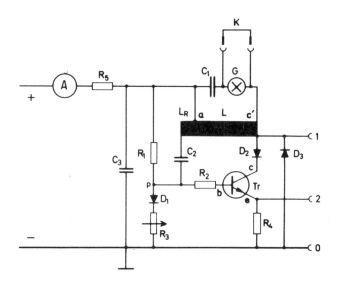

Bild 20.4: Experimentier-Oszillator mit Leistungs-Transistor, Schaltbild.

stung. Um zunächst einen Stromdurchgang im Transistor zu ermöglichen, benötigt dieser eine passende Basis-Vorspannung. Dafür ist ein
Spannungsteiler mit den Widerständen R1 und R3 sowie eine Gleichrichterdiode D1 vorgesehen. Vom Teilpunkt p führt dann eine Verbindung
über einen Widerstand R2 zur Basis b des Transistors. Zum Zweck der
Rückkopplung setzt sich die Spule L (15 Windungen) nach links mit 2
weiteren Windungen fort. Die letzteren sind – als L_R – somit an die 15
Windungen «induktiv angekoppelt». Das äußere Ende von L_R ist über einen Kondensator C_2 für die Oszillatorfrequenz leitend nach p hin verbunden. Wenn also in L ein Schwing-Wechselstrom fließt, entsteht in L_R
eine Wechselspannung, welche den Transistor wiederum steuert. Diese
wirkt im richtigen Sinne, da C_2 am entgegengesetzten Ende der Gesamtspule gegenüber dem collectorseitigen Pol c' liegt und somit eine gegenphasige Wechselspannung gegenüber c' bekommt. Diese rückgekoppelte,
die Basis erreichende Wechselspannung darf viel kleiner sein als die collectorseitige Wechselspannung, weil ja der Transistor als Verstärker
wirkt. Der Anschlußpunkt a (als Anzapf der Gesamtspule) ist über einen
Kondensator C_3 mit großer Kapazität wechselspannungsmäßig mit der
Minus-Rückleitung «verblockt», so daß er praktisch keine Wechselspannung führt. – Zwischen c' und dem Collector c des Transistors liegt noch
eine Gleichrichterdiode D_2. Diese muß verhindern, daß bei zu großer

194

Schwingamplitude an c' negative Spannung an c auftreten und damit die Transistorfunktion unerwünscht verändern kann. Diese Maßnahme wird noch durch den Einsatz einer weiteren Gleichrichterdiode D_3 ergänzt, welche solche negativen Spannungen nach Null ableitet. – Im Emitterzweig ist ein Widerstand mit nur 1 Ohm vorgesehen. Der Emitterstrom ruft an diesem wie an dem «Shunt-Widerstand» eines Meßinstrumentes einen Spannungsabfall hervor, welcher dann vorzugsweise zusammen mit der Schwingkreis-Wechselspannung an c' von den Anschlüssen 1 und 2 in Bild 20.4 aus oszillografiert werden kann (S. Kap. 21!). Plusseitig wird der Strom über ein Amperemeter A und einen Beruhigungswiderstand R_5 zugeführt.

Für einen ersten Versuch mit diesem Transistor-Oszillator überbrücken wir die Glühlampe im Kondensatorzweig des Schwingkreises durch Einsetzen des Kurzschlußsteckers K und drehen den Einstellwiderstand für die Basisspannung auf Linksanschlag (R_3 = 0). Wir legen dann über eine «flinke» Feinsicherung von 250 Milliampere eine Gleichspannung von 40 bis 50 Volt an die Speisungsbuchsen (+ und –) der Oszillatorschaltung: der Strommesser mit Meßbereich 30 mA zeigt jetzt nur einen kleinen Strom zum Basis-Spannungsteiler (ca. 2 mA). Wir drehen nun den Einstellwiderstand langsam nach rechts, bis sich durch einen plötzlichen

Bild 20.5: Experimentier-Oszillator, Ansicht. Von oben nach unten: Links Kurzschlußstecker, Glühlampe, Kühlkörper für Transistor, Einstellwiderstand R_3. Rechts Schwingkreisspule mit unteren Zusatzwindungen für Rückkopplung.

Stromanstieg das Anspringen der Schwingung bemerkbar macht; der Strommesser zeigt jetzt 8 bis 10 mA. Mit einem Zweistrahl-Oszilloskop kann jetzt der zeitliche Verlauf der Schwingung ins Bild gebracht werden (s. Kap. 21!). Dazu werden die Eingangs-Anschlüsse des letzteren mit den

195

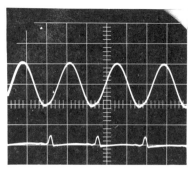

Bild 20.6: Verlaufskurven der Spannung $U_{c'}$ und des Emitterstromes I_e (unten) beim Versuch mit unbelastetem Schwingungskreis im Zweistrahl-Oszillogramm. Spannungsmaxima 100 Volt, Frequenz 215 kHz.

Buchsen 1, 2 und 0 verbunden, und die Zeit-Ablenkgeschwindigkeit z. B. auf 2 Mikrosekunden/Rasterteilung eingestellt. In Bild 20.6 ist ein so entstandenes Oszillogramm wiedergegeben. Es zeigt oben die etwa auf der horizontalen Null-Linie «aufsitzende» Kurve der Schwingkreisspannung; darunter die Verlaufskurve der Spannung am Emitterwiderstand, die dem Verlauf des Emitterstroms entspricht. Dessen positive, kurzzeitige Impulse unterscheiden sich nur wenig von den zugehörigen Collectorstromimpulsen, welche dem Schwingkreis die benötigten periodischen Anstöße zum dauernden Weiterbestehen der gleichen Schwing-Amplitude in den jeweils richtigen Zeitpunkten, d. h. in der Minimalphase der Spannung an c', abgeben.

Einen zweiten Versuch mit dem Oszillator machen wir, indem wir dessen Schwingkreis durch Entfernen des Kurzschlußsteckers mit der Niedervolt-Glühlampe für 12 Volt, 40 Watt belasten, durch welche der Schwingstrom dann fließen muß, was sozusagen ein stärkeres Abbremsen der Schwingung bedeutet. Wir brauchen jetzt wesentlich mehr Stromzufuhr, um die Schwingung in Gang zu bringen, und wählen dementsprechend schon einen Meßbereich von 300 mA des Strommessers. Zugleich dürfen wir jetzt auch mit der angelegten Betriebsspannung viel höher gehen, bis etwa 150 Volt. Wir können nun die Betätigung des Einstellwiderstandes entsprechend wie beim ersten Versuch vornehmen und erreichen dann ein schon ziemlich helles Aufglühen der Lampe. Am Zweistrahl-Oszilloskop sind die entsprechenden Verlaufskurven zu sehen: Bei der höheren Betriebsspannung ergibt sich eine größere Hochfrequenz-Wechselspannung an c'; außerdem erkennen wir höhere und erheblich verbreiterte Impulse des Emitterstromes, welche in den Zeiten kleinster Collector-Momentanspannung gegenüber dem Emitter eine gewisse Einsattelung zeigen. Die Tiefe der letzteren kann mittels des Einstellwiderstandes R_3 verändert werden. Optimal wählen wir den Betriebszustand so, daß bei fast maximaler Helligkeit der Lampe ein weiteres Rechtsdrehen nur die Strom-Aufnahme der Schaltung (s. Amperemeter!) noch unverhältnismäßig vergrößern würde.

Gegenüber dem Lichtbogen-Oszillator hat der Transistor-Oszillator wichtigste Vorteile: Es brennt nichts ab, und es ist dadurch erst ein wirklich stabiler Betrieb möglich. Zudem hat der Transistor auch in den Augenblicken maximalen Stromdurchgangs einen so geringen Bedarf an restlicher Collectorspannung, daß die im Collectorzweig entstehende Schwingkreis-Spannungsamplitude fast den gesamten Wert der zugeführten Gleichspannung erreicht, was beim Lichtbogenoszillator nicht entfernt möglich ist.

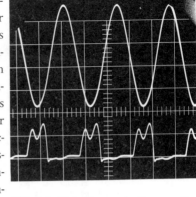

Bild 20.7: Verlaufskurven der Spannung U_c und des Emitterstromes I_e (unten) beim Versuch mit belastetem Schwingungskreis im Zweistrahl-Oszillogramm. Spannungsmaxima 240 Volt, Frequenz 215 kHz.

In den Abbildungen 20.8 bis 20.10 sind drei Prinzipschaltungen für kleine Transistor-Oszillatoren dargestellt. Schaltungen mit induktiver Rückkopplung nach *Meissner* (Bild 20.8) eignen sich beim Verwenden von Hochfrequenztransistoren bis zu Frequenzen um 20 bis 30 MHz. Außer dieser Rückkopplungsart, deren Prinzip wir auch beim oben beschriebenen Experimentier-Oszillator angewandt hatten, gibt es auch dasjenige einer Spannungsteilung am Schwingkreis in den «Dreipunkt»-Schaltungen.

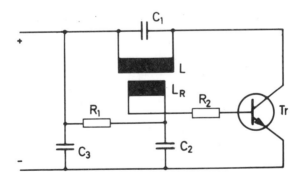

Bild 20.8: Schaltung mit induktiver Rückkopplung vom Collectorkreis zum Basiskreis nach *A. Meissner.* L_R stellt eine separate Rückkopplungsspule dar, deren Wirkung nach Bedarf z.B. durch verschiedene räumliche Lage zur Schwingkreisspule verändert werden kann.

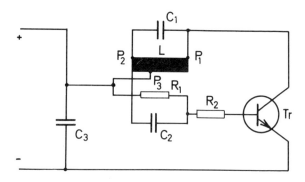

Bild 20.9: Hartley-Oszillator. Der Schwingkreis hat einen collectorseitigen Anschluß P_1, einen basisseitigen Anschluß P_2 und dazwischen
den nach dem Emitter hin kapazitiv überbrückten Anschluß P_3 als
Anzapfung der Induktivität L.

Bild 20.9 zeigt eine Aufteilung der Schwingkreis-Induktivität nach *Hart-
ley*, Bild 20.10 eine entsprechende Aufteilung der Schwingkreis-Kapazität
nach *Colpitts*, welche dann durch eine Reihenschaltung zweier Kondensatoren realisiert wird. Diese Dreipunktschaltungen eignen sich für noch
weit höhere Frequenzen als die Meissnerschaltung. Bei der Colpitts-
Schaltung können dann auch die inneren Transistorenkapazitäten für die
Spannungsaufteilung verwendet und der Emitter über eine Drossel mit
der Rückleitung verbunden sein.

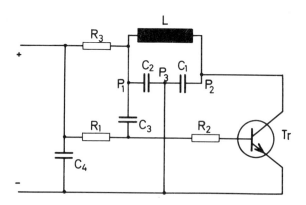

Bild 20.10: Colpitts-Oszillator. Wie in 20.9, jedoch P_3 am Verbindungspunkt zweier Kondensatoren, welche in Reihenschaltung die
Schwingkreiskapazität darstellen.

Alle diese Schaltungen waren ursprünglich für den Betrieb von gittergesteuerten Elektronenröhren geschaffen und wurden bald die Grundlage für die gesamte Entwicklung der Sender des drahtlosen Nachrichtenverkehrs, besonders dann der Sprechverbindungen, des Rundfunks und des Fernsehens (Kap. 25, 26). Je mehr sich derartige Einrichtungen ausbreiteten, umso höhere Anforderungen mußten an ein genaues Einhalten der zugeteilten Frequenz gestellt werden, und dies bei oft recht großen Sendeleistungen bis zu Hunderten von Kilowatt. Ein direkt schwingender großer Oszillator kann jedoch die Bedingungen der Frequenzgenauigkeit und Leistungs-Ausbeute nicht zugleich erfüllen. Großer Leistungsumsatz bedingt ja auch erhebliche Erhitzungen der Bauteile, welche die frequenzbestimmenden Eigenschaften störend verändern würden. Man kann deshalb nur relativ kleine frequenzbestimmende, «selbstschwingende» Oszillatoren verwenden, welche dann über meist mehrere aufeinanderfolgende Verstärkerstufen erst eine große Hochfrequenzverstärker-Endstufe steuern. Auch werden in den Oszillatorstufen als frequenzbestimmende Bauteile fast durchweg Schwingquarzkristalle benützt. Deren äußerst scharf ausgeprägte Resonanz-Eigenschaften ergeben eine noch weit stabilere Eigenfrequenz als dies mit Schwingungskreisen aus Spule und Kondensator allein erreichbar war. Aber gerade diese Schwingquarze vertragen nur kleine Schwingleistungen, so daß schon aus diesem Grunde eine mehrstufige nachfolgende Verstärkung nötig wird. Dabei muß allerdings verhindert werden, daß die größeren Leistungsstufen wiederum rückwärts die Oszillatorstufe beeinflussen. Besonders diese, aber auch die folgenden Stufen müssen deshalb in einzelnen, «dichten» Metallgehäusen eingebaut sein, und noch durch «verdrosselt» eingeführte Speiseleitungen gegen unerwünschte Rückkopplung von nachfolgenden Stufen geschützt werden. Meist ist dies nur dadurch ausreichend möglich, daß man – anstatt dieselbe Frequenz einfach durchzuverstärken – im Oszillator eine niedrigere Frequenz herstellt und dann Frequenz-Verdoppler oder -Verdreifacher als Zwischenstufen anwendet. In den schwächeren Stufen bieten neuerdings die Transistoren einige Vorteile, während für Leistungen im Kilowattbereich noch Röhren benötigt werden.

Ergänzend sei bemerkt, daß es auch Arten von Elektronenröhren gibt, welche ohne besondere Rückkoppelung zum Erzeugen von Dauerschwingungen im Gebiet sehr hoher Frequenzen geeignet sind. Deren Wirkungsweise beruht auf laufzeitabhängigen Dichte-Änderungen der Elektronenströmung, welche direkt mit der Resonanzspannung in einem elektromagnetischen Resonanzgebilde, z. B. einem Hohlraumresonator, korrespondieren [25]. Auch im Halbleitergebiet gibt es Entsprechendes in Gestalt z. B. der «Gunn-Dioden», deren Bedeutung z. Zt. im Steigen ist (*S. B. Gunn*, britischer Physiker, 1960). Diese enthalten aufeinanderfolgende Dotierungsschichten derselben Polarität, aber verschiedener Konzentration in der Reihenfolge: sehr stark – schwach – stark von der Kathode zur Anode hin. Für die Herstellung einer bestimmten Frequenz kommt es dann besonders auf die Dicke der mittleren, schwach dotierten Schicht an [29].

RC-Oszillator

Im Vorstehenden waren Oszillatoren beschrieben, welche elektrische Schwingungskreise mit einer Kapazität und einer Induktivität enthielten: die erstere als Speicher für elektrische Ladungen, die letztere im Wechsel damit, als magnetischer Speicher, im Sinne der Lenzschen Regel (Kap. 9) verlängernd auf die Stromflußdauer wirkend (Kap. 13). Durch Rückkopplung konnte die Schwingung, welche ohne eine solche abklingen würde, dauernd aufrecht erhalten werden, wenn diese Rückkopplung entsprechend gepolt war. Die Schwingfrequenz stellte sich auf einen nahe bei der Resonanzfrequenz des bloßen Schwingungskreises liegenden Wert ein gemäß einer für die betreffende Schaltung geltenden Phasenbeziehung.

Nun kann man aber auch statt den beiden verschiedenartigen Speichermöglichkeiten nur gleichartige im zeitlichen Wechsel für eine Schwingungserzeugung wirksam machen; vorzugsweise in Gestalt von Kapazitäten (C), welche dann lediglich mit Ohmschen Widerständen (R) kombiniert werden. Ohne Rückkopplung sind solche Kombinationen allerdings überhaupt nicht «schwingungsfähig»; eine zuerst zugeführte Ladung kann nur monoton abnehmen. Aber mittels einer genügend hohen Verstärkung kann so entgegengewirkt werden, daß diese Abnahmetendenz der Ladung überkompensiert wird, und daß dabei auf Grund der Speicherwirkungen wieder ein Hin- und Herschwingen von Ladungen resultiert.

Wir hatten gesehen, daß ein Transistor als Verstärker bei zunehmender Basis-Emitter-Spannung ein Ansteigen des Stromes im Collector-

zweig bewirkt. Liegt dann ein «Arbeitswiderstand» in diesem Ausgangszweig, so wird der Spannungsabfall an diesem im selben Verhältnis größer; das heißt aber, daß die Spannung zwischen Collector und Emitter
um ebensoviel verringert wird. Würde man jetzt diese Ausgangsspan-
nungs-Änderung über einen Ohmschen Widerstand auf die Basisspannung zurückwirken lassen, so würde dies die dortige Spannungsänderung vermindern. So würde man eine «Gegenkopplung» = negative
Rückkopplung anbringen. Auch eine solche findet vielfach praktische
Anwendung, weil damit schädliche Folgen von Kennlinienkrümmungen
und Instabilitäten verringert werden können. – Eine positive Rückkopplung zwecks Schwingungserzeugung gelingt demgegenüber nur, indem
wir die vom Transistor bewirkte Umkehr der Spannungs-Änderungs-
richtung wieder rückgängig machen. Wir müssen also für die gewünschte
Schwingfrequenz eine Phasendrehung um 180⁰ innerhalb des Rückkopp-
lungszweiges zustandebringen. Dazu eignet sich eine «Kettenschaltung»
von Kapazitäten und Widerständen. So gelangen wir z. B. zu einer Schaltung wie in Bild 20.11. Ein einziges «Hochpaß»-Kettenglied aus Kapazität und Widerstand kann nur eine Phasendrehung von weniger als 90
Grad bewirken, so daß also für die notwendige Phasendrehung eine Kette mit mindestens 3 solchen Gliedern gebraucht wird. Eine solche am
Collector des Transistors angeschlossene Kette ist nun aber mit einer
ganz erheblichen Spannungsabschwächung bis hin zur Basis behaftet,
so daß nur mit einer genügend hohen Verstärkung das Erfüllen der

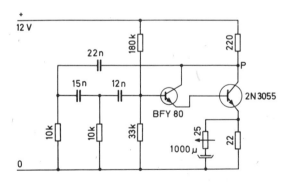

Bild 20.11: Oszillator mit Rückkopplung über einen Phasenschie-
ber aus Kapazitäten und Widerständen. Es ergibt sich eine Sinus-
Schwingung, deren Frequenz gerade eine Phasendrehung von 180⁰
zwischen Collector- und Basis-Seite erfährt.

Schwingbedingung möglich wird. Deshalb war in unserer Schaltung dem Haupt-Transistor noch ein Hilfstransistor als Emitterfolger nach *Darlington* vorzuschalten. Im Emitterzweig des Haupttransistors liegt dann ein veränderbarer Widerstand, der die Verstärkung beeinflußt. Wir stellen ihn bei der Inbetriebnahme vom Endwert 25 Ohm, bei welchem noch keine Schwingung einsetzt, langsam auf kleinere Werte zurück. Dabei wächst die Verstärkung an, bis eine Sinus-Schwingung einsetzt. Diese können wir am besten mit einem am Ausgangszweig des Haupttransistors angeschlossenen Oszilloskop feststellen (Kap. 21). Die Phasendrehung von 180^0 durch die Kette ergibt sich für eine ganz bestimmte, durch die Kapazitäten und Widerstände gegebene Frequenz, und nur diese kann als Schwingfrequenz auftreten.

Eine weitere Möglichkeit für einen nur mit Kondensatoren und Widerständen aufzubauenden Oszillator ergibt sich durch solches Verwenden eines zweiten Transistors, daß dieser die vom ersten Transistor bewirkte Umkehrung nochmals wiederholt und dadurch wieder eine direkte positive Rückkopplung erlaubt. Um eine Sinusschwingung bestimmter Frequenzen hervorzubringen, brauchen wir dann allerdings auch noch einen phasenabhängigen Rückkopplungszweig; z.B. die Wien-Robinson Brückenschaltung aus einem vordrehenden und einem rückdrehenden «RC-Glied».

Rechteckspannungs-Oszillator

Es mag uns hier noch eine Schaltung mit zwei antisymmetrisch verwendeten Transistoren interessieren, welche als einfacher Rechteckspannungs-Oszillator (sog. Multivibrator) funktioniert. Sie enthält zwei einander überkreuzende Rückkopplungszweige (Bild 20.12). Diese Rückkopplung wirkt so stark, daß die Betriebszustände der beiden Transistoren niemals in einer beidseitig gleichen Mittellage verharren können. Vielmehr wechseln diese Zustände für beide Transistoren im «Gegentakt» so, daß jeweils einer voll stromleitend und der andere gleichzeitig nichtleitend, «gesperrt» ist. Die Übergangszeiten von einem Zustand in den anderen sind dabei äußerst kurz. Die Funktionsweise der Schaltung ergibt sich, indem wir zunächst einen solchen schnellen Übergang voraussetzen, bei dem der Transistor TR 1 vom nichtleitenden Zustand in

202

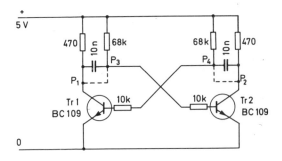

Bild 20.12: Oszillator für Rechteck-Schwingung (Multivibrator),
bzw. mit Abänderung in eine bistabile Schaltung: Flip-Flop.

Symmetrische Schaltung zweier Transistoren ergibt wieder die
richtige Phase mit positiver Überkreuz-Rückkopplung für einen
weiten Frequenzbereich. Mit den Kapazitäten gibt die Schaltung
annähernd rechteckförmigen Spannungsverlauf, dessen Frequenz
im wesentlichen durch die Kapazitäten und die Widerstände in den
Basiszweigen bestimmt wird.
Werden die Kapazitäten durch Direktverbindungen ersetzt, so ergibt sich die Frequenz Null, d.h. daß der zuerst eingetretene un-
symmetrische Spannungszustand stabil bleibt. Durch einen der
Basis eines Transistors zugeführten kurzen Spannungsimpuls geeigneter Polarität läßt sich die Schaltung in den anderen stabilen
Zustand kippen.

den leitenden umspringt. Dabei ändert sich die Spannung an seinem Col-
lector (Punkt P_1) von +5 Volt auf etwa +0,3 Volt gegen 0. Die Spannung an der Kapazität zwischen P_1 und P_3 kann sich nicht so plötzlich ändern, und dem entspricht es, daß die Spannung zwischen P_3 und 0 annähernd dieselbe Änderung wie diejenige zwischen P_1 und 0 erfahren muß, das heißt auf einen negativen Wert von etwa $-3,5$ Volt springt. Dies führt zur plötzlichen Sperrung des vorher leitend gewesenen

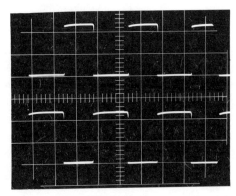

Bild 20.13: Rechteck-Schwingspannungen zwischen Collector und Emitter für beide Transistoren im Zweistrahl-
Oszillogramm (übereinander). Die Spannungssprünge erfolgen gegenläufig.

203

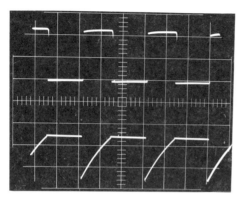

Bild 20.14: Oben: Rechteck-Schwingungsspannung P_1-0 des einen Transistors.
Unten: Spannungsverlauf P_4-0 für die Basis-Steuerung desselben Transistors. Während des Spannungs-Plateaus ergibt sich Stromleitung dieses Transistors bei gleichzeitig niedriger Spannung P_1-0.

Transistors Tr2. Erst relativ langsam steigt sodann die Spannung an P_3 durch Zufluß von Strom über den Widerstand 68 kOhm bis auf einen positiven Wert von etwa 0,6 Volt, welcher zum Wiederleitendwerden des Transistors Tr2 ausreicht und so den umgekehrten Spannungssprung auslöst. Hierbei wiederholt sich das für die Punkte P_1 und P_3 vorher Ausgeführte nun für die Gegenpunkte P_2 und P_4 Es schließt sich der Zyklus, indem die Spannung an P_4 langsam wieder ansteigt, bis sie zum Leitendwerden von Tr1 ausreicht. Fortlaufend erhalten wir so an den Punkten P_1 und P_2 gegenläufig abwechselnd die Spannungen von 5 Volt und einigen Zehntelvolt gegen 0, d. h. die Verlaufsform von «Rechteckspannungen» (Bild 20.13).

Flip-Flop

Ersetzen wir in der Schaltung von Bild 20.12 die beiden Kapazitäten durch Direktverbindungen, so wird sie für eine ganz neue Funktionsweise geeignet. Die Überkreuz-Rückkopplung wirkt dann so, daß nach dem Einschalten einer der beiden Transistoren stromleitend und der andere gesperrt ist und beide so verbleiben. Wir können dann das folgende Experiment machen: Wenn sich z. B. Tr1 als stromleitend erweist, verbinden wir für einen Augenblick dessen Basis mit 0. Dies hat nun zur Folge, daß Tr1 nicht bloß momentan während der Berührung gesperrt wird, sondern gesperrt verbleibt. Denn durch das Hochsteigen der Collectorspannung von Tr1 beim Sperren und das damit verbundene Leitendwerden von Tr2 ist die Spannung an P_4 unter die Grenze abgefallen, die für einen Basis- und Collectorstrom in Tr1 ausreichen würde. – Wir haben damit eine Schaltung, welche 2 einander ausschließende stabile Spannungszustände annehmen kann. Und durch kurze positive oder negative Spannungsimpulse, die auf einen der Basiszweige wirken, kann sie vom einen in den anderen Zustand «gekippt» werden. Derartige Schaltungen werden als «Flip-Flop» bezeichnet und spielen in der «Digitaltechnik» eine fundamentale Rolle (Kap. 27). Ersetzen wir in der Schaltung nach Bild 20.12 nur *eine* Kapazität durch eine Direktverbindung, so können wir damit einen Zustand für eine bestimmte Zeit einschalten, nach welcher dann automatisch ein Zurückkippen in den anderen, stabilen Zustand (Ruhezustand) erfolgt: «Monoflop», «Univibrator».

21. Oszilloskopie

Ältere Physikbücher beschreiben ein Experiment: Eine große, tieftönende Stimmgabel, mit einer Borste an einem der Zinken, wird angeschlagen und dann schnell mit der Borstenspitze über eine berußte Glasplatte gezogen; es ergibt sich eine feine Wellenlinie. Eleganter macht es die moderne Elektronik mit Hilfe einer Elektronenstrahlröhre in einem «Oszilloskop». In Kap. 9 hatten wir einen dünnen Kathodenstrahl und dessen Ablenkbarkeit durch magnetische oder elektrische Felder kennengelernt. An die Stelle des Ziehens der Stimmgabel von Hand tritt im heutigen Oszilloskop die Änderung eines elektrischen Querfeldes, so, daß der Auftreffpunkt des Elektronenstrahls am Leuchtschirm mit gleichförmiger Geschwindigkeit von links nach rechts bewegt wird: «x-Ablenkung», mit der «verlaufenden Zeit» gehend. Zugleich wirkt in vertikaler Richtung ein zweites elektrisches Feld («y-Ablenkung»), welches zwischen einem Ablenkplattenpaar entsteht, dem z. B. eine verstärkte Mikrofon-Wechselspannung zugeführt wird. Jetzt brauchen wir nur die Stimmgabel in die Nähe des Mikrofons zu halten, um, wenn sie tönt, eine in Leuchtschrift gezeichnete Sinuswellenlinie zu erzeugen. Dabei bemerken wir, daß diese Linie immer links an einem bestimmten Punkt ansetzt, und können dann das Niedrigerwerden der Wellen während des allmählichen Ausschwingens der Gabel feststellen. Im Oszilloskop wird das elektrische Querfeld für die x-Ablenkung von einem besonderen Oszillator geliefert, der an Stelle einer sinusförmigen Schwingspannung eine «Sägezahnspannung» erzeugt, d. h eine solche, bei welcher auf einen der Zeitänderung proportionalen, d. h. gleichförmig steilen Anstieg der Spannung von einem negativen bis zu einem gleich hohen positiven Spannungswert ein plötzliches Zurückspringen auf den negativen Anfangswert erfolgt, um dann nach einer «Synchronisationspause», während diese negative Spannung erhalten bleibt, den Vorgang von neuem zu beginnen, und so fort (Bild 21.1). Während des Zurückspringens und der Pause wird der Elektronenstrahl mittels einer entsprechenden Schaltung gesperrt (Rücklauf-Verdunkelung). Die Synchronisationspause variiert je nach dem Verhältnis der Grundperiode des darzustellenden Spannungsverlaufes zur Anstiegs-

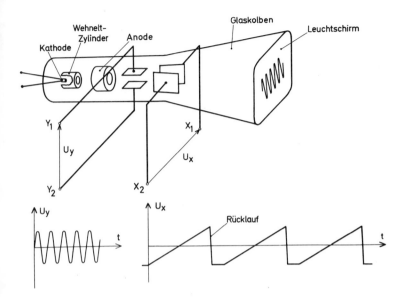

Bild 21.1: Oszilloskopröhre, Bauprinzip.
Darunter: Ablenkspannungen U_x (horizontal wirkend) und U_y (vertikal wirkend.)

zeit der x-Ablenkspannung normalerweise von einer sehr kurzen Beruhigungsspanne bis zu einer etwa um die Grundperiode längeren Zeit. Dieser zeitliche Spielraum ist erforderlich, damit (natürlich nur bei gleichbleibender Grundperiode) in jedem Fall ein «stehendes Bild» durch automatische Triggerung erreicht werden kann. Unter Triggerung ist das Folgende zu verstehen: Die zwischen höheren und tieferen Spannungswerten wechselnde y-Ablenkspannung überschreitet beim Ansteigen jedesmal einen bestimmten Spannungspegel, und löst damit über geeignete Schaltungsglieder die Horizontalbewegung des Leuchtflecks, wenn diese sich in der Bereitstellungsphase befindet, in dem betreffenden Zeitpunkt aus.

Die Oszilloskope haben gegenwärtig einen hohen technischen Stand erreicht. Sie werden in der angegebenen Funktionsweise und mit zusätzlichen Einrichtungen bis ins Frequenzgebiet elektrischer Schwingungen von etwa 100 Megahertz und bis zur Auflösung zeitlicher Vorgänge mit Differenzen von etwa $5 \cdot 10^{-9}$ Sekunden verwendet (die letztgenannte Spanne kann als eine Art «Reaktionszeit» des Oszilloskops gewertet werden). Solche Werte liegen unvorstellbar weit jenseits menschlicher Sinnes- und Reaktionsfähigkeiten. Die bei Verkehrstüchtigkeitsprüfungen gemessenen menschlichen Reaktionszeiten liegen bekanntlich bei einigen Zehntelsekunden. Unsere schnellste Auffassungsmöglichkeit ist diejenige des Gehörs. Beim Auszählen aufeinanderfolgender kurzer akustischer Zeichen kommen wir zwar nicht viel weiter als auf etwa 5 pro Sekunde. Für diesbezügliche Versuche können wir einen Auto-Zündtransformator nehmen, dessen Sekundärseite wir mit einer Funkenstrecke verbinden, und den wir mit einem auf verschiedene Schnelligkeiten der Funkenfolge einstellbaren elektronischen Unterbrecher betreiben. Wir steigern dann die sekundliche Unterbrechungszahl von wenigen pro Sekunde angefangen, und konzentrieren uns auf das Hören der Funkenfolge. Oder nehmen wir ein Oszilloskop, und greifen über einen hochohmigen Spannungsteiler einen für einen guten Kopfhörer geeigneten Teil der Zeitablenk-Sägezahnspannung ab. Beim Hören kommen wir nun oberhalb von etwa 5 bis 8 Impulsen pro Sekunde mit dem Zählen nicht mehr mit, haben aber noch erstaunlich weit hinauf eine deutliche Wahrnehmung einer «Aufeinanderfolge», bis ungefähr 150 oder gar 200 Impulse pro Sekunde. Steigern wir die Impulsfolgefrequenz noch weiter, so verlischt diese Möglichkeit innerhalb der jetzt sehr viel intensiver gewordenen «Ton»-Wahrnehmung. Wir können dann den Versuch nochmals von unten an wiederholen, indem wir uns diesmal auf das Wahrnehmen einer Tonhöhe konzentrieren. Mit der Sägezahnspannung und einem «baßtüchtigen» Kopfhörer gelingt dies schon ab etwa 20 Impulsen pro Sekunde. Mit dem Oszilloskop und einem Frequenzzähler können wir dann allmählich bis in das Gebiet der höchsten noch hörbaren Töne hinaufgehen und die obere Hörgrenze feststellen, welche bei jüngeren Menschen normalerweise im Gebiet um 20 000 Hertz liegt, bei Menschen in höherem Alter aber niedriger und individuell sehr verschieden ist.

Für einen weiteren Versuch benützen wir nun das Oszilloskop wieder als solches in der gewöhnlichen Weise, und schließen an dessen y-Eingang einen Signalgenerator an, welcher eine sinusförmige Schwingspannung liefert. Ob wir mit diesem nun eine Frequenz von 20 Hertz, 20 000 Hertz oder irgend eine dazwischen liegende einstellen, immer können wir durch entsprechendes Einstellen der Schnelligkeit der Sägezahnspannung des Oszilloskops wieder eine gleich aussehende Wellenlinie auf dem Leuchtschirm hervorrufen. Dies im Unterschied zu der Wahrnehmung beim Hören von Tönen solcher Frequenzen, wo wir so außerordentlich verschiedene Sinneseindrücke haben. So präsentiert sich uns das Oszilloskop zunächst als ein Gleichmacher und führt unser Denken dazu, auch dort von Schwingungen zu sprechen, wo wir weder etwas sich schwingend bewegen sehen, noch einen Ton hören. Tatsächlich kann der Elektroniker durch Anwenden der Schwingungsmathematik auch in diesen Bereichen zu einer sachgemäßen Handhabung gelangen.

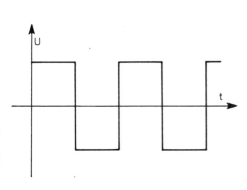

Bild 21.2:   Wechselspannung in Rechteckform.

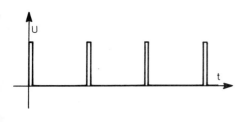

Bild 21.3:   Spannungsverlauf einer Folge kurzer Rechteck-Impulse.

Praktisch können mit Hilfe des Oszilloskops beliebige zeitliche Verlaufsformen elektrischer Spannungen veranschaulicht und spezielle Messungen vorgenommen werden. Anhand der Raster-Teilung auf oder über dem Leuchtschirm und der geeichten Geschwindigkeit der Zeitablenkspannung können in x-Richtung Zeitdifferenzen oder auch Frequenzen und in y-Richtung Momentan- oder Scheitelwerte der Spannung ermittelt werden. Vor allem lassen sich periodische Spannungsverläufe oszilloskopieren, welche mit Hilfe der Triggerung ein stehendes Bild hervorrufen, welches dann beliebig lang beobachtet und auch leicht fotografiert werden kann. Außer der Sinuswellenform gibt es eine Anzahl anderer häufig vorkommender Grundformen, wie sie in den Bildern 21.2 bis 21.5 dargestellt sind. – Schwieriger wird es, einmalige Vorgänge oszilokopisch zu erfassen, besonders wenn diese schnell ablaufen. Gerade solche Oszillogramme würde man gern fotografieren, um sie in Muße betrachten zu können. Damit dies noch einigermaßen gelingt, darf auch bei empfindlichem Film die Durchlaufzeit kaum kürzer als etwa 1/100 Sekunde sein. Bis zu viel kürzeren Zeiten

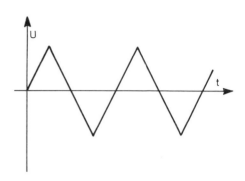

Bild 21.4: Wechselspannung in Dreieckform.

helfen dann die mit besonderen Zusatzeinrichtungen versehenen, wesentlich teureren «Speicher-Oszilloskope», bei denen der einmal durchlaufende Vorgang ein längere Zeit sichtbares Bild auf dem Leuchtschirm zustandebringt. Am vielseitigsten verwendbar ist die digitale Speicherung. Hierbei wird der Vorgang in sehr schneller zeitlicher Aufeinanderfolge bezüglich der Momentanspannung abgetastet und deren Werte werden digi-

Bild 21.5: Spannungsverlauf in Sägezahnform.

tal gespeichert (vgl. Kap. 27). Indem nun der Speicher immer wieder aufs Neue abgetastet wird, erreicht man eine beliebig langdauernde Bildwiedergabe. Hierbei wird also der einmalige Vorgang durch einen periodischen Vorgang derselben Verlaufsform ersetzt. Gegebenenfalls kann man dieses Verfahren auch so anwenden, daß die Erst-Abtastung und diejenige für die Wiedergabe in verschieden schnellem Takt ablaufen, oder auch, daß die Bilddarstellung erst beliebig lange Zeit nach der Erst-Abtastung des Vorgangs abgerufen wird.

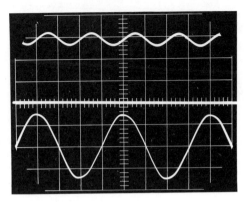

Bild 21.6: Relative Lichtstärkenänderung einer Glüh-lampe bei Wechselstrom (50 Hertz), über der Zeit als Abszissenachse (Mittellinie des Diagramms).
Darunter der zeitliche Verlauf des Wechselstroms (100 Polwechsel/Sek.).

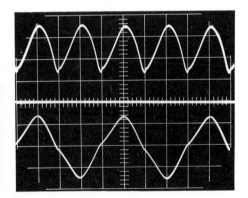

Bild 21.7: Relative Lichtstärkenänderung einer Leucht-stoff-Röhrenlampe. Die Lichtstärke geht während jeder Halbperiode der Wechselspannung etwa auf die Hälfte ihres Mittelwertes zurück; also stärkerer Flimmereffekt als bei der Glühlampe.
Darunter der deutlich von der Sinusform abweichende Verlauf des Lampenstroms.

Ein weiterer ähnlicher Abtastungskunstgriff in Verbindung mit einem Oszilloskop ermöglicht es, auch noch periodische Vorgänge abzubilden, bei denen Bruchteile von Milliardstel-Sekunden aufzulösen sind, wo also eine «Echtzeit»-Oszilloskopie nicht mehr möglich ist. Es wird dabei das Prinzip der optischen Stroboskopie ins Elektronische übertragen; d. h. es wird mit einer relativ geringen Frequenz-Differenz abgetastet und dadurch der Vorgang ins Langsamere transformiert: «Sampling-Oszilloskopie».

Als Beispiele von Oszillogrammen seien solche vom zeitlichen Verlauf der Lichtabgabe verschiedener Lampenarten bei Wechselstrom in den Bildern 21.6 – 21.8 dargestellt. Letztere sind mit einem Zweistrahl-Oszilloskop aufgenommen. Der Lampenstrom durchlief dabei einen Meßwiderstand R_L, und der momentane Spannungsabfall an diesem, der der Stromstärke proportional ist, wurde dem ersten Oszilloskop-Eingang zugeführt. In der Nähe der Lampe war eine Vakuum-Foto-

211

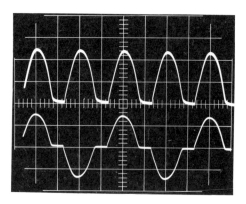

Bild 21.8: Zeitlicher Verlauf der Lichtstärke einer Neon-
Glimmlampe ohne Leuchtstoffe. Die Lichtstärke wird zeitweilig zu Null. Dies entspricht dem Stromverlauf, welcher
Null-Pausen aufweist, während die momentane Spannung
unterhalb der Zünd- bzw. Brennspannung der Lampe liegt.

zelle aufgestellt, welche auf der Anodenseite über einen Schutzwiderstand mit dem Pluspol und auf der Kathodenseite über einen Meßwiderstand mit dem Minuspol einer Gleichspannungsquelle verbunden war.
Am zweiten Oszilloskop-Eingang lag dann der Spannungsabfall des Zel-
lenstromes am Meßwiderstand R_Z. Die Vakuumzelle mit den genannten
Widerständen und der Leitung zum Oszilloskop-Eingang waren elektro-
statisch abgeschirmt. Nur durch ein engmaschiges Drahtgitter konnte
das Lampenlicht die lichtempfindliche Zellen-Kathode erreichen. Bild
21.9 zeigt die angewandte Meß-Schaltung.

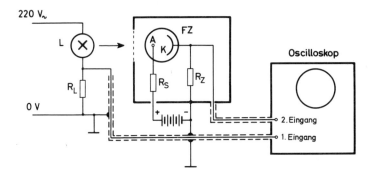

Bild 21.9: Meß-Schaltung für Lampen-Oszillogramme. Lampe L, Meßwiderstand R_Z, Fotozelle FZ, Schutzwiderstand R_S, Arbeitswiderstand R_L.

22. Elektroakustische Wandler. Mikrofone

Im Zusammenhang mit dem Telefon hatten wir schon zwei Mikrofonarten kennengelernt: das elektromagnetische und das Kohle-Mikrofon. Diese beiden Bauformen werden neuerdings nur noch zur bloßen telefonischen Verständigung angewandt. Sobald höhere Ansprüche an eine gute Klangwiedergabe gestellt werden, wie bei Konzerten und künstlerischen Sprachübertragungen, kommen diese einfachen Konstruktionen nicht mehr in Frage. Den Unterschied zwischen einem guten Rundfunk-Mikrofon und einem gewöhnlichen aus der Telefontechnik können wir bei Reportagen zu Gehör bekommen, wenn über eine Telefonleitung auf einen auswärtigen Sprecher zurückgegriffen wird.

Nun ging es also, zunächst im Rundfunk, darum, einen möglichst großen Frequenzbereich so gleichmäßig wie möglich erfassen zu können. Man möchte ja verlangen, daß die Membran, also ein mechanischer Teil, auf Luftdruckschwingungen von 20 Hertz bis 20 000 Hertz gleichmäßig gut anspricht. Dazu darf sie jedenfalls nicht groß sein, und dies ist glücklicherweise bei einem Mikrofon auch gar nicht nötig. So kann sie auch extrem leicht gemacht werden. Nur wäre dann jeder weitere Konstruktionsteil, den die Membran etwa mitbewegen muß, von Nachteil. Bei Mikrofonen für höchste Übertragungsqualität benützt man deshalb die Membran nur als schwingende Kondensatorplatte und stellt ihr eine feste zweite Platte gegenüber. Solche Mikrofone sind dann allerdings auch einigermaßen empfindlich gegen Beschädigung durch plötzliche Luftdruckstöße. Sie sollten z. B. nicht durch starkes Anblasen mit dem Mund auf ihr Reagieren «geprüft» werden. Für etwas robusteren Gebrauch sind deshalb elektrodynamische Mikrofone, sogenannte Tauchspulenmikrofone, entwickelt worden. Bei diesen muß die Membran eine allerdings sehr kleine und leichte Spule mitbewegen. Trotzdem ist auch mit diesen Mikrofonen inzwischen ein recht guter «Frequenzgang» erreicht worden.

In den Bildern 22.1 und 22.2 ist der prinzipielle Aufbau eines Kondensatormikrofons und eines Tauchspulenmikrofons dargestellt. Beim ersteren wird ein elektrisches Gleichspannungsfeld hineingegeben, und die Änderung des Abstands der Membran von der zweiten, inneren Kondensatorfläche durch die Schall-Druckwellen bringt dann einen den Ladungsänderungen entsprechenden, allerdings sehr schwachen Wechselstrom und damit zusammenhängende Spannungsänderungen am Arbeitswiderstand R_A hervor. Das Gleichspannungsfeld kann neuerdings auch ohne eine besondere Spannungsquelle erzeugt werden. Man nimmt dafür z. B. für die Membran einen zwischen Vorderseite und Rückseite bleibend elektrisch polarisierten Kunststoff (s. Kap. 2).

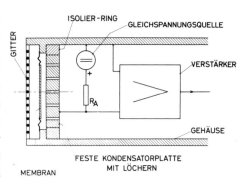

Bild 22.1: Elektrostatisches (kapazitives) Mikrofon. Prinzipschema; im Längsschnitt.

Diese «Elektret»-Membran wird dann durch eine dünne Metallisierung auf der Vorderseite leitend gemacht, während ihre polarisierte Seite der festen Kondensatorplatte gegenübersteht. Eine Anzahl Löcher in dieser vermitteln einen Druckausgleich der Luft. Deren Strömungswiderstand wird so bemessen, daß er unerwünschte Resonanz-Effekte

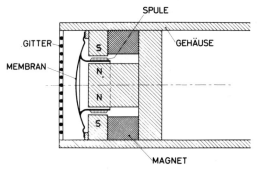

Bild 22.2: Elektrodynamisches Mikrofon. Prinzipschema; im Längsschnitt.

der Membranbewegung dämpft. – Gebräuchliche Membran-Durchmesser liegen etwa zwischen 10 und 25 Millimeter. Die Membran eines Tauchspulenmikrofons hat bei ähnlichem Durchmesser eine etwas steifere, nach vorne ein wenig konvexe Form und trägt nach hinten einen dünnwandigen rohrförmigen Fortsatz mit der Tauchspulenwicklung. Der Name besagt, daß diese Spule in den ringförmigen Luftspalt eines kleinen, aber starken Permanentmagneten hineinragt. Die Mikrofonspannung entsteht dann induktiv durch die Bewegung der Spule in diesem Magnetfeld.

Bei allen hochwertigen Mikrofonen ist das eigentliche System hinter einem schützenden Metallgitter unmittelbar vorne in einem stabilen, nicht zu leichten Metallrohr eingebaut, welches am hinteren Ende den

215

Kabelanschluß hat. Die ganze Einheit wird dann über weiche Zwischen-
glieder so aufgestellt oder aufgehängt, daß eine Einwirkung z.B. des
Trittschalles vom Boden aus so weit wie möglich vermieden wird.

Das rohrförmige Mikrofongehäuse gibt es in zwei prinzipiell verschiedenen Typen. Beim einen ist die einzige wesentliche Öffnung nur diejenige für die Membran, während das hinter derselben befindliche Luftvolumen bis auf eine feine, langsame Ausgleichsmöglichkeit gegenüber der
Umgebungsluft abgeschlossen ist. Ein solches Mikrofon reagiert in einfacher Art auf die akustischen Druckänderungen und nur wenig auf die
Richtung, aus welcher der Schall eintritt: sogenanntes Druckmikrofon.
Beim zweiten Typ dagegen ist das Rohr hinter dem eigentlichen System
noch mit akustisch wirksamen, schlitzförmigen Öffnungen versehen.
Auf die Membran wirken somit die Luftdruck-Differenzen zwischen
dem äußeren Luftraum vor der Membran und demjenigen außen an den
Schlitzen, und der Luftwiderstand in den letzteren geht noch in die
Funktionsweise mit ein. Solche «Differenzdruck-Mikrofone» haben
dann eine ausgeprägte Richtwirkung, wobei angestrebt wird, daß sie den
von vorne kommenden Schall möglichst stark bevorzugen und auf den
von hinten kommenden kaum reagieren. Bei den hohen Tönen sind die
Schall-Wellenlängen kürzer und die Druckdifferenzen zwischen zwei nahe beieinander liegenden Stellen (Mikrofon-Front und Schlitze) größer.
Dies wirkt sich auf den Frequenzgang aus. Es war somit eine erhebliche
Entwicklungsarbeit zu leisten, um Mikrofone mit ausgeprägter Richtwirkung und ausgeglichenem Frequenzgang zu schaffen. Für Ton-Über-
tragung bei Stereofonie (Kap. 23) ist dies heute ausreichend gelungen. –
Noch wesentlich schärfere Richtwirkungen erreicht man unter Zuhilfe-
nahme von Schalltrichtern oder akustischen Hohlspiegeln. Die beschriebenen hochwertigen Mikrofone liefern nur relativ kleine Spannungen,
die dann eben mit Hilfe von Tonfrequenzverstärkern weiter verarbeitet
werden müssen. Bei Musikaufnahmen mit einem Tauchspulmikrofon
bewegen sich diese Spannungen je nach der Lautstärke in einem Bereich
von wenigen Mikrovolt bis zu einigen Millivolt für Schallpegel von 40
bis 100 dB. An die Feinheit des gesunden menschlichen Hörorgans kommen die Mikrofone trotz der bestmöglichen Verstärkung noch nicht heran. Die Mikrofone sind nämlich zugleich Quellen einer gewissen Stör-
spannung in Gestalt des «Thermischen Rauschens», welches zusammen
mit der vom Verstärker hereingebrachten z.B. 0,5 Mikrovolt betragen
kann.

Außer den bisher dargestellten Mikrofonen gibt es dann noch «piezoelektrische» mit einem wirksamen Kristall aus Seignette-Salz. Die Luftdruckwirkungen auf die Membran werden dabei als mechanische Beanspruchung des Kristalls zur Ursache elektrischer Spannungen. Diese Mikrofone geben weit größere Spannungen ab wie die vorbeschriebenen und sind relativ einfach herzustellen. Ihr Frequenzgang erfüllt jedoch keine so hohen Anforderungen.

Schallstrahler (Lautsprecher)

Die umgekehrte Aufgabe wie den Mikrofonen fällt den Schallstrahlern zu: sie sollen mittels elektrischer Spannungen bzw. Ströme wiederum Schallwellen in der Luft hervorbringen. Für diese elektroakustischen Wandler hat sich der Ausdruck «Lautsprecher» weiter verbreitet als eigentlich paßt; diesen letzteren sollte man besser speziell auf die Fälle beschränken, wo es um Sprach-Übertragung geht; z.b. auf die Lautsprecher-Zusätze für das Telefon und auf die Schallstrahler von Sprachverstärker-Anlagen. – Beim Schallstrahler ist es nun notwendig, Luftvolumina einer erheblichen Größe in Bewegung zu bringen, so daß ihre Membranen nicht so klein und leicht sein können wie bei den Mikrofonen. Damit wird es aus dynamischen Gründen schwieriger, eine gleichmäßige Verarbeitung des ganzen Tonfrequenzspektrums zu erreichen. Dies gelang erst in jahrzehntelanger Forschungs- und Entwicklungs-Arbeit bis zur gegenwärtigen Vollkommenheitsstufe. Da die besseren Schallstrahler heute fast immer mit Gehäusen von einigem Volumen in Erscheinung treten, wird oft einfach von «Boxen» gesprochen.

Das Antriebssystem der weitaus meisten heutigen Schallstrahler ist im Prinzip ebenso aufgebaut wie beim Tauchspul-Mikrofon, nur räumlich viel größer: ein großer, starker Permanentmagnet ist so angeordnet, daß sich ein ringförmiger Luftspalt mit hoher Feldstärke ergibt. In diesen ragt eine zylindrische Spule hinein, welche an einer etwa kegelmantelförmigen Membran befestigt ist. Membran und Spule sind einerseits durch einen weichen äußeren Randring, andererseits durch eine am Spulenhals befestigte nachgiebige Zentriermembran so aufgehängt, daß sie sich in Richtung ihrer geometrischen Achse relativ leicht um einige Millimeter bewegen können, ohne Berührungsgefahr am Luftspaltrand. Der durch

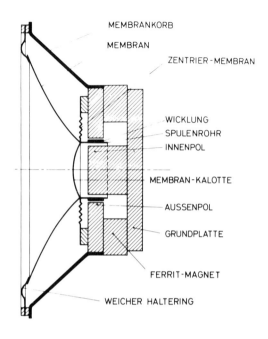

MEMBRANKORB

MEMBRAN

ZENTRIER-MEMBRAN

WICKLUNG

SPULENROHR

INNENPOL

MEMBRAN-KALOTTE

AUSSENPOL

GRUNDPLATTE

FERRIT-MAGNET

WEICHER HALTERING

Bild 22.3: Elektrodynamisches Schallstrahler-Chassis mit
etwa kegelförmiger, «nichtabwickelbarer» Membran. Längsschnitt.

die Spulenwindungen fließende verstärkte Tonfrequenzstrom ruft dann
in dem von ihm rechtwinklig durchsetzten Magnetfeld eine Kraft hervor, welche – wiederum rechtwinklig zur Drahtrichtung und zur Ma-
gnetfeldrichtung – in dieser Achsenrichtung wirkt und die Membran wie
einen Kolben vor- und zurückbewegt: «Elektrodynamischer Schallstrahler» (Bild 22.3).

Die Kegelmantelform der Membran ist geeignet, eine in Achsenrichtung wirkende zentrale Kraft mit geringstem Aufwand an Materialdicke
bzw. -Masse auf die gesamte Membranfläche zu übertragen. Doch gibt es
dabei auch noch die Möglichkeit, daß gewisse Durchbiegeschwingungen
entstehen. Das bedeutet dann, daß unerwünschte Resonanzen den ange-
strebten gleichmäßigen Frequenzgang beeinträchtigen. Es gibt mehrere
Mittel, um diese Effekte klein zu halten. Zunächst darf das Membranma-
terial nicht allzudünn und nicht zu hart sein. Das bedeutet natürlich, daß

die Membran schwerer wird als bei Billig-Lautsprechern, und dadurch mehr elektrische Leistung für eine gleiche Bewegung erfordert. – Weiterhin sind Formen angewandt worden, bei denen die Mantellinie von der Geraden abweicht; daß letztere entweder im ganzen eine leichte Ausbiegung nach vorne (sogenannte Nawi-Form von «nichtabwickelbar») oder eine leichte Wellung bekommt. In Bild 22.3 ist ein solches elektrodynamisches Schallstrahler-«Chassis» im Längsschnitt dargestellt. Die Schwingspule befindet sich in ihrer Ruhelage genau in dem Gebiet größter magnetischer Felddichte. Ihre Ausschwingungen sind bei gleicher Tonstärke um so größer, je niedriger der wiedergegebene Ton ist. Im tiefen Baß können sie bei entsprechender Lautstärke mehrere Millimeter groß werden. Bei einem relativ weiten Heraustreten des Spulenrandes aus dem Gebiet größter Magnetfeldkonzentration wird dann die elektrodynamische Kraft verringert, so daß nun Abweichungen von der genauen Proportionalität zwischen Spulenstrom-Änderung und Membranbewegung besteht. Die Baß-Klangfarbe erscheint dann etwas verfälscht, mit Neubildung von Obertönen weniger rund. Bei Schallstrahlern für extrem starke Bässe wird dann z. B. eine um soviel längere Spule eingebaut, daß sich auch bei den größten vorkommenden Schwingamplituden immer ein gleich großer Spulenteil im starken Feld befindet. – Die elastische Halterung für die Membran mit der Spule und den beiden beweglichen Zuführungslitzen zu dieser muß sehr sorgfältig ausgeführt werden; unvollständige Klebstellen z. B. können zu Scheppergeräuschen und vorzeitigen Defekten Veranlassung geben. Die Möglichkeiten mechanischen Streifens oder gar Klapperns müssen ausgeschlossen werden. Beim Einbau des Chassis in die Boxen-Vorderwand kommt es auf satt-weiches Festsitzen des gesamten Randes an. Auch im ganzen Wiedergaberaum kann es passieren, daß irgendwo ein Mitklirren, etwa einer Vitrinentüre, entsteht, dem noch abgeholfen werden muß.

Mit den steigenden Anforderungen an die Wiedergabequalität kam auch bald die Erkenntnis, daß für verschiedene Tonhöhengebiete verschiedene Membrangrößen optimal sind. Bessere Boxen enthalten dann wenigstens 2 oder mehr verschieden große Antriebssysteme. Der Tonfrequenz-Wechselstrom wird dann in besonderen Schaltungen mittels «Frequenzweichen» in passende Frequenzgebiete für die Antriebssysteme aufgeteilt. Diese Chassis werden gewöhnlich so eingebaut, daß hinter der jeweiligen Membran ein abgeschlossener Luftraum im Gehäuse entsteht, wo durch hineingebrachtes akustisch dämpfendes Material Hohlraum-

Resonanzen verhindert werden. Für das Gebiet höherer Töne werden statt kegelmantelförmigen Membranen solche in kugelkappenähnlichen Formen verwendet, die man nach bestimmten orientalischen Kopfbedeckungen als «Kalotten» bezeichnet. Für allerhöchste Tonfrequenzen eignen sich auch dünne, quergeriffelte, leitende Bändchen, die unmittelbar im Magnetfeld ausgespannt die Antriebs- und Membranfunktion zugleich erfüllen.

Wegen der Beziehung zwischen erforderlicher Schall-Leistung und wirksamer Membranfläche ist es wohl einleuchtend, daß der für eine erstklassige Wiedergabe erforderliche Schallstrahler-Aufwand mit der Größe des zu versorgenden Raumes rapide zunimmt. Entsprechend große Boxen erhalten eine ganze Reihe z.B. gleicher Baß-Antriebssysteme (Woofer) vertikal übereinander. Nach höheren Tönen zu werden dann Antriebssysteme gestufter Größe verwendet. Dagegen kann man in gewöhnlichen Wohnräumen durchschnittlicher Größe (z.B. 60 m^3 Rauminhalt) schon mit einem gut ausgewählten Mittel-Tieftonsystem und einem kleinen Kalottensystem pro Box vorzügliche Wiedergabe erreichen, wenn diese in ein Gehäuse eingebaut werden, welches nach unten in eine Hohlsäule (z.B. ein Eternitrohr mit 25 cm Innendurchmesser) mit einer Baßreflexöffnung am Boden mündet, und wenn die Frequenzweichen zusätzlich durch 2 bis 3 elektrische Absorptions-Schwingungskreise für restliche Membran-Resonanzen erweitert werden. – Je größer übrigens die Boxen gewählt werden müssen, um so schwieriger wird es auch, die Forderung nach «Impulstreue» zu befriedigen. Dazu müssen die Weglängen für den Schall von den einzelnen Membranen jeder Box bis zum betreffenden Zuhörerohr möglichst genau gleich lang sein, damit nicht plötzliche Einsätze von Tönen zu wesentlich differierenden Zeiten dort eintreffen. Große Baß-Membranen brauchen relativ lange sowohl zum An- als auch zum Ausschwingen.

Als Material für Schallstrahler-Membranen in kegelmantelähnlichen Formen wird vielfach eine papierartige Substanz verwendet. Dabei gelang es immer besser, Feuchtigkeits- und Temperatur-Einflüsse gering zu halten. In letzter Zeit scheinen Kunststoffe bestimmter Zusammensetzung noch günstigere Ergebnisse zu bringen als die Papiertechnik. Es kann dazu gesagt werden, daß bei Schallstrahlern eine entgegengesetzte Aufgabe vorliegt wie beim Bau von Musikinstrumenten. Die Letzteren sollen ja einen von ihrem edlen Material und ihren besonderen Formen geprägten Ton zustandebringen. Der Schallstrahler aber soll völlig neutral jeden Eigenklangcharakter soweit wie möglich vermeiden, um den wiederzugebenden Klang nicht zu «verfärben».

Anstelle der bisher besprochenen elektrodynamischen Schallstrahler sind auch «elektrostatische» gebaut worden, bei denen auf rein elektrische Anziehungskräfte in einer Art Kondensator zurückgegriffen wurde. Eine der Kondensatorplatten wurde als großflächige Membran gestaltet, und z. B. zwischen zwei festmontierten, mit vielen Luftlöchern durchbrochenen, starken Metallplatten isoliert ausgespannt. Wenn dann die Membran mit einer Gleichspannung von einigen tausend Volt gegen Erde versehen war, konnte die verstärkte Tonfrequenzspannung zwischen die beiden Platten vor und hinter der Membran gelegt werden, wobei der Symmetriepunkt der Tonfrequenzspannung an Erde zu legen war. Um den Schallstrahler voll auszusteuern, waren dann mehrere hundert Volt Tonfrequenzspannung nötig, um eine passende Größe der Anziehungskraft-Differenz in den beiden Kondensatorhälften zu erzeugen. All dies bedingte einen erheblichen schaltungstechnischen Aufwand. Zudem war es schwierig, die mechanische Spannung der Membran trotz atmosphärischer Einflüsse genügend konstant zu halten. Trotz des sehr guten Frequenzganges solcher Schallstrahler im Mittel- und Hochtongebiet haben sie bisher nur seltener Anwendung gefunden.

Für ausgesprochene Hochtonsysteme ist es auch gelungen, ganz ohne eine mechanische Membran auszukommen. Die Luftdruckschwingungen werden vielmehr von Stromstärkenänderungen in einem Plasma hervorgerufen: sogenannte Ionen-Hochtöner. Besonders gut, aber kompliziert und kostspielig ist eine Ausführungsform, worin das Plasma mittels Hochfrequenz (etwa 25 Megahertz) und mit hoher Spannung von einer Metallspitze in Flammenform von mehreren Kubikzentimetern Rauminhalt ausgehend hervorgebracht wird. Um Funkstörungen zu vermeiden, muß diese Flamme innerhalb einer kugelförmigen Abschirmung brennen, die aus mehreren konzentrischen Metallgitter-Schalen besteht. Es ergibt sich dabei ein oberhalb etwa 3 Kilohertz sehr guter Frequenzgang ohne Bevorzugung von Abstrahl-Richtungen.

Die *Kopfhörer* nehmen bezüglich ihrer Abmessungen eine Mittelstellung zwischen den Mikrofonen und den Schallstrahlern ein. Als Doppelkopfhörer können sie ohne weiteres für Stereobetrieb verwendet werden; nur wirkt sich dabei ein Drehen des Kopfes anders aus als beim Stereohören mittels zweier Schallstrahler. – Die Kopfhörer werden meist ebenfalls mit elektrodynamischen Systemen ausgerüstet, deren Konstruktion prinzipiell ähnlich wie bei den Schallstrahlern sein kann. Angesichts der geringen räumlichen Ausdehnung macht hier die Forderung nach Impulstreue keine Schwierigkeiten. Auch die Forderung nach einem gleichmäßigen Verarbeiten aller Tonfrequenzen ist hier etwas leichter zu erfüllen. Ausgesprochene Resonanzstellen sind bei guten Hi-Fi-Ausführungen kaum noch zu bemerken; eher noch die eine oder andere Schwachstelle. Die beste Gleichmäßigkeit wird dann bei elektrostatischen Kopfhörersystemen erreicht, allerdings mit erhöhtem Aufwand. Es wird dafür je ein Aufwärtstransformator für die Tonfrequenzen für jedes der beiden Systeme gebraucht, der hohen Anforderungen genügen muß; und das zusätzlich erforderliche elektrische Gleichspannungsfeld benötigt entweder eine kleine Hochspannungsquelle oder den Einbau von Elektreten. Auch wird eine vielfach größere elektrische Tonfrequenzleistung gebraucht, die etwa derjenigen für elektrodynamische Schallstrahler mäßiger Größe entspricht.

Schon von außen unterscheiden sich die Kopfhörer nach ihrer Gestaltung als einerseits ohrumschließende, sogenannte geschlossene Hörer und andererseits «offene» Hörer, welche entweder über ein etwa ebenes, schalldurchlässiges Schaumstoffpolster an der Ohrmuschel anliegen, oder durch einen vergrößerten Kopfbügel in einem geeigneten Abstand von den Ohren gehalten werden («Jecklin Float»). Auch solche werden neuerdings gebaut, die für das Tieftongebiet als geschlossene und für das Hochtongebiet als offene Kopfhörer wirken sollen. Die ganz geschlossenen Formen schirmen den Hörenden gegenüber Außengeräuschen ab und erreichen mit weniger Aufwand eine kräftige Baßwiedergabe. Doch ist der Eindruck weniger «natürlich», hauptsächlich im Gebiet der mittleren Tonfrequenzen, die beim offenen System gelöster und freier empfunden werden. Übrigens ist die Beurteilung des Frequenzganges von Kopfhörern nach gemessenen Frequenzkurven recht problematisch, und das hängt mit der schwer zu lösenden Frage nach der richtigen Ankopplung des Meßmikrofones an den Hörer zusammen. In «subjektiver Beobachtung» durch Hören kann man jedoch mit einem durchstimmbaren Sinus-Oszillator als Tonquelle durchaus sowohl schädliche Resonanzstellen als auch Schwachstellen im Frequenzgang eines Kopfhörers auffinden und bei einiger Übung sogar den Lautstärkeunterschied (in dB) abschätzen. Bei einem schon relativ guten, «offenen» Kopfhörer (Sennheiser HD 424 X, Bild 22.4) gelang es, drei deutlich bemerkbare Schwachstellen mittels Berechnung und Herstellen einer Siebschaltung mit 3 Resonanzkrei-

sen auszugleichen. Zusammen mit geeigneten Anhebungen am Hochton-
und Tieftonsteller des Verstärkers konnte so vollends eine vorzügliche
Wiedergabequalität erreicht werden.

Bild 22.4: Elektrodynamischer Kopfhörer. Offene, ohranliegende Ausführung.
Ein Ohrpolster abgenommen.

Daß Mikrofone, Schallstrahler, Kopfhörer in ihren Aufbau-Elementen
sich prinzipiell gleichen, hat natürlich eine Konsequenz, welche hier noch
zu vermerken ist. Jeder Schallstrahler oder Kopfhörer reagiert umgekehrt auch auf Luftdruck-Schwingungen durch Produktion von entsprechenden Tonfrequenz-Wechselspannungen; d. h. sie können als Mikrofone verwendet werden. Dies ist zu berücksichtigen, wenn man Veranlassung hat, auf die Suche nach einer unbefugten Abhör-Anlage zu gehen.

223

23. Stereofonie. High Fidelity

Die Qualität einer elektroakustischen Wiedergabe hängt außer vom Schallstrahler und den ihm zugeführten Strömen noch von den zur Verfügung stehenden räumlichen Verhältnissen ab. Jahrzehnte hindurch hatte man eine «einkanalige» Wiedergabe, und im Normalfall einen einzigen Schallstrahler. Man hörte und sah den «Lautsprecher», von dem der Schall ausging. Ganze Theaterszenen, große Orchester tönten somit aus einer recht eingeengten Sekundärquelle heraus. Nun hatte schon 1881 *Clément Ader* den Vorschlag einer «stereophonen» Übertragung mit zwei Mikrofonen bei der Aufnahme von Gesprächen und einem Doppelkopfhörer bei der Wiedergabe gemacht, und er hatte eine solche bei der ersten internationalen elektrotechnischen Ausstellung in Paris vorgeführt. Aber erst um die Mitte unseres Jahrhunderts war die Technik so weit, daß an eine Verwirklichung z. B. in der Schallplattentechnik und im UKW-Rundfunk in breitem Maße herangegangen werden konnte. Worauf es bei dieser Aufgabe wesentlich ankam, hat seinerzeit *Helmut Pitsch* [30] sicherlich treffend so formuliert: «Da wir zwei Ohren besitzen, ist unser Schallempfinden darauf eingestellt, daß wir nicht nur den Schall an sich wahrnehmen können, sondern auch die Richtung, aus der der Schall kommt. Fehlt infolge einkanaliger Übertragung die Möglichkeit einer Beurteilung der Richtung, aus der der Schall der verschiedenen Musikinstrumente eines Orchesters kommt, so erscheint uns die Wiedergabe unnatürlich. Dies liegt nicht etwa daran, daß uns der Ort der Schallquelle immer wesentlich erscheint, sondern ist dadurch begründet, daß wir unser Hörempfinden auf eine ganz bestimmte Richtung konzentrieren können und deshalb einer dort befindlichen Schallquelle mehr Aufmerksamkeit als anderen Schallquellen schenken können. Hiervon machen wir bei einer Musikdarbietung unbewußt Gebrauch, indem wir die einzelnen Klänge aus dem gesamten Klang heraushören.»

Um stereofonisch zu übertragen, sind zunächst 2 Mikrofone nötig. Das eine muß die weiter links befindlichen Schallquellen, und das andere die weiter rechts befindlichen bevorzugt aufnehmen, während eine in der Symmetrieebene stehende Schallquelle von beiden Mikrofonen gleich stark aufgenommen werden soll. Dazu kann man entweder die beiden Mikrofone links und rechts in passendem Abstand aufstellen, so daß das eine näher an den linken Schallquellen, und das andere näher an den rechten Schallquellen steht. Oder man kann zwei Mikrofone mit Richtcharakteristik in der Mitte vor den Schallquellen in solchen Winkelstellungen plazieren, daß die Haupt-Aufnahmerichtung des einen schräg nach links, und die des anderen schräg nach rechts zeigt; hierfür können die beiden Mikrofone auch zu einem Doppelmikrofon zusammengebaut sein. Es können auch Kombinationen der beiden Prinzipien, oder zwei Mikrofone mit Trennplatte dazwischen (nach *Jürg Jecklin*, Basel) zur Anwendung kommen. – Die beiden Mikrofonspannungen werden dann einem zweikanaligen Verstärker zugeführt, von dessen Ausgängen es zu den weiteren Übertragungsapparaten (z. B. Boxen in einem anderen Raum, einem Tonaufnahmegerät (Kap. 24) oder einem Rundfunksender (Kap. 25) geht.

Für stereofonische Musik- und Theater-Aufnahmen werden meist erheblich mehr als nur 2 Mikrofone verwendet. Zwei nach obigen Gesichtspunkten eingesetzte können dabei als «Hauptmikrofone» dienen. Weitere werden dann z. B. bei Solisten angebracht. Die Spannungen aller Mikrofone werden entsprechend vielen Eingängen eines «Mischpultes» zugeführt, an dessen Ausgängen dann die für die beiden Kanäle benötigten Summenspannungen verfügbar sind. Am Mischpult die optimalen Spannungsverhältnisse für die Summenbildung einzustellen, erfordert ein besonderes Können von Tonmeister und Toningenieur.

Den Unterschied zwischen einer einkanaligen, «monofonen», und einer zweikanaligen, stereofonen Wiedergabe können wir uns experimentell besonders deutlich zu Gehör bringen, indem wir einen Hi Fi-Doppelkopfhörer an eine Stereo-Anlage anschließen, welche von Hand zwischen Mono- und Stereo-Betriebsweise umschaltbar ist. In Mono-Stellung bringen die beiden Kopfhörer-Muscheln dasselbe, und wir haben keine auffälligen Richtungsempfindungen. Anders in Stereo-Stellung (natürlich nur, wenn es sich auch um ein stereofonisch aufgenommenes Geschehen handelt): Die Klänge bekommen jetzt eine Art räumlicher Plastik und größere Durchsichtigkeit. Ein Dialog wirkt natürlicher. Bei einer Konzert-Übertragung entsteht die Illusion, daß wir von den tönenden Musikinstrumenten «umgeben» sind. Ein Husten im Publikum können wir scheinbar nach Richtung und Entfernung lokalisieren. Und wenn wir den Hörer abnehmen, kann es uns geradezu überraschen, daß die Klänge mit verschwinden. Und doch haben wir beim Hören auch immer wieder den Eindruck eines Tönens «im Kopfgebiet» und einer nicht vollen Befriedigung. Auch muß erwähnt werden, daß beim stereofonischen Gebrauch des Kopfhörers jede Kopfdrehung die akustische Raum-Abbildung «mitnimmt». Dies kann als irritierend empfunden werden. Weniger von Menschen, welche diesen mit dem Kopfhörer verbundenen Effekt als technisch selbstverständlich akzeptieren, oder welche von vornherein viel stärker den reinen Höreindrücken als den Eindrücken der das Räumliche erfassenden Sinne (Eigenbewegungssinn, Gleichgewichtssinn, Lebenssinn nach R. Steiner [46]) hingegeben sind.

Im Großen hat sich bisher das stereofonische Hören mittels zwei Schallstrahlern einige Meter links und rechts schräg vor den Zuhörern fast ausschließlich eingeführt. Doch ist es damit keineswegs selbstverständlich, daß in üblichen Wohnräumen schon eine optimale Wiedergabe erreicht wird. Im Unterschied zu einem Raum, in welchem mit Instrumenten musiziert wird, sollte nämlich ein Wiedergaberaum akustisch viel stärker bedämpft sein. Günstig sind viel weiche Flächen. Auf jeden Fall sollten die eine Wiedergabe anhörenden Personen nicht eine harte, stark schallreflektierende Wand hinter sich haben. Man kann Abhilfe schaffen, indem man einen genügend gefalteten Vorhang vor dieser Wand lose aufhängt. Auch sollten die Fenstervorhänge zugezogen sein. – Beim Wiedergeben einer monofonen Aufnahme, z.B. eines Sprechers, muß, wenn alles richtig gemacht ist, für einen in der Symmetrielinie sitzenden Zuhörer der Schall scheinbar aus der Mitte zwischen den beiden Boxen kommen. Demgegenüber bekommen wir bei Stereo-Betrieb für unsere Schall-Wahrnehmung ein Bündel von Richtungen von dem Gebiet zwischen den beiden Schallstrahlern her.

Aber wie ist denn überhaupt bei der Wiedergabe von Klängen, besonders bei Musik, der Bezug des menschlichen Erlebens zum Räumlichen? Als Zuhörer einer Wiedergabe sind wir körperlich-räumlich und oft auch zeitlich von dem Original-Geschehen getrennt. Wir sehen die Musiker nicht und kennen nicht den Raum, in welchem sie spielen. Eine exakte akustische «Abbildung» des Konzertraumes für die beiden Ohren eines Zuhörers könnte durch vermehrten technischen Aufwand (mehr als 2 Übertragungskanäle, z.B. Quadrofonie; völlig abgedämpfter Wiedergaberaum usw.) noch weiter angenähert werden. Jedoch – wenn wir einmal von den speziellen Bedürfnissen etwa einer Rundfunk- oder Schallplatten-Aufnahmeleitung absehen – entspräche eine solche Raum-Abbildung überhaupt einem echten musikalischen Bedürfnis? In den Redaktionen und Laboratorien der HiFi-Zeitschriften wird dies weitgehend vorausgesetzt, und diese Einstellung hat die technische Entwicklung angespornt. Eine gegenteilige Auffassung zu diesem Problem könnte uns eine Stelle in Goethes «Wilhelm Meister» (Lehrjahre, 8. Buch, Kap. 5) nahelegen. «Natalie» zeigt den Freunden den schönen Saal eines Musikliebhabers, den er so eingerichtet hatte, daß oben an den Seitenwänden halbrunde Öffnungen waren. Dort standen, unsichtbar hinter einem Gesimse, die Sänger oder ein Orchester. Im Gegensatz zum Fall des individuell gesprochenen Wortes galt für den Hausherrn: «Bei Oratorien und Konzerten stört uns immer die Gestalt des Musikus; die wahre Musik ist allein fürs Ohr, eine schöne Stimme ist das Allgemeinste, was sich denken läßt, und indem das eingeschränkte Individuum, das sie hervorbringt, sich vors Auge stellt, zerstört es den reinen Effekt dieser Allgemeinheit ...». Und bei Instrumentalmusiken werde man durch die «immer seltsamen Gebärden der Instrumentenspieler so sehr zerstreut und verwirrt». An dem letzteren Problem leidet die bloße elektroakustische Wiedergabe sowieso nicht. Aber wir führen die Stelle hier an, weil sie einen Hinweis enthält, daß wir nicht philiströs auf eine genaue Lokalisationsmöglichkeit verschiedener Instrumente hintendieren brauchen.

Wie aber können wir ein rechtes Verhältnis zu jenem Getrenntsein z.B. von einem ursprünglichen musikalischen Geschehen finden? Wir haben es jetzt in der Realität mit zwei Räumen zu tun. In einem ersten wird aktuell musiziert, und die Klänge entwickeln sich von den Musikern bewußt ausgestaltet in diesen großen Raum hinein. Darin sind an ausgewählten Stellen eine ganze Anzahl Mikrofone für die Schall-Aufnahme plaziert, und nicht gerade dort, wo im bloßen Konzert eigentliche Zuhörerplätze wären. Durch passende Kombination der von den Mikrofonen gelieferten Tonfrequenzspannungen im Mischpult wird diese Diskrepanz im besten Falle einigermaßen auskorrigiert. Der zweite Raum, wo die Wiedergabe stattfindet, sei z.B. ein nicht allzu kleines Wohnzimmer, ausgerüstet mit zwei Boxen im Abstand einer Stereo-Basis von vielleicht 2 m, so daß sich der Schall von den Quellorten dieser Boxen aus in den Raum hineingestaltet. – Von der Gesamtheit der elektroakustischen Übertragungsmittel sind die Boxen meist der unvollkommenste Teil bezüglich einer möglichst gleichmäßigen Verarbeitung aller Tonfrequenzen, sowie einer präzisen Impulswiedergabe. Aber auch bei bestmöglicher Auswahl dieser Boxen kommen nun durch die Verhältnisse im Wohnraum noch störende Einflüsse hinzu, die sich in einem unklaren Durcheinanderwirken von Klangmassen, z.B. eines Orchesters äußern können. Der Akustiker macht hierfür hauptsächlich Mehrweg-Interferenzen der Schallausbreitung verantwortlich, indem die Töne sowohl direkt, als auch auf Umwegen über Decken- oder Wandreflexionen von den Boxen etwas später zu den Ohren der Dasitzenden gelangen. Geht der Hörende jedoch in die nächste Nähe eines der Schallstrahler, so bekommt er diesen unmittelbar so zu hören, daß die indirekten Wirkungen zurücktreten. Der Verfasser machte nun unter Beibehaltung der beiden Boxen-Orte einen Versuch mit dem Hörplatz auf einem unmittelbar vor der linken Box aufgestellten Sessel. Der Hörende saß dann mit dem Rücken gegen diese Box. Seine Ohren waren dann nur etwa 70 cm von den Membranen dieses Schallstrahlers entfernt. Der einen weiten Intensitätsbereich umfassende «Balance»-Steller wurde nun so verdreht, daß der letztgenannte Schallstrahler nicht einfach dominierte, sondern auch der entferntere Schallstrahler in einer passenden Stärke mit wahrgenommen wurde. Der im «Nahfeld» der ersten Box Sitzende hatte nun das Klangbild eines in einer gewissen Breitenverteilung hinter ihm spielenden Ensembles, wobei die Klarheit der Instrumentklänge gegenüber der vorherigen symmetrischen Stereofonie-Anordnung merklich gewonnen hatte.

Neue Wege zu einer Verbesserung der Musikwiedergabe hat vor einigen Jahren *Jürg Jecklin*, ein ideenreicher Tonmeister, mit dem «Transdyn-Gerät» beschritten, welches z. B. vor den Wiedergabe-Verstärker geschaltet wird. Indem *Jecklin* darin die Tonfrequenz-Verarbeitung in 3 Frequenzbereiche aufteilte, wurde zweierlei möglich: 1) eine Dynamik-Korrektur, welche auf die mit der Lautstärke sich ändernde Frequenzabhängigkeit des menschlichen Ohres besondere Rücksicht nimmt; 2) ein gewisser Ausgleich der sogenannten Verdeckungseffekte, welche beim menschlichen Hörvermögen unter dem Einfluß lautstarker Töne andere Töne eines davon abliegenden Frequenzgebietes benachteiligen. Für unsere Betrachtung besonders interessant ist eine dritte Maßnahme *Jecklins*, die er als Versteilerung der Einsatz-Impulse von Tönen bezeichnet. Nun ist es für die Stereotechnik charakteristisch, daß gerade die Ton-Einsätze und Stärkenwechsel die jeweiligen Raumeindrücke hervorrufen, während ein gleichmäßig gehaltener Ton nicht mehr «ortbar» ist. So kommt durch den letztgenannten Kunstgriff die Charakteristik des Wiedergaberaumes verdeutlicht zum «Mitsprechen». Im Philosophieren darüber könnte allerdings die Meinung entstehen, daß wir als Hörende dadurch den Eindruck des ersten Raums, in dem musiziert wird (oder wurde), nicht mehr unverdeckt bekommen. Der praktische Hörvergleich mit und ohne Transdyn-Schaltung ergibt jedoch, daß die Klänge mit dem Jecklin-Gerät natürlicher, lebendiger und frischer erscheinen als ohne dieses. Bei einer im Hochtongebiet nicht genügend geglätteten Frequenzabhängigkeitskurve der Schallstrahler oder auch der Aufnahme kann dies allerdings leicht eine aggressive Nuance ergeben. Im übrigen sei hier bemerkt, daß nicht nur in der Vergangenheit, sondern auch noch gegenwärtig Tonaufnahmen mit erheblichen Verschiedenheiten des Frequenzganges entstanden und entstehen. Die üblichen Höhen- und Tiefensteller sind allein oft nicht zureichend, um hier optimal auszugleichen.

Mit aller Sorgfalt ist es heute möglich, eine Apparatur für die Wiedergabe z. B klassischer Musik so gut zu machen, daß nach einigen Minuten des Sich-Einhörens die Klangfarben der Instrumente natürlich herauskommen; ebenso jede Feinheit der Tonbildung auf einer Geige oder Flöte oder des Klavieranschlags. Man kann meinen, jetzt die Empfindungsgrundlage des Künstlers im Augenblick mitzuerleben, der jetzt irgendwo in der Ferne etwa den Bogen führt oder zu einem mehr oder weniger weit zurückliegenden Zeitpunkt geführt hat. Nun dürfen wir vielleicht auch dem Schlagwort «high fidelity» nicht bloß den Sinn einer möglichst vollkommenen Illusion beilegen. Vielmehr möge es mit umfassen, daß wir als Zuhörer die reale Trennungs-Situation vom Original-Geschehen mitfühlen. Die beste Grundlage eines rechten Bewußtseins dafür ist es, wenn wir uns mit den wesentlichen physikalischen und technischen Voraussetzungen gedanklich vertraut gemacht haben. – Noch nicht genügend bekannt sind im übrigen die Folgen, welche sich für das Zusammenwirken der verschiedenen Sinnestätigkeiten des Menschen bei solchem Gebrauch ergeben können [7].

24. Ton-Aufzeichnung

Th. A. Edison hatte 1877 den «Phonographen» konstruiert: einen noch rein mechanischen Apparat zur Aufzeichnung und darauffolgenden Wiedergabe von Sprache oder Klängen (Bild 24.1). Eine von den Luftdruckschwingungen getroffene ebene Membran, an ihrem kreisrunden Rande befestigt und mit einem Schalltrichter verbunden, machte mit einer in ihrer Mitte angebrachten Metallspitze Eindrücke auf die Oberfläche einer zinnüberzogenen Walze. Diese war auf eine Gewindeachse montiert und mußte mittels einer Handkurbel so gleichmäßig wie möglich gedreht werden. Es entstand so eine schraubenlinienförmige Rille, deren Tiefe mit dem augenblicklich von der Membran ausgeübten Druck variierte. Nach der Aufnahme konnte die Spitze wieder an den Anfang der Rille gebracht und aufgesetzt werden. Drehte man jetzt die Walze wieder in gleicher Weise, so wurde die Membran wieder in die gleichen Schwingungen versetzt, und man konnte die Worte und Töne wieder einigermaßen hören. Ein Jahrzehnt später kam *E. Berliner* mit dem dann als Grammophon bezeichneten Apparat, bei welchem statt einer Walze eine sich drehende kreisrunde Platte als Tonträger diente. An die Stelle von

Bild 24.1: Phonograph von *Th. A. Edison* (1877).
Beim Drehen der Kurbel auf der Gewindeachse gräbt eine Stahlspitze (hinten an der im Trichtergrund sitzenden Membran) eine Rille in den Außenbelag des Zylinders ein, deren Tiefe mit dem Membramdruck variiert. Beim Wiederabspielen ergeben sich entsprechende Membranbewegungen.

Edisons Tiefenschrift-Rillen traten hier solche mit seitlichen Auslenkungen. Wichtig war, daß man jetzt die Aufnahme mit weichem Wachsbelag auf einer Metallplatte machen konnte; dann wurden in galvanischer Technik harte Matrizen davon gemacht, mittels deren die Platten für die Wiedergabe in großer Anzahl gepresst werden konnten. Einen entscheidenden Fortschritt bedeutete dann viel später die Einführung der elektromechanischen Aufnahmetechnik durch *Willisen* und *Erbslöh* 1927. Es wurden jetzt die Ströme eines guten Mikrofons einem Verstärker zugeführt, der dann eine elektromagnetisch arbeitende Schneid-Dose speiste, welche die Rille in die Original-Wachsplatte eingrub. Auch für die Wiedergabe kamen dann bald magnetinduktive Abtastdosen, Verstärker und Schallstrahler zur Anwendung. Alle diese Hilfsmittel brachten schrittweise immer neue Verbesserungen, vor allem in Bezug auf den anfänglich noch sehr schlechten Frequenzgang. So kann z. B. der bewegliche Teil eines heutigen Tonabnehmers etwa hundertmal leichter sein als derjenige, der sich in den mechanischen Abtastdosen von Anfang unseres Jahrhunderts befand. Besondere Anforderungen an die Feinmechanik in Schneidedose, Abtaster und Tonarmführung stellte dann die stereofonische Technik, die sich, in den fünfziger Jahren beginnend, nun in breitestem Maße durchgesetzt hat. Es stellte sich hier die Aufgabe, die beiden Stereo-Kanäle möglichst durch eine – und dieselbe Rille zu vermitteln. Grundsätzlich hätte dazu die Möglichkeit bestanden, die eine Information durch Tiefenbewegung und die andere durch Seitenbewegung des Schneidstichels einzugeben. Um jedoch zu einer möglichst gleichartigen Verarbeitung beider Kanäle zu kommen und vor allem eine Abspielbarkeit auf bisherigen, nicht für Stereofonie eingerichteten Apparaten in gewöhnlicher Art möglich zu machen, wählte man eine noch elegantere Form: Beide Bewegungsebenen wurden unter + 45 Grad und – 45 Grad zur Platten-Oberfläche gelegt, daß sie also wiederum im rechten Winkel zueinander standen. Durch ein genügend genaues Einhalten dieser Orthogonalität konnte tatsächlich ein unerwünschtes Durcheinanderwirken der beiden Informationen («Übersprechen») in genügender Weise verhindert werden. Auch das Material der Platten, die Feinheit und der Platzbedarf der Rillen, sowie die Verfahren zum Einbringen derselben bei der Massenherstellung wurden laufend verbessert; ebenso die Möglichkeiten, die Platten unmittelbar vor dem Abspielen von Staub zu befreien und das Entstehen störender Reibungselektrizität beim Abspielen zu vermeiden. So konnte bei Berücksichtigung aller Feinheiten bis in

den Bereich von Tausendstel Millimetern eine Aufzeichnungs- und Wiedergabetechnik erreicht werden, welche Erstaunliches leistet.
Bild 24.2 zeigt, extrem vergrößert, einen Querschnitt von einer Stereo-Tonrille mit der Spitze der dort berührenden Abtastnadel. Es sind die beiden Pfeilrichtungen für die Nadelbewegung eingezeichnet, welche den beiden Kanälen A und B entsprechen. Um nun bei der Abtastung wieder elektrische Tonfrequenzspannungen zu gewinnen, können Dosenkonstruktionen der verschiedensten physikalischen Funktionsweisen verwendet werden: Induktion in feststehender Spule durch Bewegen magnetischer Teile, Induktion in einer im Magnetfeld bewegten Spule, Piezo-Elektrizität oder Widerstandsänderung von Halbleitern bei elastischer Beanspruchung, Influenz-Elektrizität beim Bewegen der einen Platte eines vorgespannten Kondensators, Foto-Elektrizität bei bewegter

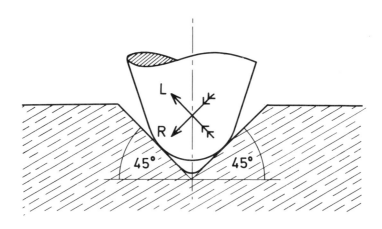

Bild 24.2: Berührung zwischen Abtastnadelspitze und Plattenrille, deren Seitenwände verschiedene Lagen einnehmen und dadurch Querbewegungen der Nadel hervorrufen. Die Pfeile L und R geben die Richtungen dieser Querbewegungen in Abhängigkeit von den Auslenkungen des linken (L-) und des rechten (R-) Kanals an.

Blende. Wir beschränken uns auf ein Beispiel nach Bild 24.3 mit einem im Magnetfeld bewegten kleinen und leichten Anker aus leichtmagnetisierbarem Blech (A). Der Magnet M hat einen nordmagnetischen Mittelpol mit einer Verlängerung Z, welcher zwei südmagnetische Polverlängerungen gegenüberstehen, die zwei feststehende Induktions-Wicklungen W1 und W2 tragen. Der Nadelträger N mit der Diamantspitze D und

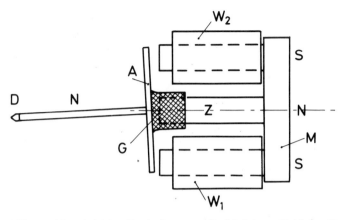

Bild 24.3: Magnetinduktives Tonabnehmersystem für Schallplatten. Nadelträger N
mit Diamantspitze D, am «Anker» A befestigt. Magnet M mit Nordpol in der Mitte
und 2 Südpolen außen. Zentraler Polschenkel Z mit nachgiebiger Tülle zur Anker-
Halterung. Außen-Polschenkel mit Induktionswicklungen W_1, und W_2

dem Anker A ist weichelastisch auf der zentralen Polverlängerung Z aufgesetzt. Wird er mit der Plattenrille wie gezeichnet ausgelenkt, so wird
die magnetische Felddichte zwischen dem Anker und dem oberen Außenpol verkleinert und zum unteren Außenpol hin vergrößert. In beiden
Spulen entstehen während der Bewegung Induktionsspannungen in ent-
gegengesetztem Drehsinn. Damit sich diese zweckentsprechend addieren, sind die Wicklungen mit umgekehrter Polung in Reihe geschaltet. –
Wird eine solche Anordnung genügend klein und leicht konstruiert, so
kann sie einen recht guten Frequenzgang ermöglichen. – Für Stereo-Wiedergabe wird dann ein kreuzförmiger Anker verwendet, dessen Enden 4
Außenpolen eines Radialmagneten mit insgesamt 4 Wicklungen gegenüberstehen (*Bang & Olufsen*). Bild 24.4 verdeutlicht eine solche Anordnung. Sie wird so montiert, daß den beiden Stereo-Kanälen L und R die
beiden Kipp-Achsen aL – aL und aR – aR zugeordnet sind.

Ergänzend ist noch zu sagen, daß für eine optimale Rillengestaltung
bei der Schallplattenaufnahme eine genormte Verformung des Frequenzganges angewandt wird, und daß dann der Frequenzgang im Wiedergabe-
verstärker wieder dementsprechend auskorrigiert werden muß. Beim
Aufnehmen müssen die hohen Tonfrequenzen gegenüber den tiefen
stark bevorzugt werden, derart daß zwischen 30 Hertz und 16 000 Hertz
ein relativer Pegelunterschied von etwa 35 dB herauskommt. Einer sol-

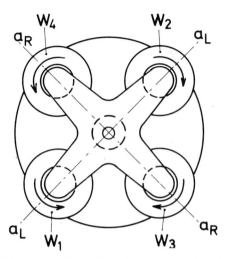

Bild 24.4: Draufsicht auf kreuzförmigen Anker eines Tonabnehmersystems nach dem Prinzip von Bild 24.3 für Stereo-Ton. $a_L - a_L$ ist Kipp-Achse für Auslenkungen entsprechend dem L-Kanal, $a_R - a_R$ ebenso für den R-Kanal.

chen «Schneidfrequenzkurve» entspricht dann eine gegenläufige Kurve im Wiedergabe-Verstärker.

Neben der geschilderten Klangaufzeichnung auf einen rein mechanisch wirksamen Träger (Platte) wurden schon bald auch Versuche mit magnetischen Trägern gemacht. Nach wenig befriedigenden Erfolgen mit Stahl-Drähten oder -Bändern ging man zu Kunststoff-Bändern, vorzugsweise aus Polyester, über, welche eine dünne Schicht aus magnetisierbarem Material trugen. Dafür nimmt man heute winzig kleine, längliche Kriställchen, die z. B. weniger als 1 µm lang und etwa 0,1 µm dick sind. Meist bestehen sie aus Eisenoxid oder Chromdioxid; neuerdings ist es auch gelungen, solche aus metallischem Eisen in besonderer Feinheit herzustellen, welche stärker magnetisierbar sind und weniger störendes «Bandrauschen» ergeben als die vorgenannten. Die Kriställchen werden mit einem Bindelack auf die Trägerfolie gebracht. Dabei werden sie durch ein starkes Magnetfeld vor der Erstarrung des Lacks in Band-Längsrichtung orientiert.

Für die Ton-Aufnahme wird das Band an einem speziell gestalteten Elektromagneten, dem Tonkopf, vorbeigezogen. Es ist eine Art Ring-Magnet, welcher an der Berührungsstelle mit dem Band einen äußerst feinen Spalt aufweist. Dort entstehen die Pole und zwischen ihnen die größte Konzentration der magnetischen Feldlinien in Längsrichtung des Bandes. Um das Joch des Magneten (Bild 24.5) ist die Magnetwicklung angeordnet, durch welche der Aufsprechstrom fließt. Hierbei ergab sich zunächst die Schwierigkeit, daß die so entstehende Magnetisierung des Tonbandes keineswegs einfach dem Aufsprechstrom proportional war, und daß dies zu starken nichtlinearen Verzerrungen führte. Der entscheidende technische Fortschritt erfolgte sodann durch Anwenden einer zusätzlichen hochfrequenten Magnetisierung zugleich mit der tonfrequenten, wie sie 1940 durch *von Braunmühl* und *Weber* erfunden wurde. Für die Stärke dieser Vormagnetisierung, welche die Ungleichförmigkeiten der naturgegebenen «Magnetisierungskennlinie» sozusagen ausbügelt, gibt es bei den verschiedenen Bandsorten jeweils einen günstigsten Kompromiß zwischen einem etwas vermehrten Bandrauschen und einer restlichen Nichtlinearität. Doch wird auf diese Weise neuerdings schon «Hi-Fi-Qualität» auch

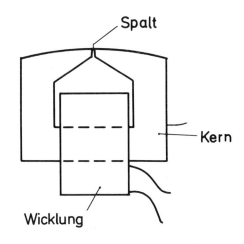

Bild 24.5: Tonkopf-Magnetsystem zum Aufnehmen und Abhören. Beim Aufnehmen wird die Wicklung vom verstärkten Mikrofonstrom und einem zusätzlichen Hochfrequenzstrom gespeist, um das vorbeiziehende Band in Längsrichtung tonfrequent zu magnetisieren. Beim Abhören wird durch das laufende Band eine Wechselmagnetisierung im Kern erzeugt und dadurch in der Wicklung Spannung induziert.

bei Aufzeichnungen mit Kassettenrecordern erreicht, deren Bandgeschwindigkeit nur 4,75 cm/Sekunde beträgt. Beim Wiederabspielen läuft das Band in genau gleicher Weise wieder an einem Magnetkopf, ggf. an demselben, vorbei, der dann umgekehrt vom Band aus eine tonfrequente Wechselmagnetisierung erfährt. Dadurch wird in dessen Wicklung wieder eine Wechselspannung induziert, die nach entsprechender Verstärkung zum Abhören über Schallstrahler oder Kopfhörer dient. In Bild 24.6 ist die Anordnung des Tonbandes mit einem «Löschkopf» und einem «Tonkopf» für das Beispiel einer üblichen Compact-Kassette schematisch dargestellt. Die mit genauer Umdrehungsgeschwindigkeit laufende «Tonwelle» nimmt das Band durch Haftreibung mit, wobei eine Gummi-Andrückrolle für die nötige Haftsicherheit sorgt. Von einer (nicht gezeichneten) Abwickelspule von links kommend, gleitet das Band zuerst an dem hochfrequent gespeisten Löschkopf vorbei. Das so von jedem Restmagnetismus befreite Band gelangt dann weiter rechts, durch eine Feder über eine weiche Zwischenlage angedrückt, zum Spalt des Aufsprechkopfes und dann über die Tonwellen-Friktionskupplung und die rechte Umlenkrolle zur (wiederum nicht gezeichneten) Aufwickelspule. Ab- und Aufwickelspule werden über gleitende Antriebs-

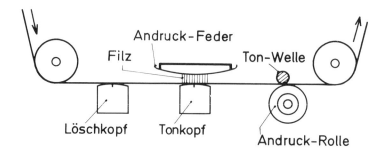

Bild 24.6: Tonbandführung im Kassetten-Recorder.
Durch Drehung der Tonwelle und Gegendruck der Andruckrolle wird das Band gezogen.
Eine Andruckfeder mit Filz-Auflage sorgt für leichten Berührungsdruck auf das Band am
Tonkopf, dessen Fläche leicht poliert ist.

kupplungen entweder vom Tonmotor oder von einem besonderen Motor bewegt. – Der hochfrequente Strom von z. B. 60 Kilohertz für den Löschkopf und zugleich für die Vormagnetisierung des Tonkopfes wird von einem Transistor-Oszillator geliefert. Zum Abspielen wird der bisherige Aufsprechkopf als Abhörkopf geschaltet, während der Löschkopf unwirksam bleiben muß.

Die Bänder für Compact-Kassetten haben eine Breite von 3,81 mm, und darauf sind z. B. für Stereo-Aufnahmen 4 Tonspuren nebeneinander vorgesehen, von denen je zwei für die eine Laufrichtung verwendet werden, und die beiden anderen für den Betrieb mit umgedrehter oder rückwärts laufender Kassette. Die Stärke der Bänder einschließlich der Magnetschicht beträgt 18 oder 12,5 μm, im Extremfall (für 2 x 60 Minuten Spieldauer) nur 9 μm [29].

Ein erheblicher Vorteil der magnetischen Tonaufzeichnung gegenüber derjenigen auf Schallplatten besteht in der Einfachheit der Handhabung beim Aufnehmen, verbunden mit der Möglichkeit, sofort wieder abzuspielen.

Eine dritte Möglichkeit der Ton-Aufzeichnung ist die optische. Sie wurde zunächst in den späteren 20er Jahren für den Tonfilm technisch entwickelt, derart, daß der nachher zum Abspielen kommende Film neben den aneinandergereihten Teil-Bildern einen schmalen Tonstreifen bekam. Der Film-Projektor mußte dann so eingerichtet werden, daß die Filmbewegung für die Bildwiedergabe nach wie vor ruckweise erfolgte; daß der Film aber an einer zweiten Stelle für die Tonwiedergabe mit gleichförmiger Geschwindigkeit geführt wurde. Für den Ton waren zwei Verfahren zu unterscheiden: dasjenige mit Intensitäts- und dasjenige mit Amplitudensteuerung des durch einen feinen Querspalt auf eine Fotozelle treffenden Lichtes. Bei der Tonfilm-Aufnahme lief gleichzeitig mit der Bildkamera eine gesonderte Kamera für den Ton. Für Intensitäts-Steuerung wurde das wiederum durch einen Querspalt zu einem Film gelangende Licht vorher durch eine «Kerr-Zelle» geleitet, welche unter der Wirkung eines tonfrequenten elektrischen Feldes periodische Lichtstärke-Änderungen verursachte. Für Amplitudensteuerung bewegte sich unmittelbar vor dem Spalt eine elektrodynamisch angetriebene Metallsaite, welche – im spitzen Winkel zum Spalt angeordnet – dessen Fläche periodisch verschieden weit abdeckte. Der so aufgenommene Film wurde dann auf dem Rand des nachherigen Bild-Positivfilms in der richtigen Lage zu diesem kopiert. – Solche optischen Ton-Aufzeichnungsverfahren lassen allerdings nur eine sehr mäßige «Dynamik» erreichen. Doch war das Interesse des Tonfilm-Besuchers ja vorwiegend auf das Bildgeschehen gerichtet, und so war kaum Veranlassung, z.B. sehr leise Stellen von Musik zu verwenden bzw. zu genießen. Und später ging man dann auch für den Tonfilm vielfach zu der inzwischen immer weiter vervollkommneten magnetischen Tonaufzeichnung über, welche sich hierfür auch ohne Schwierigkeit mit dem Bildfilm synchronisieren ließ [55].

Eine neue Art optischer Tonaufzeichnung hat nun aber vor kurzem zu einem Tonträger geführt, der bezüglich Freiheit von Nebengeräuschen und Wiedergabequalität alle bisherigen Systeme übertrifft: zu der «Compact-Schallplatte», welche in den letzten Jahren von einem Team bei Philips entwickelt wurde. Auch diese eignet sich allerdings wiederum nicht zum einfachen Selbstaufnehmen. In diesen Platten von nur 12 cm Durchmesser aus durchsichtigem Kunststoff sind dann nicht mechanisch abzutastende Rillen eingeprägt, sondern winzige verspiegelte Vertiefungen im Inneren wiederum auf einer Spirale angeordnet. Die Breite dieser «Spiegelchen» beträgt $0,6 \mu$ und deren wechselnde tangentiale Länge bis zu wenigen μ. Diese Längen sind dann Ausdruck der Ton-Information, welche beim Abspielen wieder entschlüsselt wird. Die Abtastung geschieht dann mit einem äußerst fein konzentrierten Laser-Lichtbündel durch Reflexion desselben an diesen Verspiegelungen, welche bei der

Drehung der Platte mit einer Geschwindigkeit von 1,25 m/Sekunde unter der Abtastoptik vorbeibewegt werden. Das reflektierte Licht gelangt dann zu 4 Fotozellen, auf welche es verteilt wird. Diese Verteilung dient dazu, mittels automatischer Stellvorrichtungen die erforderliche höchstpräzise mechanische Stabilisierung des Abtastvorgangs zu erreichen, indem von einer ungleichen Lichtverteilung auf die 4 Zellen Korrekturspannungen für Nachstellorgane abgeleitet werden.

Zum Aufnehmen solcher Platten wird die Tonfrequenz-Wechselspannung impulsmäßig abgetastet, in einer Folge von 44 100 Messungen der Augenblicks-Spannungswerte pro Sekunde, und diese Meßwerte werden digitalisiert, so daß sie in sogenannten 14 bit-Wörtern erscheinen. Letztere werden in Form je einer Gruppe verschieden langer Vertiefungen auf der Platte dargestellt. Beim Abspielen derselben entstehen dann in der fotoelektrischen Einrichtung Folgen verschieden langer Stromimpulse. Diese gelangen, über eine komplizierte Schaltung zur Bereinigung eventueller Fehler, zu einem Digital-Analog-Wandler, welcher wiederum eine Folge von 44 100 Spannungsimpulsen pro Sekunde liefert. Deren Hüllkurve weist nun mit großer Genauigkeit denselben relativen Verlauf auf wie die Tonfrequenzspannung bei der Aufnahme. Nun liegt ja aber die Aufgabe einer Stereo-Übertragung vor. Sie wird dadurch gelöst, daß schon bei der Aufnahme die Tonfrequenz-Spannungsabtastung der beiden Kanäle wechselweise erfolgt, so daß also immer zwei ineinander geschachtelte Impulsreihen zeitlich getrennt verarbeitet werden, und daß die Impulse jedes Kanals eine Zusatz-Information enthalten, welche beim Abspielen die Kanal-Identität sicherstellt.

Was hier in kurzen Worten prinzipiell beschrieben ist, findet sich praktisch in einer äußerst komplexen Schaltungstechnik verwirklicht. Es wird dabei von der «very large scale integration» (VLSI-Technik) Gebrauch gemacht, indem Zehntausende von Halbleiterfunktionen auf wenigen Siliziumplättchen in mikroskopisch feinsten Strukturen als Rechenschaltungen aufgebracht sind. Es sollte dadurch erreicht werden, daß solche Platten eine Musikwiedergabe ohne merkliche Verzerrungen und Störgeräusche mit Spielzeiten bis über eine Stunde ermöglichen, und die Behandlung der Platten sollte unproblematisch sein. All dies scheint gelungen [29]. Eine andere Frage ist, ob die Ton-Aufnahmen und die übrigen Teile einer Wiedergabe-Apparatur, vor allem die Schallstrahler und die Akustik des Wiedergaberaumes diesem technischen Niveau auch nur einigermaßen entsprechen.

238

Aus allerprimitivsten Anfängen heraus hat sich die Technik der Aufzeichnung von Klang-Ereignissen zu einer staunenswerten Vollkommenheit entwickelt und breiteste Anwendung gefunden. Auf die letztere sei nun noch ein Blick geworfen. Sie begann anfangs des Jahrhunderts mit dem Grammophon. Aus dieser Zeit stammt ein Gedicht von *Christian Morgenstern* (1871–1914):

Das Grammophon

Der Teufel kam hinauf zu Gott
und brachte ihm sein Grammophon
und sprach zu ihm, nicht ohne Spott,
hier bring ich dir der Sphären Ton.

Der Herr behorchte das Gequieck
und schien im Augenblick erbaut:
Es ward fürwahr die Welt-Musik
vor seinem Ohr gespenstisch laut.

Doch kaum er dreimal sie gehört,
da war sie ihm zum Ekel schon –
und höllwärts warf er, tiefempört,
den Satan samt dem Grammophon.

Die durch Aufzeichnung resultierende Emanzipation von der Zeit des Original-Geschehens schließt eben auch eine weitgehend beliebige Wiederholbarkeit ein. Wir können eine Mozart-Sinfonie «haben» und die Tonfolge in jeder gewünschten, vielleicht auch recht unpassenden Situation hervorrufen. Was so mit der Kunst geschieht, charakterisiert *Rudolf Steiner* in einem anthroposophischen Vortrag 1923 in Penmaenmawr (England) wie folgt (GA 227, 11. Vortrag):

«Beim Grammophon ist es so, daß die Menschheit in das Mechanische die Kunst hereinzwingen will. Wenn die Menschheit also eine leidenschaftliche Vorliebe für solche Dinge bekäme, wo das, was als Schatten des Spirituellen in die Welt herunterkommt, mechanisiert würde, wenn die Menschheit also Enthusiasmus für so etwas, wofür das Grammophon ein Ausdruck ist, zeigen würde, dann könnte sie sich davor nicht mehr helfen. Da müßten ihr die Götter helfen.

Nun, die Götter sind gnädig, und heute liegt die Hoffnung ja auch vor, daß in Bezug auf das Vorrücken der Menschheitszivilisation die gnädigen Götter selbst über solche Geschmacksverirrungen, wie sie beim Grammophon zum Ausdrucke kommen, weiter hinweghelfen.»

Inzwischen ist es, auch für Musiker, fast selbstverständlich geworden, z.B. schöne Konzert-Aufführungen in der Konservenform anzuhören. Wir genießen dabei immerhin die Früchte großartiger menschlicher Leistungen der betreffenden Künstler; ebenso vielleicht die Tatsache, daß wir eine uns voll befriedigende Wiedergabe-Qualität erleben, indem die elektronische Technik den «Erdenrest» des Mechanischen weitgehend überspielen konnte. *Rudolf Steiners* ernste Worte, sein Hinweis auf die überirdischen Quellen der musikalischen Kunst, möchten hier mindestens das bewußte Erinnern wecken, wie das Musikalisch-Schöne einer Komposition, sowie ein adäquates Interpretieren durch die Künstler lebendig nur durch höchste übende Bemühung um Geistes-Gegenwart erreicht werden können.

25. Rundfunk

Die moderne Rundfunktechnik ist auf der Schwingungsmathematik aufgebaut. Bis zur Mitte unseres Jahrhunderts erreichte sie ihre Ziele teilweise nur mittels wenig befriedigender Kompromisse, seither jedoch in der UKW-Technik in recht vollkommener Weise und auf Lösungswegen besonderer Eleganz. Nachdem wir in den bisherigen Abschnitten nur wenig «mathematische Physik» herangezogen haben, würden wir im jetzt vorliegenden Fall am Charakteristischen vorbeigehen, wenn wir uns nicht diese Seite in einer gewissen Tiefe vor Augen führen würden.

In den vorigen Abschnitten hatten wir verfolgt, wie Hörbares von Luftdruckschwingungen aus elektromagnetische Vorgänge prägt, sich mit deren Hilfe fortpflanzt oder konserviert wird, und über umgekehrte solche Vorgänge wieder zu Luftdruckschwingungen und damit zu den Ohren gebracht werden kann. Im Rundfunkwesen handelte es sich dann darum, dazwischen noch ein Sich-Ausbreiten im freien Raum mittels elektromagnetischer Wellen zu bewerkstelligen. Gegenüber der Leitungstelefonie mit ihrer räumlichen Führung von einem bestimmten Ort zu einem anderen kam es jetzt darauf an, daß der Empfangende eine bestimmte gewünschte Sendestation zum Hören einstellen konnte, während gleichzeitig andere Stationen ihre Programme verbreiteten. Eine dafür notwendige Bedingung war, daß die einzelnen Stationen mit verschiedenen Sendefrequenzen arbeiten mußten, die in entsprechenden Abmachungen festzulegen waren. Die Empfangsapparate mußten dann «abstimmbare» elektrische Schwingungskreise enthalten, die man auf Resonanz mit der Sendefrequenz einstellen konnte.

Amplituden-Modulation

Die auszusendende Hochfrequenz eines Senders muß nun so vorbehandelt werden, daß sie das zu Hörende vermitteln kann. Die einfachste (und zunächst allgemein angewandte) Möglichkeit besteht darin, daß man die von dem Mikrofon gelieferten Tonfrequenzströme dazu benützt, die Stärke der ausgesandten Hochfrequenzwelle zu beeinflussen:

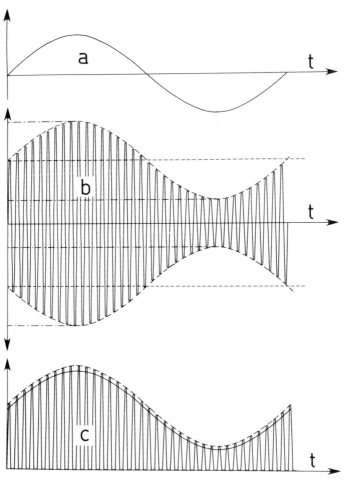

Bild 25.1: Amplituden-Modulation und -Demodulation.
a) Sinusförmige niederfrequente Spannung.
b) Hochfrequenzspannung, mit obiger Spannung moduliert. Linien parallel zur Zeitachse t:
maximale und minimale Hochfrequenz-Scheitelspannung (strichpunktiert); mittlere Hochfrequenz-Scheitelspannung = Trägerschwingungs-Amplitude (gestrichelt). Sinusförmige
Hüllkurven (gestrichelt).
c) Im Empfangsgleichrichter wirksame Hochfrequenzspannung mit Hüllkurve (gestrichelt),
und hieraus am nachgeschalteten Kondensator gewonnene niederfrequente Sinusspannung
(als ausgezogene Linie nahe unterhalb der Hüllkurve).

man nennt dies Amplituden-Modulation (AM). Wird der Ton einer
Stimmgabel von 440 Hertz gesendet, so wechselt die ausgesandte Sende-
welle ihre Stärke zwischen je einem Maximum und einem Minimum so,

daß pro Sekunde 440 Maxima und dazwischen 440 Minima entstehen. Bild 25.1 zeigt solche Spannungs-Verlaufsformen über der Zeit t als Abszisse in den übereinandergezeichneten Diagrammen a und b. In einem Empfänger wird dann durch hochfrequente Resonanz und passende Verstärkung wieder eine Spannungs-Verlaufsform wie in b zustandegebracht. Weiter muß in einer Gleichrichterschaltung, z. B. mit Diode, die Modulation wieder rückgängig gemacht werden. Im Bildteil 25.1 c ist die Wirkung einer «Spitzenspannungs-Gleichrichtung mit Ladekondensator» (vgl. Kap. 10) durch Spannungs-Verlaufsformen dargestellt. Die gewonnene Niederfrequenzspannung wird anschließend für einen Schallstrahler oder Kopfhörer weiterverstärkt.

Im Rundfunksender wird eine Amplitudenmodulation der in der Sender-Endstufe erzeugten Hochfrequenzschwingung z. B. so bewirkt, daß man der Betriebs-Gleichspannung für diese Stufe noch die entsprechend hoch verstärkte Tonfrequenzspannung überlagert. Für diese Sender-Endstufe und die darauf wirkende Verstärkerstufe braucht man meist noch große Elektronenröhren. Bild 25.2 zeigt ein Prinzip-Schaltschema für eine solche «Anoden-Modulation».

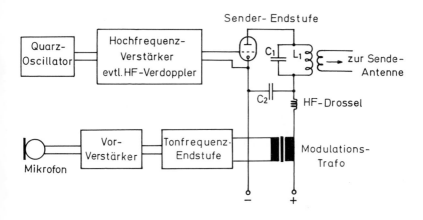

Bild 25.2: Anoden-Modulation einer Sender-Endstufe mit Röhre.

Frequenz-Abstände

Bis zum Ende der 40-er Jahre unseres Jahrhunderts hatte sich der Rundfunk auf Mittelwellen, Langwellen und auch auf Kurzwellen mit dem Prinzip der Amplitudenmodulation ausgestaltet. Nun war es aber nicht möglich, beliebig viele Sendefrequenzen zuzuteilen, ohne daß gegenseitige Störungen auftreten. Dies ist schwingungsmathematisch zu verstehen. Der Zeitverlauf des Antennenstromes beim unmodulierten Sender sei durch die Cosinusfunktion dargestellt:

$$I_A = A_0 \cdot cos \ (2 \pi \ F \cdot t + \varphi \ )$$

Hierin bedeuten A_0 die Amplitude in Ampere, F die dem Sender zugeteilte Hochfrequenz in Hertz, t die laufende Zeit und φ einen beliebigen Phasenwinkel. Nun werde der Sender mit einer Tonfrequenz f sinus- bzw. cosinusförmig moduliert, in einer Stärke, welche durch den Modulationsgrad m ausgedrückt sei. Damit ändern sich die Amplituden der Hochfrequenz periodisch, so daß deren Hüllkurve zwischen den Maximalwerten $A_{max} = A_0 \cdot (1 + m)$ und $A_{min} = A_0 \cdot (1 - m)$ hin- und herwechselt (Bild 25.1). Die Größe des Antennenstroms verläuft dann gemäß dem folgenden Ausdruck:

$$I_A = A_0 \cdot cos \ (2 \pi \ F \cdot t + \varphi \ ) \cdot [1 + m \cdot cos \ (2 \pi f \cdot t + \psi)]$$

$$= A_0 \{ cos \ (2 \pi \ F \cdot t + \varphi \ ) + m \cdot cos \ (2 \pi f \cdot t + \psi \ ) \cdot cos \ (2 \pi \ F \cdot t + \varphi) \}$$

Hierin bemerken wir das Produkt zweier Cosinus-Funktionen. Dieses wird vom Frequenzgesichtspunkt aus anschaulich, wenn wir es mit Hilfe der bekannten Formel

$$cos \ \alpha \cdot cos \ \beta = \frac{1}{2} cos \ (\alpha - \beta \ ) + \frac{1}{2} cos \ (\alpha + \beta \ )$$

umwandeln:

$$I_A = A_0 \{ cos \ (2 \pi \ \underline{F} \cdot t + \varphi) + \frac{m}{2} cos \ (2 \pi \ \underline{[F-f]} \cdot t + \varphi - \psi) + \frac{m}{2} cos \ (2 \pi \ \underline{[F+f]} \cdot t + \varphi + \psi) \}$$

244

Darin haben wir jetzt 3 Cosinusfunktionen, welche die verschiedenen Frequenzen F, $F\text{-}f$ und $F\text{+}f$ enthalten, d. h. die Trägerfrequenz F, die untere Seitenfrequenz $F\text{-}f$ und die obere Seitenfrequenz $F\text{+}f$. Praktisch heißt dies, daß ein modulierter Sender nicht nur die Trägerfrequenz ausstrahlt, sondern auch die jeweiligen Seitenfrequenzen bis zu denjenigen für die höchsten zu übertragenden Tonhöhen einschließlich deren Obertönen, d. h. ein ganzes «Frequenzband» von der Breite $2f_{max}$.

Schon in den ersten Zeiten der Einführung des Rundfunks wollte man nicht nur Sprache, sondern auch Unterhaltungsmusik aussenden. Dies hätte nach heutigen HiFi-Vorstellungen erfordert, daß bei der Zuteilung von Sendefrequenzen die Abstände zwischen diesen nicht viel kleiner als etwa 40 Kilohertz hätten sein dürfen. Dann hätten aber nur sehr viel weniger Sender zugelassen werden können. Statt dessen kam ein Kompromiß mit nur 9 Kilohertz gegenseitigem Abstand. Allerdings wurde dann bei der Zuteilung darauf gesehen, daß nicht räumlich nahe beieinander liegende Stationen auch Frequenzen in geringem gegenseitigen Abstand bekamen. Die in relativ geringer Entfernung von einer Station wohnenden Rundfunkteilnehmer konnten somit «ihren» Sender ziemlich ungestört empfangen, in vielen Fällen aber nur in den Tagesstunden. In den Nachtzeiten, und besonders im Winter, verändern sich jedoch für Mittelwellen die Ausbreitungsbedingungen so, daß oft weit entfernte Sender stark hereinkommen, und daß dadurch auch der «Ortsempfang» beeinträchtigt wird.

In den ersten Jahrzehnten des Rundfunks hatte man Empfangsapparate mit möglichst einfacher Schaltung, z. B. mit einem einzigen Schwingungskreis zur Resonanz-Abstimmung auf die Senderfrequenz. Dessen Resonanzschärfe konnte man durch eine von Hand einstellbare Rückkopplung verändern. Beim stark einfallenden Ortsempfang konnte man die Rückkopplung ganz zurücknehmen oder nur schwach anwenden, so daß noch ein genügend breitbandiger Empfang auch für die Wiedergabe höherer Töne erzielt wurde. Bei schwächeren Sendern mußte man dann mit der Rückkopplung bis nahe an die kritische Schwinggrenze gehen, um noch etwas zu hören bzw. um von benachbarten Frequenzbändern anderer Sender nicht gestört zu werden. Bald gab es auch Empfänger mit mehreren Resonanzkreisen, besonders dann die Überlagerungs-(Superhet-) Empfänger. Bei diesen wurde nach einer Erfindung *E. H. Armstrongs* in den USA mittels eines Hilfs-Oszillators eine Frequenz-Umsetzung von der Originalfrequenz auf eine feste Zwischenfrequenz vorgenommen. Mittels der 4 bis 6 Abstimmkreise für diese Zwischenfrequenz konnte dann eine sehr scharfe Sendertrennung erreicht werden, während nur der Eingangs-Schwingkreis und der Oszillatorkreis miteinander auf den gewünschten Sender einzustellen waren. Solche Empfänger waren dann optimal für Fernempfang geeignet, und dasselbe Prinzip wird auch heute im Langwellen-, Mittelwellen- und Kurzwellenteil der käuflichen Empfangsgeräte durchweg verwendet. Sie sind so «trennscharf», daß man bei genauer Einstellung auch relativ schwach ankommende Sender empfangen kann, ohne daß die in nur 9 Kilohertz Frequenzabstand daneben arbeitenden Sender «durchschlagen». Aber dies hat eben den Nachteil, daß Tongebiete mit Frequenzen über etwa 4 Kilohertz nicht mehr wesentlich durchkommen. Zischlaute der Sprache, vor allem s und z, werden fast unhörbar, und Musik klingt nicht mehr brillant, sondern ausgesprochen stumpf. – Nur in besonderen Geräten findet man dann heute noch eine Möglichkeit vorgesehen, in diesen Wellenbereichen einen Sender breitbandig zu empfangen. – Bild 25.3 stellt verschiedene Resonanz-Selektionskurven dar.

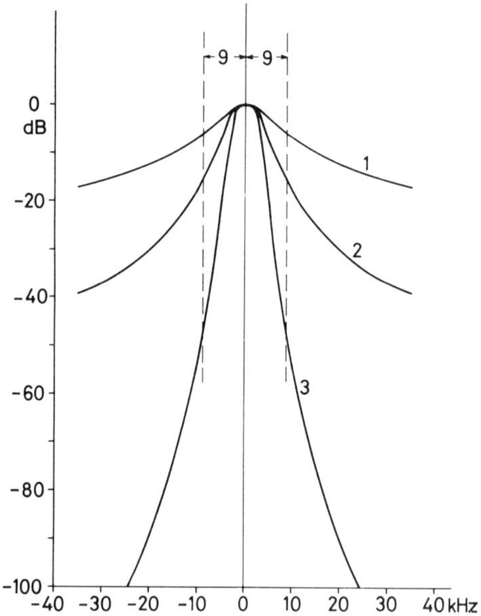

Bild 25.3: Resonanz-Selektions-Kurven von einem Schwingungskreis und von Bandfiltern mit gleichen Resonanzschärfen der Einzelkreise.
Kurve 1 für den Einzelkreis
Kurve 2 für ein Bandfilter aus 2 Einzelkreisen
Kurve 3 für eine Kaskadenschaltung von Verstärkerstufen mit 3 Zweikreis-Bandfiltern als Koppel-Elementen.

Seit der Mitte unseres Jahrhunderts hat sich nun eine Technik der Rundfunkübermittlung neben die bisherige gestellt, welche hinsichtlich der Wiedergabe-Qualität von Klängen kaum noch Wünsche offen läßt. In den USA hatte man begonnen, ein Gebiet relativ hoher Trägerfrequenzen um 100 Megahertz dem Rundfunk zu erschließen. Dabei hatte man auf eine weitere

Erfindung von *E. H. Armstrong* zurückgegriffen: die sogenannte Breitband-Frequenzmodulation in Verbindung mit Amplitudenbegrenzung im Empfänger. Dieses Verfahren ergibt bei passender Dimensionierung eine erstaunliche Unempfindlichkeit gegenüber Störungen. Da das neue Frequenzgebiet noch dafür freigehalten werden konnte, und die Reichweite der entsprechenden elektromagnetischen Wellen nicht weit über den optischen Horizont hinausreicht, konnte man große Bandbreiten und Frequenzabstände der Sender vorsehen. So sind gegenwärtig diese Abstände für in gegenseitiger Reichweite liegende Sender auf 300 Kilohertz, und für weit voneinander entfernte Sender auf 100 Kilohertz festgelegt. Damit war zugleich erreicht, daß die erforderliche Abstimmschärfe der Empfänger trotz der hohen Trägerfrequenzen noch gut beherrschbar bleibt (man vergleiche damit die knifflige Einstellerei eines durchschnittlichen Empfänger-Kurzwellenteils beim Abstimmen schon im Frequenzgebiet um 10 Megahertz!).

UKW-Frequenzmodulation

Nach dem 2. Weltkrieg hatte die Bundesrepublik Deutschland nur wenige Frequenzen für den Rundfunk auf Mittelwellen zugeteilt erhalten. Angesichts dieser Schwierigkeiten ergriff *Werner Nestel* als damaliger technischer Leiter des Nordwestdeutschen Rundfunks sogleich die tatkräftige Initiative, das neue UKW-System mit bestem Erfolg und in Europa führend zum Einsatz zu bringen. So hat ein Mann, dem die deutsche Postverwaltung während seiner Studentenzeit Mitte der Zwanzigerjahre einen selbstgebauten Kurzwellen-Versuchssender (Genehmigungen gab es damals nicht) hatte beschlagnahmen lassen, auch dieser Post nachher einen größtmöglichen Vorteil verschafft!

Im Unterschied zur Amplitudenmodulation besteht Frequenzmodulation darin, daß der Sender bei gleichbleibender Spannungs- bzw. Strom-Amplitude eine wechselnde «Momentanfrequenz» ausstrahlt. D. h. daß die zwischen zwei aufeinanderfolgenden Nulldurchgängen der Spannung vergehende Zeitspanne durch die Modulationsspannung beeinflußt wird. Hierzu muß im Sender ein frequenzbestimmender Schwingungskreis in seiner Eigenschwingungsdauer geändert werden. Die einfachste Art wäre die, den Schwingkreiskondensator nach Art eines Kondensatormikrofons aufzubauen, so daß der Schall-Wechseldruck des Sprechers über die Membranbewegung Kapazitätsänderungen bewirkt. In der Praxis wird aber die von einem Mikrofon gelieferte Spannung nach passender Vorverstärkung einer elektronischen «Reaktanzschaltung» zugeführt, deren Kapazitäts- oder Induktivitäts-Wirkung dadurch gesteuert werden kann. So wird der Modulationsvorgang nicht nur unabhängig von der speziellen Mikrofon-Anwendung, sondern auch quantitativ beliebig anpassungsfähig.

Nun erhält ein Empfangsapparat vom frequenzmodulierten Sender her eine Hochfrequenzspannung mit an sich konstanter Amplitude, so daß ein bloßer Empfangsgleichrichter nur eine konstante Gleichspannung weitergeben würde. Dies allerdings nur bei genauer Resonanz-Abstimmung und genügend breiter Gesamt-Resonanzkurve. Denn bei Verstimmung auf die «Flanke» dieser Kurve würde nun schon die Modulation, wenn auch mehr oder weniger verzerrt, hörbar: «Flanken-Demodulation». Wir würden sowohl etwas unterhalb als auch etwas oberhalb der genauen Resonanzstelle «Empfang» bekommen. Die gute Resonanz-Amplitude könnten wir allerdings nicht ausnützen, und wir würden auch sonst im wörtlichen Sinne «schief liegen». Beides vermeidet eine Verwendung des Phasen-Diskriminator-Prinzips (*Riegger* 1917; Verbesserung durch *Foster* und *Seeley*, 1935). Dieses beruht auf der Tatsache, daß ein induktiv oder kapazitiv an einen Primärkreis angekoppelter Sekundär-Schwingungskreis eine Resonanzspannung erhält, welche bei genauer Resonanz um 90^0 in der Phase gegenüber der Primärspannung differiert, und daß diese Phase sich innerhalb eines gewissen Umgebungsgebietes der Resonanzfrequenz ziemlich genau proportional mit der Verstimmung ändert. Aus dem Phasen-Diskriminator werden nun mittels Dioden-Gleichrichtung zwei Richtspannungen entnommen, welche bei genauer Resonanz, der Symmetrie entsprechend, gleich groß herauskommen. Jede Frequenz-Auslenkung gegenüber der Resonanz bewirkt dann einen der Abweichung nach Größe und Vorzeichen entsprechenden Unterschied der beiden Spannungen. – Eine weitere Verbesserung dieser Demodulationsschaltung fand 1945 wiederum *St. W. Seeley* (USA), indem er die Summe beider Richtspannungen an einen Speicherkondensator großer Kapazität legte, und damit im Diskriminator selbst noch ein weitgehendes Konstanthalten der Hochfrequenzamplitude gegenüber modulationsfrequenten Änderungen erreichte: «ratio-detector» = Verhältnis-Gleichrichter. Der Richtspannungs-Teilpunkt ist dann schon derjenige, an welchem die bei der Frequenz-Auslenkung entstehende Spannungsdifferenz, welche die Modulationsspannung des Senders nachbildet, für die Weiterverarbeitung zur Verfügung steht. Bild 25.4 zeigt eine solche Ratiodetector-Schaltung, und Bild 25.5 deren Diskriminator-Kennlinie für die Demodulation.

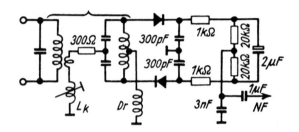

Bild 25.4: Ratio-Detector-Schaltung zur FM-Demodulation und Amplitudenbegrenzung hinter einem Zwischenfrequenz-Verstärker (10,7 MHz). Links Primär- und Sekundär-Schwingkreis. Die geschweifte Klammer darüber bedeutet, daß diese zusätzlich induktiv miteinander gekoppelt sind.

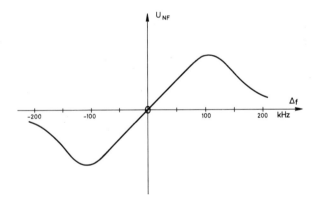

Bild 25.5: Diskriminator-Kennlinie einer symmetrischen Ratio-Detector-Schaltung zur FM-Demodulation. Abszisse: Frequenzskala mit Nullpunkt bei der Resonanzfrequenz 10,7 MHz, nach Frequenz-Auslenkungen Δf beziffert. Ordinate: Niederfrequenz-Ausgangsspannung.

Störungs-Unterdrückung

Die beim Armstrongschen Frequenzmodulationssystem eintretende weitgehende Störungs-Unterdrückung soll nun noch erläutert werden. Im Empfangsapparat wird die von der Antenne gelieferte Eingangsspannung zuerst hochfrequent und dann, nach einer Frequenz-Transponierung mittels eines Hilfsoszillators, in mehreren Zwischenfrequenzstufen mit Resonanzkreisen verstärkt, wobei die letzte schon als Begrenzer dienen kann, d. h. die Ausgangswechselspannung möglichst genau in ihrer Amplitude konstant hält. Darauf folgt dann die Demodulation, meist in einer «Ratiodetektorstufe», welche die Begrenzung zusätzlich verbessert. Die resultierende Gesamtresonanzkurve des Empfängers bis vor den Begrenzer hat wiederum eine Gestalt wie die in Bild 25.3 dargestellte, nur mit viel größerer Bandbreite, so daß sie statt für 9 Kilohertz Frequenzabstand der Sender für einen solchen von 300 Kilohertz paßt. Trotzdem hat das seitliche Absinken der Ordinatenwerte nach rechts und links bei größeren Frequenzhüben die «Nebenwirkung» einer Amplituden-Verkleinerung, d. h. aber, daß eine neue, zudem falsche Amplitudenmodulation entsteht. Die Begrenzung ist also schon deshalb nötig, damit für die Demodulation erst wieder eine möglichst rein frequenzmodulierte Zwischenfrequenz-Wechselspannung entsteht. – Nehmen wir nun an, daß außer dem zu empfangenden Sender Störspannungen z. B. von den Zündanlagen vorbeifahrender Kraftfahrzeuge zum Eingang des Empfängers und damit bis zum Begrenzer gelangen. Diese können jetzt die Ausgangsamplitude des letzteren nicht mehr beeinflussen, wohl aber kleine Zeitverschiebungen der Spannungs-Nulldurchgänge verursachen, d. h. auch kleine Phasen- bzw. Frequenz-Hübe. Deren restliche Störwirkung hängt nun von ihrem Verhältnis zu den vom Sender bewirkten Frequenz-Hüben ab. Aus diesem Grund wurde eben die Breitband-Modulation mit relativ großen Frequenzhüben bis 75 Kilohertz gewählt. Wie für Zündstörungen gilt dies sinngemäß für alle Knack- und Kratzgeräusche elektrischer Herkunft und auch für das in der Empfangsanlage selbst entstehende, auf die Diskontinuität der Elektronenströme zurückzuführende Rauschen. Alle diese Störspannungen enthalten Frequenzgemische im «Hörbereich», und die Auswirkung im Frequenz-Demodulator ist proportional der Frequenz, so daß die höchsten Tonfrequenzen entsprechend bevorzugt auftreten. Da nun in den zu übertragenden Frequenzgemischen die höchsten Tonfrequenzen nur mit viel geringeren Spannungsamplituden vorkommen als die tieferen, so wandte schon *Armstrong* den Kunstgriff an, die Modulationsspannung für den Sender nach den Höhen zu mehr zu verstärken (pre-emphasis), und in den Empfängern diese Anhebung wieder rückgängig zu machen (de-emphasis). Durch all dies war dann ein solches Verhältnis der Nutz-Frequenzhübe zu den störenden erreicht, daß Störgeräusche beim frequenzmodulierten Rundfunk kaum noch bemerkt werden.

Etwas anders liegt der Fall, wenn ein relativ schwach einfallender Sender empfangen werden soll, und daneben in 300 Kilohertz Abstand der Nenn-Frequenz ein Sender arbeitet, der am Empfangsort eine vielfach größere Feldstärke liefert als der gewünschte. Da muß nun die Trennschärfe der Resonanzkreise dafür sorgen, daß der gewünschte Sender am Eingang des Begrenzers eine erheblich größere Resonanzspannung zustandebringt als der andere Sender. Ist das Umgekehrte der Fall, so schlägt die Modulation des anderen durch. Auch in einem gewissen Zwischengebiet der Resonanzspannungsverhältnisse ist kein brauchbarer Empfang zu erreichen. Wenn der Empfänger mit automatischer Scharfabstimmung (AFC) arbeitet, kann man bei der Sendersuche ein Umspringen von einem Senderprogramm auf ein anderes beobachten. Um möglichst einwandfreien Empfang zu bekommen, sollte man die Senderwahl vor dem Einstellen auf AFC treffen.

Stereo-FM

Eine weitere wesentliche Verbesserung des UKW-Rundfunksystems bestand im Ausbau desselben für Stereofonie. Es gelang, die beiden Stereo-Kanäle innerhalb der zur Verfügung stehenden, relativ großen Bandbreite durch ein komplexes Modulationssystem desselben Senders zu übertragen. Eine solche Doppelmodulation mit zwei verschiedenen Inhalten konnte auf zweierlei Arten möglich werden: a) durch Aufteilung des Frequenzbandes; b) mit zeitlich abwechselndem Durchgeben aufeinanderfolgender Augenblickswerte der beiden Tonfrequenzspannungen in einer genügend weit oberhalb der Hörbarkeitsgrenze liegenden, d. h. sehr schnellen Folge. Als allen praktischen Anforderungen am besten entsprechend erwies sich schließlich ein Verfahren, welches von der General Electric Co. in den USA entwickelt wurde und nach dem Prinzip der Frequenzband-Aufteilung zu verstehen ist. Aus den Inhalten der Kanäle A und B werden zuerst der Summeninhalt A + B und der Differenzinhalt A – B gebildet. Mittels A + B wird eine direkte Frequenzmodulation des Senderträgers wie bei der einfachen monofonen Übertragung vorgenommen. Dieser Inhalt A + B kann somit in einem nur für monofonen Empfang eingerichteten Apparat wie früher empfangen werden. Für eine Stereo-Wirkung kommt es dagegen noch auf den jeweiligen Unterschied der Kanalinhalte, d. h. auf A – B an. Mit diesem wird nun eine Hilfs-Trägerfrequenz von 38 Kilohertz amplitudenmoduliert, und die dabei entstehenden Seitenfrequenzbänder ohne den 38 Kilohertzträger selbst werden als zusätzliche Frequenzmodulations-Inhalte der Senderfrequenz verwendet. Im Falle einer monofonen Empfänger-Demodulation liegen diese letzteren Inhalte weit jenseits des Hörbarkeits-Bereichs. Für Stereo-Empfang ist eine besondere Decoder-Schaltung notwendig, welche wiederum den 38 Kilohertz-Hilfsträger benötigt, um den A – B-Modulationsteil wieder in den Hörbereich zu bringen, und dabei muß eine genaue Synchronisation mit dem entsprechenden senderseitigen Träger erreicht werden. Dafür wurde ein besonderer Kunstgriff vorgesehen: Der Sender-Modulationsspannung wurde noch eine relativ kleine Wechselspannung mit der Frequenz 19 Kilohertz, die sogenannte Pilotfrequenz, überlagert, welche in einem frequenzgenauen Oszillator erzeugt wird. Letzterer dient zugleich zur Steuerung einer Frequenz-Verdopplerstufe, welche die genannte Hilfsträgerfrequenz 38 Kilohertz im Sender hervorbringt. Auf der Empfangsseite wird die Frequenz 19 Kilohertz mit empfangen und über einen Resonanzfilter ebenfalls einer Verdopplerstufe zugeführt, welche auch dort wieder den Hilfsträger für die Demodulation des A-B-Inhaltes zustandebringt. In Bild 25.6 ist ein schematisches Diagramm der in der Sendermodulation enthaltenen Frequenzen dargestellt. Ganz links,

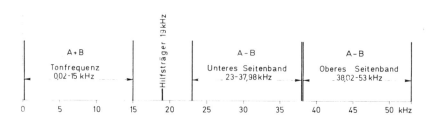

Bild 25.6: Frequenzspektrum der Modulationsspannung eines UKW-FM-Senders für Stereo-Wiedergabe.

bei etwa 20 Hertz, d. h. sehr nahe bei 0, beginnend ist das Tonfrequenz-
gemisch von A + B bis 15 Kilohertz hinauf zu erkennen; in einem gewissen Abstand folgt die Pilotfrequenz 19 Kilohertz, und wieder in solchem
Abstand das untere Seitenband des A – B-Inhaltes und fast anschließend
das obere; dazwischen eine winzige Lücke bis 38 Kilohertz. Die beiden
Abstände links und rechts der Pilotfrequenz sind dagegen ausreichend
breit für eine Trennung der Frequenzbereiche mittels Siebschaltungen,
wie sie bei der Dekodierung im Empfänger verwendet werden. Dort
müssen dann aus den Inhalten A + B und A – B nach dem Schema

$$(A + B) + (A - B) = 2A \qquad\qquad (A + B) - (A - B) = 2B$$

die Inhalte A und B für die beiden Wiedergabe-Kanäle zurückgewonnen
werden.

Bild 25.7 mag die Aufbereitung der Stereo-Modulationsspannung für
den Sender verständlich machen. Wir legen den einfachen Fall zugrunde,
daß der Ton c^3 einer Stimmgabel mit der Frequenz f aufgenommen wird.
Die Stimmgabel stehe außerhalb der Symmetrieebene der Stereo-Mikro-

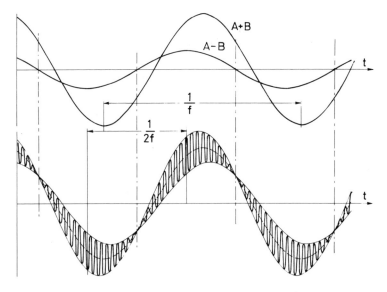

Bild 25.7: Verlaufskurve der Spannungen für Stereo-Modulation eines UKW-Senders bei einer außerhalb der Symmetrieebene wirksamen Sinus-Tonquelle. Oben Summenspannung A + B und Differenzspannung A–B des linken und rechten Kanals. Unten gesamte Modulationsspannung, nachdem die
A–B-Spannung einem Hilfsträger 38 kHz als AM aufmoduliert ist.

253

fon-Anordnung. Wäre sie in dieser Ebene, so würden die beiden Mikrofone gleiche Spannungen mit gleicher Phase liefern. So aber sind die Spannungen in den Kanälen A und B nach ihrer Größe und wegen der Entfernungsdifferenz auch in ihrer Phase verschieden. Außer der Summenspannung A + B ergibt sich also eine Differenzspannung A – B, welche kleiner ist und wiederum in der Phase abweicht; d. h. die Nulldurchgänge erfolgen zu verschiedenen Zeiten t. Dieser Verlauf der Spannungen A + B und A – B ist oben im Bild dargestellt. Unten ist dann die fertige aufbereitete Modulationsspannung eingezeichnet (mittelstark ausgezogene Linie). Wie eine Art Mittellinie derselben erkennen wir diejenige der A + B-Spannung mit der Frequenz f wieder (gestrichelt). Die A – B-Spannung dagegen ist dem Hilfsträger mit 38 Kilohertz aufmoduliert, wobei die Seitenfrequenzen F – f und F + f entstehen, während der Träger selbst herausfällt. Die gegenseitige Überlagerung dieser beiden Seitenfrequenzen ergibt eine Schwebung mit der Periode 1/2f, und die so entstehende Spannung ist der einfachen A + B-Spannung überlagert. Fein ausgezogen sind dann noch die zwei Hüllkurven gezeichnet, deren weiter ausschwingende den Verlauf 2A und deren weniger weit ausschwingende den Verlauf 2B repräsentiert.

Bei der Übermittlung von Sprache oder Musik ist der Vorgang ganz entsprechend wie beim Stimmgabelton, nur viel komplizierter. Der bedeutende Mathematiker *Fourier* hatte 1822 gezeigt, wie fast jede beliebige Verlaufsform als Summen-Reihe oder Integral über sinus- bzw. cosinusförmige Verläufe mit ganz bestimmten Frequenzen, Amplituden und Phasen aufgefaßt werden kann. Was dann für eine solche einzelne Komponente gilt, hat ebenso für alle anderen Geltung, wenn wir wie in unserem praktischen Fall eine frequenzunabhängige Verarbeitung der Schaltung voraussetzen dürfen.

Wenn wir nun eine Rundfunksendung, z. B. in Stereo, hören, spielen sich also Vorgänge im «Medium» des Räumlich-Zeitlichen ab, die der Physiker mit seinen mathematischen Vorstellungen greift und in der geschilderten Weise beschreibt. Diese Vorgänge sind, wenn wir von der Bewegung der Schallstrahler-Membranen und gewissen Temperaturerhöhungen an einigen Stellen absehen, keineswegs «sinnenfällig». Doch sind sie genau bestimmbar und vollziehen sich sowohl innerhalb materieller Bauteile, als auch in Zwischenräumen zwischen solchen. Sie tun dies entsprechend den Formen und Stofflichkeiten, aber – mit Ausnahme der Batterien – ohne etwas daran zu verändern. Wir könnten sagen, sie huschen leichtfüßig über alles hin und durch alles hindurch. Und doch genügt es, wenn das Berühren an einer einzigen Kontaktstelle aufgehoben wird, um dem ganzen Spuk ein Ende zu setzen. Wir haben es mit einer unterphysischen «Substanz» von Regsamkeit zu tun, welche dem begrifflichen Gedanken-Element des Menschen durchaus verwandt ist.

Mensch und Rundfunk

Durch den Rundfunk, aber auch durch die Ton-Aufnahmen, waren sowohl für die Darbietenden als auch für die Hörenden, neue menschliche Situationen entstanden. Ein Redner, ein Ensemble von Musikern hatten bisher das Publikum sichtbar vor sich; sie konnten das ihnen von dort zukommende Imponderable in ihr eigenes Bemühen integrieren. Statt dessen stand nun in schallgedämpftem Raum das Mikrofon als Apparat vor ihnen. Und die Zuhörenden sitzen nicht wie im Theater, im Konzert beieinander versammelt, sondern gewöhnlich jeder für sich allein. Er ist dann so etwas wie ein in der Vereinzelung existierender Teil einer anonymen Masse, auf die das Programm zugeschnitten wurde. Oftmals bleibt ihm auch verborgen, ob gerade jetzt gespielt wird, was er anhört, oder ob dies von einem irgendwo und irgendwann aufgenommenen Tonband oder einer Schallplatte kommt. Zu dieser Unbestimmtheit kommt dann leicht die Tendenz zur Benutzung des Gebotenen als halbbewußt wahrgenommenes Hintergrundgeräusch [7].

Als der Rundfunk anfangs der Zwanzigerjahre in Szene gesetzt wurde, mag sich mancher gefragt haben: Warum eine solche Sache, und nicht ganz allgemein die Möglichkeit drahtlosen Telefonierens? Aber für solche Verbindungen zwischen je zwei Teilnehmern hätte erstens eine dem erwartungsgemäß großen Bedarf entsprechende Anzahl von Frequenzkanälen zur Verfügung stehen müssen. Zweitens hätte jeder Teilnehmer durch entsprechendes Einstellen seines Empfangsapparates beliebige Kanäle abhören können. Diesen beiden Schwierigkeiten gerecht zu werden, lag außerhalb der Möglichkeiten mindestens der damaligen Technik. – Solche «Funksprechverbindungen» waren dann lange Zeit für Sonderzwecke reserviert. Später wurden Kanäle für den Versuchsverkehr von Kurzwellen-Amateuren unter speziellen Bedingungen freigegeben. Erst seit wenigen Jahren sind auch für private Interessenten Funksprechgeräte für einige wenige Kanäle im 27 MHz-Gebiet erhältlich, welche mit sehr geringen Sendeleistungen auskommen müssen und nur wenige Kilometer Entfernung überbrücken können, und immer noch mit dem Nachteil beliebiger Abhörbarkeit. Auch müssen die Geräte mit äußerst engen Toleranzen der Sendefrequenz und sehr kleinen Bandbreiten auskommen, so daß die Sprache schon recht verfärbt klingt.

Wir kommen nochmals auf den Rundfunk zurück. Die Techniker der Rundfunkstationen waren schon seit langer Zeit Perfektionisten. Die Aufnahme und Aussendung von Musik- und Hörspiel-Darbietungen erreichte einen hohen Qualitätsstand, schon bevor UKW- und Stereo-Technik auch einen Empfang in ähnlicher Vollkommenheit ermöglichten. Zugleich arbeiteten auch die Schallplattenfirmen an der Vervollkommnung ihrer Apparaturen. All dies wirkte sich bis in die Praxis des Musiklebens aus. Nachdem Spieler ihre Leistungen anhand von Tonaufnahmen selbst «von außen» überprüfen konnten, zog auch in ihre technischen Bemühungen ein gewisser Perfektionismus ein, wobei mancher z. B. über Tonabweichungen erschrecken konnte. Ferner kam es dazu, daß die Karriere eines Solisten, die Einladungen in verschiedene Städte, jetzt davon abhingen, ob schon entsprechende Tonaufnahmen von ihm vorlagen. Und beim Einüben von Konzertstücken nahmen sich Musiker dann Aufnahmen von berühmten Vorgängern als richtunggebend für ihre Interpretation zu Hilfe. All dies hat zu einer bedeutenden Hebung des fachlichen Niveaus der Musik-Ausübung geführt – aber wir können schon auch sehen, zu einer Beschränkung des wahrhaft Individuellen und Ursprünglichen [57].

Auf der anderen Seite aber hat gerade der Rundfunk auch mancher schöpferischen Persönlichkeit die Gelegenheit und Anregung verschafft, wahrhaft individuelle Leistungen hervorzubringen. Nur erfordert solches eben eine besondere Geisteskraft, die in aller Technik zunächst enthaltene Tendenz zur Schablone gerade zu überwinden. – Daß nun der Rundfunk auch die besondere Eignung besitzt, zur Stimme von Diktatoren zu werden, ist ja hinlänglich bekannt.

26. Fernseh-Technik

Wenn wir vermöge unserer Augen in eine Landschaft, auf Menschen, Gegenstände oder Sonstiges blicken, so kommt uns eine große Mannigfaltigkeit von Farbeindrücken gleichzeitig zu, welche wir geometrisch nach den Richtungen gliedern können, in denen wir sie wahrnehmen. Sogar eine weitere Gliederung nach Entfernungs-Unterschieden hat uns die Natur mitgegeben, indem wir auf nah oder fern akkomodieren und die Sehrichtungsachsen beider Augen in verschiedener Entfernung zum Kreuzen kommen lassen. Bei guter Sehschärfe zählt die Menge der Einzelheiten, die wir beim Blick z. B. aus einiger Höhe in eine Gegend, ohne noch den Kopf zu drehen, wahrnehmen können, nach Millionen; und eine solche Anzahl von Einzelheiten enthält wiederum das Bild auf unserer Netzhaut gleichzeitig. So mußte es zunächst fast unmöglich erscheinen, eine solche Summe von Inhalten zugleich mit ihren Bewegungen mittels eines elektrischen Verfahrens in die Ferne zu übertragen. Zum Telefonieren genügte es ja, eine einzige Variable, den Druck der Luft auf eine Mikrofonmembran mit seinen Änderungen, in Form eines elektrischen Spannungsverlaufes über eine Leitung zu schicken. Und bei der stereofonischen Tonübertragung kam man wenigstens mit zwei solchen Verläufen und einer Pilotfrequenz aus. Und doch wurde das Problem zunächst bewegter Schwarz-weiß-Bilder und von den 60er Jahren an sogar farbiger Bilder technisch mit einer annehmbaren Qualität gelöst. Man hatte allmählich gelernt, außerordentlich schnelle Vorgänge zu übermitteln. Dies gab die Möglichkeit, ein flächenhaftes Bild zeilenweise bezüglich seiner Helligkeit und seiner Farbwerte in so kurzen Zeiten abzutasten, daß die Aufeinanderfolge dieser Werte bei der Wiedergabe wie gleichzeitig für die Augen erscheint. Eine zweidimensional erfaßte räumliche Mannigfaltigkeit wird also bei der Übermittlung, zusammen mit ihren zeitlichen Änderungen, durch Vorgänge im Zeitverlauf repräsentiert, und durch das so im Empfangsapparat Ankommende werden wieder bewegte Bildinhalte hervorgezaubert. Für die zeilenweise Übertragung hat sich eine Norm mit 625 Zeilen einführen lassen. Blicken wir aus dem üblichen Abstand auf den Bildschirm, so erscheint uns der Zeilenabstand unter der Höhendifferenz von der Größenordnung einer Winkelminute, und dies liegt schon nahe bei der Schärfengrenze des gesunden Auges.

In der normalen Fernsehtechnik werden dann pro Sekunde 25 Bilder übermittelt, wobei jede relativ zum Aufnahme-Apparat stattfindende Bewegung zu Unterschieden der betreffenden Bilder gegenüber den jeweils vorangehenden führt. Nun hatte sich schon früh gezeigt, daß bei einer solchen zeilenweisen Übertragung von 25 Bildern pro Sekunde ein erhebliches Flimmern zu sehen ist, während beim Film mit seiner sogar langsameren Folge von 18 Bildern/Sekunde kein solch unruhiger Eindruck entstand. Eine einfache und geniale Abhilfe wurde dadurch ermöglicht, daß jedes einzelne Bild nicht in einem einfachen Durchgang von der ersten bis zur 625ten Zeile durchfahren wird, sondern in jeweils zweimaligem Durchgang: zuerst werden die Zeilen mit ungeraden und dann noch die Zeilen mit geraden Nummern abgetastet. Statt 25 vollen Bildern werden also pro Sekunde 50 «Halbbilder» gesendet (Zeilensprung-Verfahren).

Es zeigt, genau betrachtet, weder die Film- noch die Fernseh-Technik bewegte Objekte so, wie sich die Bewegung wirklich abspielt. Sonst wäre es nicht möglich, daß man gelegentlich Räder «rückwärts laufen» sieht. Beim Film ist die Betrachtung eine stroboskopische, d. h. es werden Momentanbilder aneinandergereiht, und was zwischenzeitlich geschieht, fällt vollkommen heraus. So kann es vorkommen, daß nachher überhaupt nicht gesehen wird, wenn es, während der Film-Aufnahmeapparat lief, einmal geblitzt hat. – Die Fernsehtechnik entfernt sich noch weiter vom Ganzen des vorhandenen Objekts: sie überträgt nicht momentane Bilder, sondern nur momentane Helligkeits- und gegebenenfalls Farbwerte eines jeweiligen Bild-«Punktes», der zeilenweise über das sichtbare Feld geführt wird. Den Augen mit ihrer im Vergleich zu diesen Vorgängen langsamen Reaktionsmöglichkeit wird gewissermaßen etwas vorgezaubert, was dann mehr oder weniger echt erscheint.

Sehr viel leistet heute diese Technik für Information, Überwachung usw. Doch sollte man auch nicht die Grenzen außer acht lassen. Das vorstehend Geschilderte macht doch wohl verständlich, daß z. B. Eurythmie-Künstler sich weigern, ihre Darbietungen über dieses Medium verbreiten zu lassen. Denn sie bemühen sich ja um eine feinste, flüssige oder auch sehr schnelle Bewegungsführung. Auch die Situation eines Betrachters in seinem Wohnraum gegenüber dem Bildschirm wäre hierfür keineswegs ideal. Der Blickwinkel, unter dem letzterer erscheint, ist relativ klein und muß es sein, weil sonst das Zeilenraster hervortritt oder auch, um durch den größeren Abstand gewisse Schädigungen zu vermeiden.

Bei solcher Distanz ist es zwar möglich, durch besonders spannendes oder sonstwie faszinierendes Geschehen Zuschauer zu «fesseln». Aber einem freien und einfühlenden Sich-Verbinden mit einem wahrhaft Künstlerischen ist diese Situation abträglich.

Für das Fernsehen steht heute zunächst noch die Übertragung mittels elektromagnetischer Wellen durch den freien Raum hindurch (entsprechend wie beim Rundfunk) im Vordergrund. Wegen der erforderlichen Schnelligkeit des Bild-Abtastvorgangs wird dabei eine recht große Bandbreite benötigt, welche nur bei hohen Trägerfrequenzen zur Verfügung steht (der niedrigste Bild-Träger liegt heute bei 48,25 MHz) [28]. Da zusammen mit dem Bild auch Worte oder Musik gesendet werden, kommt zu dem Bildträger noch ein Tonträger hinzu. Dieser wird wie beim UKW-Rundfunk frequenzmoduliert, und zwar mit maximal 50 kHz Frequenzhub. Er benötigt dann noch eine Bandbreite von etwa 0,13 MHz, welche gegenüber derjenigen für die Bildübertragung recht klein ist. Die Letztere erfordert ja einen Frequenzbereich von 0 bis 5 MHz, und der Vorgang der Amplitudenmodulation ergibt dann zunächst zwei Seitenbänder von je 5 MHz Breite vom Bildträger nach unten und nach oben gerechnet. Nun genügt für die Übertragung im Prinzip der Inhalt von einem der beiden Seitenbänder; man greift dabei nach dem rechten (oberen) Seitenband. Doch würde die vollständige Unterdrückung des anderen Seitenbandes mit einem undiskutabel großen technischen Aufwand verbunden sein. Man begnügt sich deshalb mit einer Unterdrückung der weiter vom Bildträger nach links abliegenden Anteile, und kommt so bei diesem «Restseitenbandverfahren» zu einer Gesamtbandbreite der senderseitigen Bildmodulation von nur etwa 6 MHz gegenüber 10 MHz, welche bei voller Zweiseitenbandmodulation erforderlich wären (s. Bild 26.1). – Sowohl zwischen diesem Bild-Frequenzband und dem Ton-Frequenzband, als auch zwischen den beiden Bändern und den frequenzbenachbarten Bändern anderer Sender müssen noch Trenn-Abstände freigehalten werden. Diese dürfen nicht zu eng sein, damit nicht wiederum der Aufwand für die elektrischen Filterschaltungen im Sender und in den Empfängern allzu groß wird. Dementsprechend wurden die für Fernsehsender zur Verfügung gestellten Kanalbreiten im «VHF-Gebiet» (bis 230 MHz) mit 7 MHz und im «UHF-Gebiet» (oberhalb 470 MHz) mit 8 MHz festgelegt.

Für die direkte Übertragung des zu Sehenden werden heute (im Unterschied zu früheren, anfänglichen fernsehtechnischen Versuchen) rein

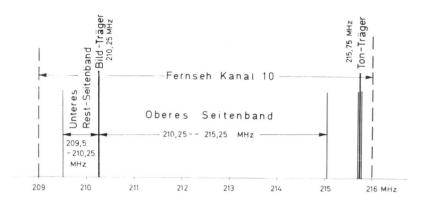

Bild 26.1: Frequenzspektrum einer Schwarz-Weiß-Fernseh-Übertragung. Rechts und links vom Bild-Träger die beiden Amplituden-Modulations-Seitenbänder, unsymmetrisch nach dem «Restseitenband»-System. Im Abstand von 5,5 MHz vom Bildträger, nahe der rechten Kanalgrenze, der Tonträger mit seinen relativ schmalen Frequenzmodulations-Seitenbändern.

elektronische Wandler ohne mechanisch bewegte Teile verwendet. Zum Aussenden wird der in Betracht kommende Sehfeld-Ausschnitt mittels eines optischen Objektivs auf die Innenseite des stirnseitigen Fensters einer Fernseh-Kamera-Röhre [58] (Bild 26.2) abgebildet. Dort ist eine Schicht aus Halbleiter-Material mit lichtabhängigem Widerstand (Zink-Cadmium-Tellur-Verbindung) von nur etwa 15 μm Dicke auf der Rückseite einer optisch transparenten, elektrisch leitenden Zwischenschicht aufgebracht. Am hinteren Ende der Röhre befindet sich eine Anordnung zum Erzeugen eines eng gebündelten Elektronenstrahls (wie bei einer Oszilloskopröhre, s. Kap. 21), welcher auf die Halbleiterschicht gerichtet ist. Auf dem Außenmantel der Röhre sind Spulen geeigneter Form montiert, deren Magnetfelder den Strahl so ablenken, daß sein Auftreffpunkt auf diese Schicht zeilenweise über deren dem Bild-Rechteck entsprechende Fläche geführt wird. Unmittelbar vor dem Auftreffen dort muß der Strahl mittels eines elektrischen Bremsfeldes auf kleine Elektronengeschwindigkeit gebracht werden, damit eine genügende Empfindlichkeit gegenüber den lichtelektrischen Potential-Unterschieden auf der Halbleiterschicht erreicht werden kann. Da das diesem Zweck dienende Gitter keine störenden Schatteneffekte hervorrufen darf, muß es von außerordentlicher Feinheit sein. Die genügende Empfindlichkeit kommt außerdem dadurch zustande, daß die Halbleiterschicht an jeder Stelle einen Speicher nach Art eines Kondensators für die lichtelektrische Wirkung

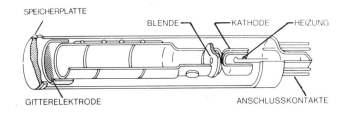

SPEICHERPLATTE
BLENDE — KATHODE — HEIZUNG
GITTERELEKTRODE
ANSCHLUSSKONTAKTE

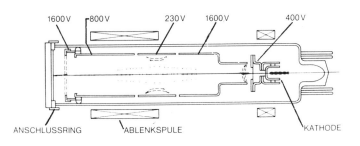

1600 V   800 V   230 V   1600 V   400 V
ANSCHLUSSRING   ABLENKSPULE   KATHODE

AUFBAU DER NEWVICON-RÖHRE

Bild 26.2: Aufnahmeröhre für Farbfernsehen.
Oben: Konstruktionsschema.
Unten: Elektronenoptik und Anordnung der Spulen für die Strahl-Ablenkung (außerhalb der Röhre).

darstellt (s. Bild 26.3!). Der die einzelnen Flächenstellen jedesmal nur kurzzeitig treffende Elektronenstrahl erfaßt dabei dort das integrierte Ergebnis der während der ganzen Zwischenzeit wirksamen Beleuchtung. Ein in der Zuleitung zu der transparenten Zwischenschicht fließender elektrischer Strom folgt dann in seiner momentanen Stärke den abgetasteten Beleuchtungsänderungen in der gerade durchlaufenen «Zeile»; ebenso der Spannungsabfall dieses Stromes an einem geeigneten Arbeitswiderstand, und diese Spannungsänderungen können nach entsprechender analoger Verstärkung zur Modulation des Bildträgers im Sender verwendet werden.

Im Fernseh-Empfänger wird der so modulierte Bildträger nach entsprechender Verstärkung in dem auf den Sender abstimmbaren «Tuner» und in einem «Zwischenfrequenzteil» (vgl. Kap. 25) wieder demoduliert. Die dabei sich ergebenden Spannungsverläufe repräsentieren wieder die Helligkeitswerte beim Überstreichen jeder einzelnen Bildzeile. Es folgt

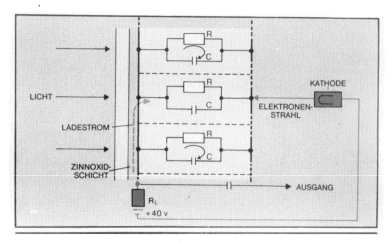

Bild 26.3: Funktionsschema der Speicherplatten-Abtastung durch den Elektronenstrahl in der Aufnahmeröhre.

noch eine Nach-Verstärkung in einem gleichspannungsgekoppelten Verstärker, so daß die Spannungswerte ausreichen, um die Intensität des Elektronenstrahls in der Bildröhre durchzusteuern. Der Auftreffpunkt dieses Strahls auf den Leuchtschirm dieser Röhre (Bild 26.4) muß nun zeilenweise über die rechteckige Bildfläche geführt werden. Dies geschieht nicht wie bei Oszilloskopröhren (Kap. 21) durch elektrostatische Ablenkung, sondern mittels gekreuzten Ablenk-Magnetfeldern. Dafür wird neuerdings ein passend gestalteter Ring aus magnetisierbarem Material

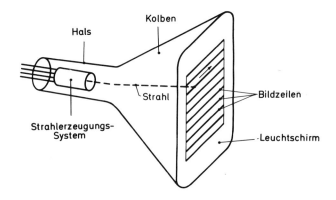

Bild 26.4: Bildröhre für Fernsehempfang (schwarz-weiß), Prinzip-Schema; Ablenkmittel nicht gezeichnet.

mit dem Strahlerzeugungssystem zusammen innerhalb des Glaskolbens eingebaut. Außen auf dem letzteren sind dann Wicklungen montiert, welche die wechselnde Magnetisierung des Rings durch entsprechenden zeitlichen Verlauf der Ströme (Sägezahnform) bewirken. Bei den gegenwärtig üblichen, achsial sehr kurz gebauten Bildröhren (Bild 26.5) müssen an den Bildecken große Auslenkwinkel von $+/-55^0$ erreicht werden. – Sowohl die horizontalen Zeilenbewegungen, als auch die bildgemäßen Abwärtsbewegungen müssen im Sender und Empfänger zeitlich genau zusammenstimmen.

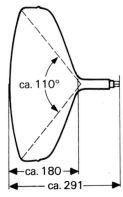

Bild 26.5: Neuere «kurze» Bildröhrenform im Längsschnitt.

Die hierzu nötigen sägezahnförmigen Stromverläufe in den Ablenkwicklungen sowohl der Kameraröhre des Senders, als auch der Bildröhre des Empfängers werden in besonderen Oszillatoren an Ort und Stelle erzeugt, und es werden vom Sender in den jeweiligen Zeiten der auf eine Zeile folgenden Strahlrückführung und der Bildrückführung Synchronisierungs-Impulse zum Triggern der empfängerseitigen Sägezahn-Oszillatoren ausgestrahlt.

Farb-Fernsehen

Gegenüber dem «Schwarz-Weiß-Fernsehen», welches mit der einfachen Übermittlung von Helligkeitsänderungen auskommt, erforderte das Fernsehen in Farben einige Komplikationen, wofür mit erstaunlicher Genialität Lösungen gefunden wurden. Die Bildschirmpunkte des Empfangsgerätes mußten dazu gebracht werden, in den allerverschiedensten Farben aufzuleuchten. Nun hatte sich bei Versuchen zur Farbenlehre ergeben, daß man durch 3 zusammenwirkende Scheinwerfer, die mit je einem Farbfilter in den «Grundfarben» Rot, Grün und Blau versehen waren, wirklich alle praktisch in Betracht kommenden Farbtönungen additiv in guter Annäherung zusammenmischen konnte. Und bei einem ganz bestimmten Stärkenverhältnis ergab sich aus den 3 Farbprojektoren sogar ein weitgehend farbloses, «weißes» Licht durch eine Art gegenseitiger Neutralisation. Neuerdings wurden nun auch Leuchtstoffe gefunden

[29], welche beim Getroffenwerden von einem Elektronenstrahl in je einer dieser Grundfarben aufleuchten, wie

Yttriumoxisulfid	mit Europium-Aktivator	rot
Zink-Cadmiumsulfid	mit Kupfer-Aktivator	grün
Zinksulfid	mit Silber-Aktivator	blau.

Für den Leuchtschirm einer Farbbildröhre dürfen 3 solche Leuchtstoffe natürlich nicht etwa in einer gleichmäßigen Mischung von innen auf die Frontscheibe gebracht werden. Sonst könnte ja der Leuchtschirm durch den Elektronenstrahl immer nur in derselben, durch das Verhältnis der Misch-Anteile bestimmten, Farbtönung aufleuchten. Die Leuchtstoffe müssen vielmehr getrennt in einem genauen, fein aufgeteilten «Raster» angeordnet werden. Auch müssen 3 in ihrer Stärke einzeln steuerbare Elektronenstrahlen verwendet werden, derart, daß sie auch getrennt die einzelnen Raster-Elemente treffen. Ein farbiger Bildpunkt setzt sich dann immer aus 3 solchen Raster-Elementen zusammen, einem roten, einem grünen und einem blauen. Von unserem Auge werden sie dann aus der Entfernung «zusammengesehen», mit einem Farbwert, welcher sich entsprechend der Summe der 3 Farbanteile je nach deren gegenseitigen Stärkeverhältnissen ergibt. «Schwarz» entsteht dann durch Unterdrückung aller 3 Elektronenstrahlen.

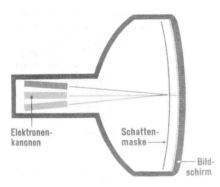

Elektronen-kanonen

Schatten-maske →

Bild-schirm

Bild 26.6: Farbbildröhre mit 3 Strahlerzeugungssystemen (Elektronenkanonen), schematisch.

Die räumliche Anordnung für eine solche Funktionsweise der Farbbildröhre ist so, daß nahe beieinander im Hals der Röhre 3 Strahlerzeugungssysteme («Elektronen-Kanonen») eingebaut sind. Deren Strahlen gelangen, bevor sie den Leuchtschirm erreichen, zu einem gelochten Blech, der sogenannten Schattenmaske, und zwar alle 3 Elektronenstrahlen jeweils gleichzeitig zu ein und demselben Loch, wo sie sich kreuzen. Hinter dem Loch laufen sie gerade soweit auseinander, daß jeder das für ihn bestimmte Farb-Rasterelement der betreffenden Dreiergruppen trifft (Bilder 26.6 und 26.7).

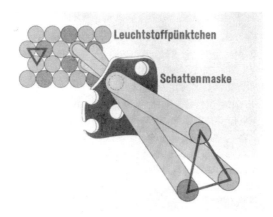

Leuchtstoffpünktchen

Schattenmaske

Bild 26.7: Strahlenführung durch die Schattenmaske zum Leucht-
punkt-Tripel.

Zum Aufnehmen für das Farbfernsehbild können 3 Kameraröhren
mit vorgeschalteten optischen Farbfiltern verwendet werden. Damit die
Abbildungen entsprechend zusammenstimmen, muß für alle 3 ein ge-
meinsames Linsenobjektiv zum Einsatz kommen, hinter welchem eine
Aufteilung des Strahlenganges mittels teildurchsichtigen Spiegeln erfolgt.
Neuerdings gibt es aber auch schon recht gute Farbfernsehkameras mit
nur einer Kamera-Röhre. Dicht vor deren Stirnplatte mit der lichtempfindlichen Schicht ist dann eine optische Filterscheibe mit einem Muster

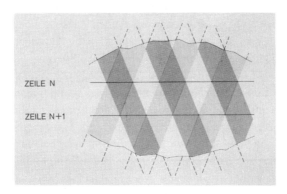

ZEILE N

ZEILE N+1

Bild 26.8: Anordnung gekreuzter Farbfilterstreifen der Filterplatte vor
der Stirnfläche der Aufnahmeröhre. Das Bild stellt einen winzigen Aus-
schnitt dar, mit zwei horizontalen Linien, deren Abstand derjenigen
zwischen zwei räumlich aufeinanderfolgenden Bildzeilen, entsprechend
vergrößert, darstellt.

von z.B. zwei von oben nach unten gehenden Streifenscharen, die sich schräg überkreuzen, angebracht (Bild 26.8). Die eine Streifenschar ist «cyan»-durchlässig, die andere «gelb»-durchlässig. Wo sie sich überkreuzen, wird in subtraktiver Farbmischung nur grün durchgelassen. Die Rasterteilung dieses Filters ist außerordentlich fein: die Streifen haben eine Breite von 15,4 μm, bei 223 Streifenpaaren vor der Bildfläche der lichtempfindlichen Schicht. Jeder Bild-«Punkt» auf dieser wird damit in zwei Stellen verschiedenartiger Beleuchtungsfarbe aufgeteilt, und der Elektronenstrahl ruft beim zeilenweisen Darüberwischen einen entsprechend gegliederten Spannungsverlauf am Arbeitswiderstand hervor, und je nachdem, ob der Strahl bei der einen Zeile über die einfarbigen Streifenpartien, oder bei der darauffolgenden Zeile über die Kreuzungsstellen der Filterstreifen fährt. Diese Spannungen werden dann in einer Art elektronischer Rechenschaltung so verarbeitet, daß einerseits eine dem bloßen Helligkeitsverlauf, andererseits zwei den Farbdifferenzen entsprechende Spannungen verfügbar werden.

Die drahtlose Übertragung für das Farbfernsehen hätte man grundsätzlich in der Weise verwirklichen können, daß für die 3 Farben 3 hochfrequente Bänder vorgesehen worden wären. Dies hätte dann eine fast 3 mal so große Sende-Bandbreite wie bisher für das Schwarz-Weiß-Fernsehen erfordert. Zudem hätten die schon im Gebrauch befindlichen Schwarz-Weiß-Empfänger die neuen Farb-Sendungen nicht in den richtigen Helligkeits-Abstufungen in Schwarz-Weiß wiedergeben können. Ein tieferdringendes Studium der Vorgänge führte dann zu einer Lösung, welche die beiden Schwierigkeiten vermeidet. Anstelle einer unmittelbaren Gliederung in 3 Farb-Kanäle wählte man die Unterscheidung zwischen einer Helligkeits-Komponente und 2 Farbdifferenz-Komponenten. Untersuchungen des menschlichen Sehvermögens zeigten, daß nur die Helligkeits- (Luminanz-) Komponente so strengen Bildschärfe-Bedingungen genügen muß, welche eine oberste Modulations-Frequenzgrenze von 5 MHz erfordern. Demgegenüber kommen die Farbdifferenz (Chrominanz-) Komponenten mit etwa 1 MHz Frequenzgrenze aus, weil unsere Augen gegenüber Färbungswechseln weniger auflösungsfähig sind als gegenüber Hell-Dunkel-Konturen.

Helligkeit und Farbe im selben Frequenzband

Nachdem die einzelnen Fernsehkanäle schon längst eingeteilt und festgelegt waren, stand eine zusätzliche Kanalbreite auch in dieser verringerten Größe nicht mehr zur Verfügung. Und nun gelang es tatsächlich, die Farb-Information noch innerhalb des mit 5 MHz begrenzten Helligkeits-Frequenzbandes mit unterzubringen, ohne dessen primäre Aufgabe merklich zu beeinträchtigen. Dies ermöglichte die besondere Struktur der Frequenzspektren bei streng periodischer Zeilen- und Bild-Abtastung. Eine solche Periodizität bildet sich bei der Darstellung im Frequenzspektrum so ab, daß die darin enthaltenen Frequenzkomponenten relativ nahe bei der Zeilenwiederholfrequenz von 15 625 Hz und deren ganzzahligen Vielfachen bis etwa 5 MHz hinauf zu liegen kommen. Das Spektrum der Helligkeits-Modulation ist also kein «kontinuierliches». Beim Abtasten einer gleichmäßig hellen Fläche würde sich ein reines Linien-Spektrum ergeben. Beim inhaltsreichen Bildfeld ergeben sich verbreiterte, unscharf konturierte Linien an wechselnden Stellen, aber immer in enger Nachbarschaft der genannten Zeilenwiederholfrequenz-Vielfachen. Zwischen diesen Häufungsstellen bleiben Lücken, und das ganze Spektrum gleicht einem Lattenzaun «mit Zwischenraum, um durchzuschaun» (nach Chr. Morgenstern). Und es war überraschend einfach, diese Lücken für die Chrominanz-Modulation zu benutzen. Man verwendet dazu einen primären Chrominanz-Träger, dessen Frequenz gerade in der Mitte zwischen dem 274-fachen und dem 275-fachen der Zeilenfrequenz, d. h. bei 4,8 MHz liegt, und dieser wird mit den beiden Farbdifferenz-Signalen moduliert. Dabei entstehen die Chrominanz-Seitenbänder so, daß sie in die Zaun-Zwischenräume fallen. (Es gibt dabei schon auch gewisse Überschneidungen mit Luminanz-Frequenzkomponenten, aber deren Auswirkungen sind unbedeutend).

Wieso können nun *zwei* Farbdifferenz-Informationen mit einer solchen Amplitudenmodulation des Chrominanz-Trägers verarbeitet werden? Dies leistet ein als Quadratur-Modulation (ein genauerer Ausdruck wäre Orthogonal-Modulation) bezeichnetes Verfahren. Aus einem Oszillator, welcher die Chrominanz-Trägerfrequenz liefert, werden zwei in der Phase um genau 90° gegeneinander versetzte Hochfrequenz-Wechselspannungen abgeleitet und diese mit den beiden Farbdifferenz-Signalen getrennt amplitudenmoduliert. Die so entstehenden Seitenbänder werden unter Elimination der Trägerspannungen in das Luminanzsignal «eingeschachtelt». Das Gesamt-Signal dient dann zur Amplitudenmodulation des Bildträgers im Sender. Im Farbfernseh-Empfänger befindet sich wieder ein Oszillator für den Chrominanz-Träger, aus welchem ebenfalls zwei in der Phase um 90^0 differierende Hochfrequenzspannungen gewonnen und zugesetzt werden, um die beiden Chrominanz-Signale durch phasengesteuerte Gleichrichtung getrennt zu demodulieren. Um Farbfehler zu vermeiden, ist es dabei nötig, einen sehr genauen Synchronismus der Oszillatorphasen im Sender und Empfänger herzustellen. Zu diesem Zweck sind wiederum besondere Techniken entwickelt worden: in Frankreich das Secam-Verfahren, in Westdeutschland das PAL (Phase Alternation Line)-Verfahren von *Walter Bruch*, auf deren Beschreibung wir hier verzichten [29].

Zusammenwirken von Sichtbarem und Hörbarem

Bei den Fernseh-Empfangsgeräten ist die Lautsprecheröffnung gewöhnlich unmittelbar neben dem Bildschirm, z. B. rechts, angebracht. Nun gibt der folgende Versuch einen überraschenden Aufschluß über das Zusammenspiel verschiedener menschlicher Sinnestätigkeiten und deren unbewußte Verarbeitung. Wir schalten das Gerät neu ein, nachdem z. B. die Tagesschau schon «läuft». Zuerst hören wir das Sprechen allein, bis das Erscheinen des Bildes nach einer gewissen Anzahl von Sekunden folgt. Bevor das Letztere eintritt, konzentrieren wir uns schon auf die Richtung, aus der wir die Sprache hören, und stellen dabei die Richtung von der Schallöffnung her fest. Mit dem Erscheinen des Bildes erblicken wir dann auch den Mund des Sprechers. Dies hat jetzt zur Folge, daß die Richtung, aus der wir die Worte zu hören glauben, auf diejenige vom sich bewegenden Sprechermund her «umschlägt», wobei diese Richtungs-«Wahrnehmung» sogar markanter erscheint als die vorige bei noch fehlendem Bild. Sehen wir anschließend eine weitere Szene, wobei der Sprecher zwar weiter redet, aber ohne selbst gesehen zu werden, so klappt die Richtungsortung wieder zurück! Unsere akustische Bestimmungs-Möglichkeit wurde somit beim gleichzeitigen Sehen der agierenden Schallquelle durch deren optische Ortung überfahren.

So kann die Frage entstehen, ob dann für den Fernseh-Ton ein Stereo-System nicht von vornherein sich erübrigt. Mindestens wird es nicht eine so auffallende Verbesserung bringen wie beim bloßen Hör-Rund-funk. Nun ist die optische Ortungshilfe ja durch das Sehen der Bewegun-gen z. B. des Mundes bedingt. Bei andersartigen Szenen, auch bei der Wiedergabe eines Orchesterkonzerts im Fernsehen, sind nicht nur so de-zidierte optische Eindrücke wirksam, so daß zusätzliche akustische Ste-reofonie-Mittel noch gerechtfertigt sein können. Doch welches Chaos kann entstehen, wenn dann während des Konzertes die Kamera Bildfeld und Blickrichtung wechselt?

27. Datenverarbeitung

Nachdem in den vergangenen Jahrhunderten der Mensch seine Gliedma-ßentätigkeit als maschinelle Technik «aus sich hinausgesetzt» hat, gelingt es ihm in diesem Jahrhundert auch, seine Verstandestätigkeit so anzuschauen, daß er sie als Funktions-Verknüpfungen in elektronischen Maschinen simulieren kann. Damit wird im Programmieren dieser Geräte die Beobachtung der eigenen Verstandestätigkeit zur Kulturtechnik. Allerdings dient diese Beobachtung (Analyse der einzelnen Schritte, die zur Lösung eines Problems führen) im Allgemeinen nicht der Selbsterkenntnis, sondern der Bewältigung der gestellten Aufgabe. Denn hier gilt es, erst eine Strategie zu finden, wie das betreffende Problem durch ein geeignetes Maschinenprogramm zu lösen ist, bevor dann das gegebene Zahlen- oder sonstige Material «eingegeben» werden kann. Einen Sonderfall bildet dann noch das Feld der künstlichen Intelligenz. Ihr Anliegen ist, z. B. Rechner so zu programmieren, daß sie sich möglichst «intelligent» verhalten, also etwa «lernfähig» sind (z. B. aus Fehlern zu Verbesserungen gelangende Schachprogramme). Den Computern liegt, wie sich im Folgenden zeigen wird, die Logik zugrunde. So durfte man erwarten, daß mancherlei Leistungen, die dem menschlichen Verstand möglich sind, durch Computer ersetzt werden können. Diese Entwicklung darf man wohl als zeitgemäß betrachten, da die Menschheit, soweit sie auf der Höhe der Gegenwartskultur steht, die Ausbildung solcher mehr routinemäßigen Verstandestätigkeiten abgeschlossen hat, und nun am Erleben und Reflektieren der Denktätigkeit eine neue Stufe ihrer Entwicklung erreichen kann. Allerdings ist dieses Heraussetzen der obigen Art von Verstandestätigkeit eine Gefahr für diejenigen, welche in dieser Tätigkeit die Höhe der Gegenwartskultur noch nicht erreicht haben. Insbesondere gilt das für die Heranwachsenden, die erst etwa in der Mitte der Pubertät diese Stufe erreichen. Das Vorwegnehmenkönnen von nicht wirklich selbst entwickelten Fähigkeiten dürfte ein Quell für die starke Faszination sein, welche für einige Heranwachsende und auch Studenten von solchen Maschinen ausgeht. Weiter unten ist ein Beispiel für solche Faszinationswirkungen geschildert.

Durch den Einsatz der Computer wird der Mensch von einer Reihe Aufgaben befreit, so daß ihm dadurch die Möglichkeit zur Entwicklung höherer, über das Trivial-Verstandesmäßige hinausgehender Fähigkeiten offensteht. Zugleich aber entsteht die Gefahr, daß der Mensch ein Abhängiger von seiner eigenen Schöpfung wird.

Tatsächlich dringen Rechner bzw. Computer heute in immer mehr Lebensbereiche. Aus der Vielzahl seien die folgenden aufgezählt:

Auswertung von Messungen einschließlich Statistik
Mathematische Berechnungen
Kaufmännische Buchhaltung, Bank- und Steuerwesen
Speicherung von Daten, Adressen, Informationen
Maschinensteuerung
Codierung/Decodierung von Schreibweisen
Textverarbeitung
Künstliche Intelligenz
Elektronische Spiele.

Um Verständnis für die Funktionsweisen solcher Computer zu ermitteln, sollen im Folgenden die wichtigsten Grundlagen für die Rechner dargestellt werden. Die in einem Rechner zu verarbeitenden Größen sind entweder Zählgrößen oder Meßgrößen. Mit Zählgrößen hat die Arithmetik zu tun, mit Meßgrößen Geometrie, Bewegungslehre (Phoronomie), Physik. Urbildlich für das Zählen ist dasjenige mit den Fingern (digits). In den drei ersten römischen Ziffern bildet es sich noch ab. In neuerer Zeit setzten sich hauptsächlich die arabischen Ziffern durch, in «dekadischer» Schreibweise, welche wiederum an die 10 Finger anknüpft. – Meßgrößen kommen z. B. als Längen oder als Winkel auf Skalen zur sichtbaren Ablesung, die dann ein Aussprechen oder Aufschreiben wieder in Zahlenform, als Zählwert, ermöglicht.

Entsprechend unterscheidet man auch für das rechnerische Verarbeiten zwei Verfahren

a) das rein arithmetische Zahlenrechnen, dem im Rechner das «digitale» Verfahren entspricht;

b) das mit Meßgrößen mechanischer oder elektrischer Art arbeitende Verfahren, welches häufig auch die Ergebnisse als Meßgrößen auf Skalen liefert. Die Größe einer Zahl erscheint hier im «analogen» Bild einer Länge, eines Zeigerausschlags, einer Lichtpunkt-Auslenkung; daher der Ausdruck: Analog-Verfahren.

271

In ihrer einfachsten Anordnung hatte man die beiden Verarbeitungs-arten in der mechanischen Additionsmaschine (digital) und in dem Re-chenschieber (analog). Bei der Zeitbestimmung sind meist beide Verfah-ren kombiniert. Die Sonnenuhr jedoch stellt eine rein analoge Anord-nung dar. Gemäß unserer gewöhnlichen Vorstellung einer ideal gleich-förmig «verfließenden» Zeit bewegt sich der Schattenzeiger «analog» und rein kontinuierlich. Ähnlich auch die Zeiger von netzgespeisten elektri-schen Uhren, welche einen Synchronmotor enthalten, dessen Drehung analog der weitgehend konstant gehaltenen Drehgeschwindigkeit der Elektrizitätswerks-Maschinen verläuft. In den Zahnradgetriebs-Umset-zungen der Uhr kann allerdings wieder eine eher arithmetisch zu nen-nende Zwischenstufe gesehen werden. – In den weitaus meisten Uhren wird jedoch zunächst ein Schwingungstakt hergestellt und dieser digital umgesetzt, so daß schrittweise Zeigerbewegungen resultieren. Als solche ergeben sie dann wieder eine Analog-Anzeige. Doch tritt neuerdings bei vielen Uhren an Stelle von Zeigern über einem Zifferblatt auch eine Digital-Anzeige mit immer neu erscheinenden Ziffern.

Charakteristische Unterschiede ergeben sich für die beiden Rechen-verfahren hinsichtlich Genauigkeit und Anschaulichkeit. Beim Rechen-schieber ist der zu erwartende Rechenfehler durch die Einstellgenauig-keit auf den Skalenteilungen und die Herstellungsgenauigkeit dieser Skalen selber, sowie durch die Anzahl der aufeinanderfolgenden, ein-zelnen Rechenvorgänge bestimmt und liegt z.B. bei einigen Promille. – In den elektronischen Analogrechnern wird einer Rechengröße eine elektrische Spannung bestimmter Höhe zugeordnet. Die Genauigkeit wird hier ebenfalls durch die Einstellgenauigkeit, ferner durch die so-genannte Drift, d.h. die zeitliche Variation «fest» eingestellter elektri-scher Komponentenwerte, begrenzt. Als Vorteil des Analogrechners ist die meistens fast sofort erscheinende, anschauliche Resultat-Dar-stellung zu werten. Für viele mathematische Aufgaben, z.B. bei Diffe-rentialgleichungen kann ein elektrisches Analogon erstellt werden, und es können vollständige Lösungsfunktionen als Kontinua ausge-geben werden (etwa als Verlaufskurven auf dem Schirm eines Oszil-loskops).

Beim Digitalrechner werden keine Kontinua erfaßt, sondern einzelne Rechenwerte, wobei diesen «Zustände» des Rechners entsprechen. Die einfache mechanische Additonsmaschine trägt Ziffern auf den 10 Zäh-nen jedes Zahnrades, welches für je eine Stelle der Zahl vorgesehen ist.

Rechenwerte, wobei diesen «Zustände» des Rechners entsprechen. Die einfache mechanische Additionsmaschine trägt Ziffern auf den 10 Zähnen jedes Zahnrades, welches für je eine Stelle der Zahl vorgesehen ist. Sollen zwei Zahlen addiert werden, so werden diese zuerst an je einem Zahnradsatz eingestellt. Anschließend werden die Zahnräder so in Eingriff gebracht, daß ein Zurückdrehen der Räder des ersten Summanden die Räder des zweiten Summanden um ebensoviel vorwärtsdreht, so daß der Zahnradsatz des letzteren die Summe anzeigt. Für die Drehung jedes Rädchens über die 9 hinweg muß noch eine besondere «Übertrags-Mechanik» mitwirken. Die Rückdrehvorgänge müssen deshalb in zeitlichem Nacheinander von rechts nach links geschehen. Dies vergrößert den Zeitaufwand umso mehr, je größer die Stellenzahl, entsprechend der verlangten Genauigkeit, gewählt ist.

Soll eine sich stetig ändernde Meßgröße in digitaler Form weiterverarbeitet werden, so müssen deren Werte in einem geeigneten Takt diskret abgegriffen werden. Es ergibt sich dann eine Reihenfolge von Zuständen des Rechners, etwa wie auf einem Film eine wirkliche Bewegung durch eine Folge von Momentbildern dargestellt wird. Eine solche Substitution mag der Unfähigkeit unseres Alltags-Bewußtseins entsprechen, voll wach mit Verwandlungen umzugehen. Bewegung ist für dieses Bewußtsein ein Urteil, das es aus dem Nacheinander-Auftreten verschiedener Zustände fällt. Doch ist es dem heutigen Menschen auch möglich, das statische Gegenstandsbewußtsein allmählich durch Üben einer bewußten Gedankenführung zu überwinden [2, 38, 39]. Manche großen Leistungen der modernen Digitaltechnik wurden allerdings gerade durch das genannte Substituieren möglich.

Um aus den analogen Spannungen digitale Spannungen zu bekommen, haben sich verschiedene Verfahren herausgebildet. Als Beispiel sei ein Analog-Digital-Wandler nach der «Zeit»-Methode beschrieben: Eine linear mit der Zeit ansteigende Spannung wird mit der zu messenden Spannung verglichen. Ein Takt-Generator erzeugt zeitlich aequidistante Impulse, die jeweils vom Anfangspunkt der zeitlinear ansteigenden Spannung bis zu dem Moment gezählt werden, wo die Meß-Spannung mit der erzeugten Spannung übereinstimmt. Die Anzahl der Impulse in der Zwischenzeit wird so zum Maß für die Höhe der Spannung. Von der getakteten Impulsfolge wird ein Binärzähler gesteuert, der die Impulszahl in eine Binärzahl umwandelt.

In der mechanischen Rechenmaschine erfolgte das Rechnen im gebräuchlichen Dezimalsystem. Bei den Zahnrädern der mechanischen Rechner war es naheliegend, 10 unterschiedliche Winkelstellungen von Rädern als 10 Einstell-«Zustände» zu realisieren. Für das Rechnen mit elektronischen Mitteln hat sich solches als unzweckmäßig erwiesen. Zehn Zustände einer elektrischen Leitung würden einen unverhältnismäßigen Aufwand erfordern.

Binär-System

Das Gegebene war, hier auf nur zwei Zustände zurückzugreifen, nämlich die Zustände mit und ohne Spannung. Praktisch wurden es die beiden «TTL»-Pegel (Transistor-Transistor-Logik): «High» = annähernd 5 Volt und «Low» = wenig über Null Volt. Damit kann dann im Zweier- oder Binär-System gerechnet werden.

Alles digitale Rechnen geschieht durch Zählvorgänge, und diese erfordern gerade im Binärsystem den geringstmöglichen Aufwand an Einzelelementen. Letzteres ist schon beim Zählen mit den Fingern unserer Hände zu verdeutlichen. Gewöhnlich tun wir das im Dezimalsystem und kommen dabei im einfachen Durchgang über beide Hände bis 10. Weiter kommen wir auf eine andere Art, wo wir mit den Fingern der rechten Hand bis 5 zählen, und dann den ersten Finger der linken Hand als nächste Ziffernstelle weiter links nehmen, d.h. wir zählen mit der linken Hand, wie oft wir rechts bis 5 gezählt haben. Indem wir so weiter die linke Hand für den Stellenschritt benützen, können wir statt im Dezimalsystem in einem Sechsersystem bis zum Schluß des 6. Durchgangs weiterzählen und kommen so bis zu einer Anzahl, welche im Dezimalsystem 35 ist. Dies ist noch ohne große Kunst durchzuführen. Noch weit höher führt jedoch das Zweiersystem. Dazu ist schon dem zweiten Finger rechts die nächste Ziffernstelle zuzuordnen. Dann reichen die 10 Finger der beiden Hände schon aus, um bis zur – wieder dezimal ausgedrückt – Endzahl 1023 zu kommen. Nur – dies erfordert praktisch eine Fingerfertigkeit, welche wie die eines Klaviervirtuosen erübt werden müßte.

Die folgende Tabelle zeigt die Umwandlungen der Dezimalzahlen von 0 bis 10 in Binärzahlen (zweite Spalte), sowie in solche, die durchgängig auf 4 Stellen ergänzt sind (dritte Spalte).

274

Dezimal	Binär	
0	0	0000
1	1	0001
2	10	0010
3	11	0011
4	100	0100
5	101	0101
6	110	0110
7	111	0111
8	1000	1000
9	1001	1001
10	1010	1010

Es seien drei einfache Beispiele von Addition und Multiplikation auf-
gezeigt, wie sie sich im Dezimalsystem und im Binärsystem ergeben:

	Dezimal	Binär
Addition	4 + 6 —— 10	100 + 110 —— 1010
Multiplikation	6 · 2 —— 12	110 10 —— 000 110 —— 1100
	3 · 5 —— 15	11 · 101 —— 11 00 11 —— 1111

Dabei zeigt sich ein weiterer Vorteil des Binärsystems: Die Multiplikation wird zurückgeführt auf Stellenverschiebungen des einen Multipli-
kanden und eine anschließende Addition der verschobenen Zahlen. Damit wird die ganze Komplexität dessen umgangen, was wir uns im

Rechenunterricht als kleines oder gar großes «Einmaleins» einzuprägen hatten. Die vereinfachte Operation muß dann allerdings sehr oft ausgeführt werden.

Für das Verwirklichen des Rechnens im dualen System mit zwei Spannungszuständen innerhalb elektronischer Schaltungen war entscheidend die Tatsache, daß dieses Zweiersystem (als sog. Boolesche Algebra) fundamentalen Gegebenheiten der einfachen «wahr»/«falsch»-Logik entspricht. Diese Zwei-Werte-Logik (tertium non datur = ein Drittes, außer wahr und falsch, wird nicht zugelassen) geht in ihren Gesetzen auf Aristoteles zurück. Eine Aussage ist dementsprechend entweder wahr oder falsch. Die genannte Logik formalisiert die Gesetze zu Regeln, so daß man mit diesen rechnen kann. «Wahr» und «falsch» verlieren dabei ihre eigentliche Erkenntnisbedeutung; sie werden zu bloßen Rechnungsmünzen. Dennoch werden die Tabellen, in denen man die verschiedenen möglichen Kombinationen von «wahr» und «falsch» zusammenstellt, sinnverfälschend «Wahrheitstafeln» genannt.

Für elektronisches Rechnen wurde dann die folgende Zuordnung eingeführt:

Logik	Binärziffern	Spannungspegel
«wahr» (w)	1	5 Volt
«falsch» (f)	0	0 Volt

Innerhalb dieser Logik gilt nun der Satz, daß beliebige Aussage-Strukturen auf eine mehr oder weniger komplizierte Zusammenfügung der Grund-Verknüpfungen zurückführbar sind: UND, ODER, NICHT. In der elektronischen Rechentechnik werden allerdings meist die Kombinationen NICHT UND = NAND sowie NICHT ODER = NOR verwendet, da die Schaltungen aus invertierenden Schaltverstärkern bestehen.

Die UND-Verknüpfung sei durch das Beispiel einer einstimmigen Beschlußfassung verdeutlicht: Nur, wenn alle dafür («wahr») sind, ist der Beschluß gefaßt («wahr»). (Es sei hierzu noch festgestellt, daß ein solches UND nicht mit dem «und» des Addierens verwechselt werden darf).

Ein entsprechendes Beispiel für die ODER-Verknüpfung: Beim Einsprucherheben reicht es, wenn einer einen Einspruch macht («wahr»), damit der Einspruch besteht («wahr»).

Im einfachen Fall von nur 2 Partnern a und b erhalten wir die «Wahrheitstafel»:

a	b	a UND b	a ODER b	NICHT a
f 0	f 0	f 0	f 0	w 1
f 0	w 1	f 0	w 0	w 1
w 1	f 0	f 0	w 1	f 0
w 1	w 1	w 1	w 1	w 1

Für unser Rechnen brauchen wir jetzt geeignete Repräsentanten der 3 Grundverknüpfungen. Dabei besteht für die industrielle Fertigung der Vorteil, daß man nur die elektronischen Bauelemente für diese 3 Grundverknüpfungen (und deren Kombinationen) zu produzieren braucht.

Das Addierwerk

Um den Weg von einem Rechenproblem bis zu einer entsprechenden Maschine durchzuführen, sei hier eine einfache Addition gewählt.

Der erste Schritt besteht in einer «Systemanalyse»: Die Regeln des Addierens müssen logisch gefaßt werden. Es seien die Zahlen 4 und 6 binär addiert:

	Dezimal	Binär	
	0	0	
	1	1	
	2	10	
	3	11	
4	4	100	100
	5	101	
+ 6	6	110	+ 110
	7	111	
————	8	1000	————
	9	1001	
10	10	1010	1010

Dabei kamen folgende Fälle vor:

$$0 + 0 = 0$$
$$0 + 1 = 1$$
$$1 + 0 = 1$$
$$1 + 1 = 10$$

Diese Verknüpfungstafel müssen wir nun durch eine Logik «simulieren». Folgende Verknüpfung leistet das Gewünschte: (-a UND b) ODER (a UND -b) und der Übertrag: a UND b

a	b	a UND b	-a	(-a UND b)	-b	(a UND -b)	( ) ODER ( )
0	0	0	1	0	1	0	0
0	1	0	1	1	0	0	1
1	0	0	0	0	1	1	1
1	1	1	0	0	0	0	0

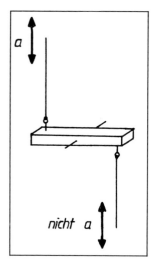

Bild 27.1: Stäbchen-Faden-Modell für Umkehrfunktion.

In den hervorgehobenen Kästchen ist die Verknüpfungstafel erkennbar. Im nächsten Schritt sind geeignete Repräsentanten von UND, ODER und NICHT zu bauen. Wir wollen der Durchschaubarkeit wegen Kombinationen aus Bindfäden und Hölzchen nehmen in der folgenden Art (Bild 27.1, 2, 3).

NICHT: Wenn der Faden bei a nach oben geht, so wird das Hölzchen um D gedreht und -a geht nach unten (und umgekehrt) (Bild 27.1).

ODER: Wird am Faden bei a oder bei b (oder an beiden) gezogen, so geht das damit verbundene Hölzchen ebenfalls nach oben (Bild 27.2).

UND: Der Faden, der a und b verbindet, ist durch eine Öse geführt. Mit dieser Öse ist ein zweiter Faden verbunden, der durch ein Loch im Hölzchen durch dieses hindurch geht. Dieser Faden endet mit einem Knoten, so, daß der Knoten das Hölzchen berührt, wenn an a oder an b

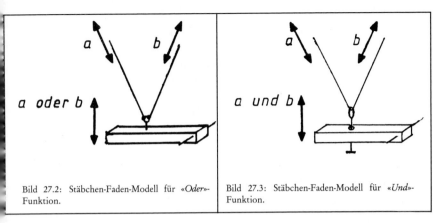

Bild 27.2: Stäbchen-Faden-Modell für «Oder»-Funktion.

Bild 27.3: Stäbchen-Faden-Modell für «Und»-Funktion.

(nicht aber an beiden) gezogen wird. Erst wenn an a und b zugleich um den vorgesehenen Betrag gezogen wird, geht das Hölzchen mit nach oben (Bild 27.3).

Durch Zusammensetzen der Elemente kann eine Anordnung wie in Bild 27.4 erhalten werden. Indem die Hölzchen zugleich als Anzeige dienen, ergeben sich so die wesentlichen Teile eines 1 Bit-Addierers mit Übertrag. Durch Kaskadieren solcher Rechenwerke können im Prinzip beliebig genaue Rechenmaschinen zusammengestellt werden.

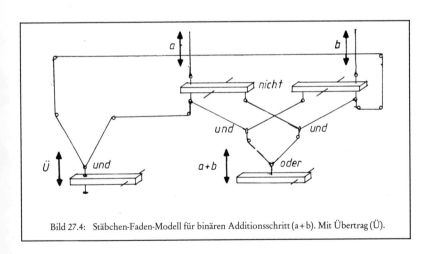

Bild 27.4: Stäbchen-Faden-Modell für binären Additionsschritt (a + b). Mit Übertrag (Ü).

Erkenntnistheoretische Zwischenbemerkung

Betrachten wir noch einmal die vollzogenen Schritte:
1) Aus der Vielfalt der Wirklichkeit wird eine Größe allein, die Meßgröße, abstrahiert.*
2) Diese wird in ein Analogon (elektrische Spannung) umgewandelt. Auch dieser Schritt ist insofern eine Abstraktion, weil eben die verschiedensten physikalischen Größen in elektrische gewandelt werden.
3) Die kontinuierliche analoge Spannung wird in einzelne Ziffern von Binärzahlen zerlegt. (Analog-Digital-Wandlung).

Nach diesen Abstraktionen liegt das Zahlenmaterial (die Daten) vor, mit denen gerechnet werden kann. Neben den Daten braucht es für die Berechnung noch die Rechenregeln. Am Beispiel der Addition ergab sich (vgl. oben):
1) «Systemanalyse»: Die Rechenoperation wird in die in ihr vorkommenden Einzelschritte zerlegt. (Verknüpfungstafel).
2) Wegen des Binärsystems lassen sich die Ziffern 0 und 1 den «Werten» wahr und falsch der (zweiwertigen) Logik zuordnen (Abstraktion von der Qualität «wahr» (bzw. «richtig» und «falsch»). Damit steht der ganze Vorrat der logischen Verknüpfungen und ihrer Gesetzmäßigkeiten zur Verfügung.
3) Alle Verknüpfungen lassen sich auf 3 Grundoperationen (ODER, UND, NICHT) reduzieren.
4) Diese Verknüpfungen werden durch elektrische Schaltungen (bzw. Fäden und Hölzchen) simuliert. Solche Schaltungen können auf Grund ihrer Stereotypizität massenweise hergestellt werden.

Es wird deutlich, daß mit jeder eingeführten Abstraktion ein Qualitätsverlust einhergeht. Daß die Rechenergebnisse am Ende Aussagewert haben, liegt daran, daß der Programmierer, sozusagen Erzeuger und Kontrolleur, um die Bedeutung der Ergebnisse weiß. Er codiert die Größen und ist so auch in der Lage, sie nach der Berechnung wieder zu decodieren. Damit setzt sich die Behandlung der Daten aus zwei wesentlichen Komponenten

---

* Ausgangspunkt der Betrachtungen ist hier die messende Naturwissenschaft. Geht man andererseits z. B. von der numerischen Mathematik aus, so wird ebenfalls eine Abstraktion durchgeführt, da die innerlich zu erlebenden und zu prüfenden mathematischen Gesetzmäßigkeiten aus dem Bewußtsein herausgesetzt werden und im Probieren («experimentelle Mathematik») auf der Maschine ein abgelöstes Dasein führen. Die Abstraktion liegt hier in der Veräußerlichung des Mathematisierens.

zusammen: dem formalisierbaren Rechenteil und dem Bewußtsein dessen, der die Bedeutung der durchgeführten Operation betreut. (Dieses Prinzip liegt schon in den Textaufgaben im Schulunterricht vor).

Für das Rechenwerk, oder allgemeiner den Computer, sind selbstverständlich die Operationen völlig «bedeutungs»los. Bedeutung können sie nur für ein denkendes und erlebnisfähiges Ich-Bewußtsein haben.

Betrachtet man die Art der hierfür gepflogenen Bewußtseinsbetätigung, so wird deutlich, daß Analyse und Abstraktion die Grundlagen bilden. Bei der ausführlichen Beschäftigung mit diesem Gebiet (insbesondere beim Programmieren) zeigt sich, daß man auch ein gutes Vorstellungsvermögen braucht, um die Operation zu überblicken. Das Besondere dieser Vorstellungen besteht darin, daß sie sich einerseits auf Nicht-Sinnliches beziehen, andererseits aber Prozessualität vermeiden. Alle Schritte werden in Zuständen gedacht. (Für die Schaltkreise werden zwar Schaltzeiten angegeben, während derer sie von einem Zustand in einen anderen übergehen; während dieser Übergangszeiten sind die Schaltungen in einem (im Sinn von «wahr» und «falsch») nicht definierten Zustand. Je länger diese Übergangszeiten sind, desto geringer ist die Rechengeschwindigkeit). Diese Art zu denken kommt dem heutigen Alltagsbewußtsein in zweifacher Weise entgegen: Einerseits ist es zunächst sowieso unfähig, anderes als Zustände (Gegenstände) zu denken, andererseits trägt das moderne Bewußtsein in sich die veranlagte Möglichkeit zum Bildbewußtsein (imaginatives Bewußtsein). Dieses Bildbewußtsein kann in sich die Fähigkeit ausbilden, Prozeßbilder, d. h. Prozesse zu Bildern zu gestalten, zu erarbeiten. Dieser Fähigkeit wirkt die oben charakterisierte im beschriebenen Sinn entgegen. Der Prozeß wird geradezu zum störenden Artefakt degradiert. Man kommt zwar in ein sinnlichkeitsfreies Gebiet, aber beschränkt sich auf vorgestellte Zustände, die dann künstlich Sinnescharakter bekommen. Diese werden dann als Modelle schließlich in den Rechenmaschinen verwirklicht. Blickt man auf die sozialen Auswirkungen solcher auf hoher Abstraktion beruhenden Maschinen, so kann man diese Kraft in der Entfremdung von der Arbeit wieder finden: «Sie befreit die Arbeit vom Inhalt» (Der Spiegel, 1983).

Bevor auf die genauere Beschreibung der Technik eines Computers eingegangen wird, soll zunächst ein Erlebnisbericht aus dem Umgang mit solchen Maschinen eingefügt sein:

Gleich nach der Schule mußte ich ein Programm für ein Laborgerät zubereiten. In dieser Zeit saß ich oft ca. 40 Stunden/Woche hinter dem Bildschirm. Dabei habe ich die Zeit für das Erdenken der Programme noch gar nicht mitgerechnet. Oft fuhr ich dann nachmittags in das Rechenzentrum, um ein Programm «zum Laufen zu bringen». Ungezählte Male machte mir die «Kiste» einen Strich durch die Rechnung: «Error» oder «Fatal Error» war die Meldung der Maschine, also im Programm waren Fehler. Ich sehe mir den Computerausdruck an; ja natürlich, wenn ich so einen Unsinn programmiere, dann «kann das Ding ja nicht laufen». Ich korrigiere den Fehler, jetzt wird es sicher gehen. Nein, andere Fehler. Erneutes Suchen. Nach mehr oder weniger langem, konzentriertem Nachdenken, das in seiner Art dem des Schachspielens ganz verwandt ist, konnte auch dieser Fehler behoben werden. – Aber jetzt wird es klappen. Nein, die gleiche Fehlermeldung, es war also doch noch etwas anderes falsch. So geht das stundenlang. Wenn dann die Hoffnung steigt, daß das Ende der Sitzung nicht mehr fern sein kann, «bricht das System zusammen», d. h. das Programm, das die Maschine verwaltet, macht Fehler. Nun muß das System erst neu in die Maschine «geladen» werden. Das dauert eine halbe bis zwei Stunden. «Blöde Kiste!» schimpfe ich vor mich hin. Solange ist kein Rechenbetrieb möglich. Soll ich nun nach Hause fahren? Doch das lohnt sich nur, wenn es wirklich länger als zwei Stunden dauert – also warten. Warten in einem Raum, der erfüllt ist vom dauernden Surren der verschiedenen Gebläse, beleuchtet vom bleichen Licht der Neonröhren. Fenster, geschweige denn Blumen, gibt es nicht. Milchweiß gekalkt, eine Tafel, ein paar Plastiktische, zwanzig Bildschirmgeräte. Einige Menschen, die so fade aussehen wie der Raum selbst: hohle Augen, schlappe Haltung, Bart, alles formlos im Ausdruck, die Gesichter bleich, teils ausgemergelt und ausgehöhlt. Und ich? – Auch nicht besser. Ich habe zwar noch immer keinen Bart, aber mein Blick stiert durch die Wände hindurch. Ich merke gar nicht, daß ich nur mit einem Auge sehe. Viele schielen hier mit einem Auge nach außen. – Also warten. Aber jetzt kommt die Wirkung der intensiven Arbeit an der Maschine: Es fängt an zu denken: könnte man nicht ein gewisses (nüchtern betrachtet: völlig belangloses) Problem viel eleganter dadurch lösen, daß man…(Rollenaustausch: Jetzt bin ich die Maschine und werde programmiert). Mit Hilfe meiner Intelligenz programmiert es mich. «Ich will eigentlich nicht!» – «Es wäre aber doch interessant und dann ausgesprochen elegant». Es ist furchtbar, ich will nicht, aber ich kann nicht anders.

282

Das hat man im Mittelalter bestimmt Besessenheit genannt. – Ah, die Kiste läuft wieder. Fast wie auf ein Kommando beginnt das Geklapper der Menschenhände auf den Tastaturen. – Ist ja klar, jetzt muß ich erst einmal die neue Idee testen, ob das tatsächlich funktioniert. Es funktioniert natürlich nicht, weil Fehler drin sind. Nach zwei Stunden Testen war immer noch eine «Macke» im Programm. Immer erneutes Durchdenken der Programmschritte. Da, das ist er, ja, das muß der Fehler sein. In fliegender Eile und mit fahrigen Bewegungen korrigiere ich und «baue» dadurch natürlich neue Flüchtigkeitsfehler ein. Als endlich alle beseitigt sind, kommt die große Enttäuschung: das Problem ist *so* gar nicht lösbar. Ärgerlich schiebe ich die Unterlagen zur Seite. Wieder war ich für Stunden Knecht der Maschine. Ich war ja eigentlich gekommen, um für das Laborgerät zu programmieren. Also daran weiter. Nach ungezähltem Versuch und Irrtum läßt sich das Problem zu einem vorläufigen Abschluß bringen (Was ich damals noch nicht wissen konnte: das Programm wird später nie benutzt werden). Mir reicht's. Ausgehöhlt, unruhig und zerschlagen wie nach einer langen Autofahrt in dichtem Verkehr bei Nacht packe ich meine Sachen, verabschiede mich von den letzten der einsamen Kämpfer – die anderen sind vorher schon gegangen – mit: «Also Tschüss denn und viel Glück noch!» – «Hm, ja danke». Er sieht kaum auf und ich gehe. Nun ist es schon wieder hell geworden! Na, wenigstens die Morgenstimmung ist echt! Im Auto kommen die Gedanken an das alte, belanglose, aber ungelöste Problem wieder. Da – verflixt, mir kommt ein Einfall: so könnte es vielleicht doch lösbar sein. Soll ich zurückfahren? Die Situation ist unentschieden: eigentlich bin ich viel zu müde und habe außerdem gar keine Lust. Aber es zwingt: es wird wahrscheinlich doch so funktionieren. Ich fluche halblaut auf die blöde Kiste, aber leihe ihr für heute morgen nur noch mein müdes Bewußtsein, zu sehen bekommt sie mich nicht. Bis an die Schwelle des Schlafes nagt dieses elende Problem an mir. Endlich kann ich in den Schlaf entfliehen.

Funktion eines Rechners, Hardware

Mit Hardware wird die materielle und elektronische Seite des Rechners bezeichnet (vgl. Software, s.u.).
Wir haben bisher einen Teil der Zentraleinheit (Central Processing Unit,

CPU) besprochen, nämlich den Addiervorgang des Rechenwerks (Arithmetical/Logical Unit, ALU). Ein solcher Prozessor, wenn er aus einem einzigen integrierten Schaltkreis besteht, spricht man von Mikroprozessor (µP), besteht noch aus einer ganzen Reihe weiterer Einheiten (Bild 27.5).

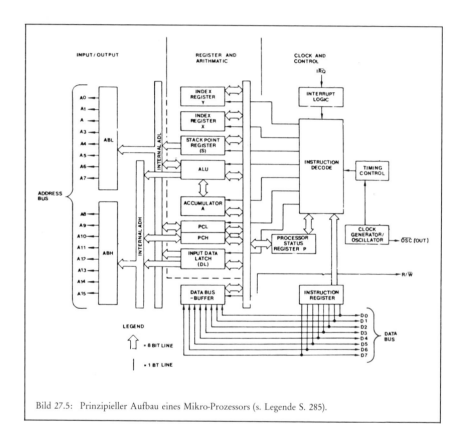

Bild 27.5: Prinzipieller Aufbau eines Mikro-Prozessors (s. Legende S. 285).

Nun ist mit einem µP allein noch nicht viel anzufangen. Zusätzlich bedarf es noch eines Speichers, der die Programme und Daten aufnimmt und mindestens einer Eingabe/Ausgabe (Input-Output Unit, I/O-Unit).

Legende zu Bild 27.5:

ABL ABH:
Adress-Bus low/high order

ADL, ADH:
Adress low Byte / high Byte

Index Register:
Register für indirekte Speicheradressierung

Stack Point Register:
Register zeigt auf die letzt benützte Speicherzelle im Stack, einem Teil des Haupt-Speichers, in dem z.B. die Rücksprungadressen für Unterprogrammsprünge gespeichert werden.

ALU:
Arithmetical/Logical Unit = Rechenwerk

Accumulator:
Schneller Rechenspeicher

PCL, PCH:
Program-Counter low/high. Speicher, der die Adresse des nächsten zu bearbeitenden Befehls anzeigt. (Für Programmsprünge braucht dieser Zeiger nur entsprechend verändert werden.)

Latch, Buffer:
Zwischenspeicher.

Processor Status Register:
Speicher, dessen Bits die Wirkung der durchgeführten Operation anzeigt, z.B. Overflow (Ergebnis zu groß), Negativ (Ergebnis kleiner 0), Zero (Ergebnis = 0).

IRQ:
Interrupt Request: Laufendes Programm wird durch ein Signal auf dieser Leitung unterbrochen und ein spezielles Unterprogramm zwischengefügt (etwa, um die Uhr des Rechners sekundlich weiterzustellen). Das unterbrochene Programm wird dann fortgesetzt.

OSC:
Oscillator-Signal, Output. Der Rechentakt (Clock), in dem Befehl um Befehl abgearbeitet wird (1-4 MHz), steht auf dieser Leitung zur Verfügung. Der Strich zeigt, daß es sich hier um ein invertiertes Signal handelt (0V true, 5V false).

Speicher

Nachdem die ersten Speicher sog. Kernspeicher waren, die aus Eisenringen bestanden, die sich magnetisieren liessen (mit dem Vorteil, daß sie nach Abschalten ihren Inhalt behielten), benützt man heute für den Zentralspeicher ausschließlich Halbleiterspeicher. Das Grundelement eines solchen bistabilen Speichers ist das Flip/Flop (siehe auch Kap. 20). Man kann es sich aus zwei gegenseitig verkoppelten NAND-Gattern** bestehend denken: (Bild 27.6).

** Da Verstärker gewöhnlich ihr Ausgangssignal gegenüber dem Eingang invertieren, werden die verneinten logischen Funktionen verwendet NAND = Not – And. (s. o.!)

285

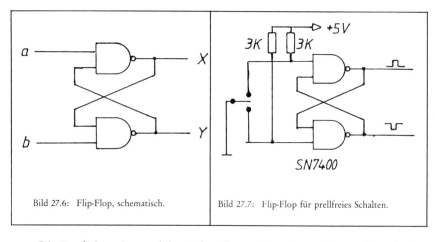

Bild 27.6: Flip-Flop, schematisch.

Bild 27.7: Flip-Flop für prellfreies Schalten.

Die Funktion eines solchen Flip-Flops sei an einem Anwendungsbeispiel demonstriert: Gewöhnlich sind Schalter nicht prellfrei, d.h. beim Schließen oder Öffnen des Kontaktes findet nicht ein einmaliger Kontakt statt, sondern eine ganze Serie von Berührungen. Dies ist z. B. bei Tastaturen ein Problem, da man beim Drücken einer Taste diese eben nur einmal «ansprechen» lassen will und nicht das getastete Zeichen als en gros Lieferung wünscht. Die Schaltung Bild 27.7 entprellt solche Tasten; sie ändert ihren (gespeicherten) Zustand erst, wenn der Schalter den jeweils anderen Kontakt berührt.

Der Schalter ist das einfachste Beispiel für eine «Tri-State»-Funktion. Wir haben bisher immer von 2 Zuständen einer Leitung gesprochen und haben dabei stillschweigend vorausgesetzt, daß der Zustand für das System von Bedeutung ist. Wir fügen jetzt einen dritten Zustand hinein: «Leitung ist nicht adressiert». Elektrisch heißt das: Die Leitung ist weder High noch Low, also mit + oder mit - verbunden, sondern einfach hochohmig. Der Schalter schaltet hier die jeweils berührte Leitung Low, während er die andere hochohmig «schaltet».

Damit gewinnen wir das Prinzip der Adressierung: Eine geeignete Logik sucht aus der Vielzahl der vorhandenen Flip-Flops eines Speichers (gegenwärtig bis zu 256k = 256 · 2^{10} Flip-Flops) das Adressierte aus und verbindet es mit der Datenleitung, deren momentaner Zustand gespeichert werden soll. Nachdem das Flip-Flop den entsprechenden Zustand angenommen hat, wird die Verbindung wieder unterbrochen. Damit haben wir den Schreibvorgang in ein sog. RAM (Random Access Memory) beschrieben. Das Lesen geht nach dem gleichen Motto: Die

Adressierlogik wählt das entsprechende Flip-Flop und verbindet dessen Ausgang mit der Ausgangsleitung des gesamten Speichers.

Je nachdem, wie genau ein Rechner arbeiten soll, d. h. aus wieviel Bit ein Datenwort bestehen soll, muß die interne Leitungsstruktur ausgelegt sein. Nehmen wir an, die sog. Bit-Breite soll 1 Byte = 8 Bit betragen, wie das bei den einfacheren Processoren der Fall ist. (Seit 1984 kommen bereits 16 Bit und 32 Bit-Versionen auf den Markt). D. h. es werden 8 parallele Datenleitungen und entsprechend 8 RAM's parallel geschaltet, die alle gemeinsam adressiert werden (Bild 27.8). Je breiter ein Datenbus ist, d. h. je mehr parallele Leitungen er hat, desto genauer kann er je Befehlszyklus rechnen. Die Genauigkeit (d. h. Anzahl der gültigen Ziffern je Zahl) läßt sich auch noch auf eine zweite Art steigern, indem man die Zahlen aus mehreren Bytes zusammensetzt. Die Rechnung wird dann Byte für Byte (beim 8-Bit-Bus) ausgeführt, dadurch wird aber die Rechengeschwindigkeit reduziert. (Die zweite Geschwindigkeits-begrenzende Größe ist die Schaltzeit der Schaltungen, s. o). Beim 16-Bit-Bus werden 2 Bytes in einem Zyklus verarbeitet.

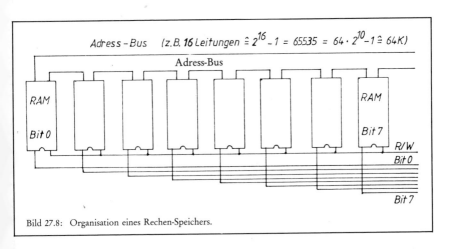

Bild 27.8: Organisation eines Rechen-Speichers.

Die RAM's sind außerdem mit dem sog. Adressbus verbunden und haben je eine Verbindung zum entsprechenden Datenbus. Man spricht hier anschaulich von Bus, weil alle Daten durch diesen Bus transportiert werden und an den verschiedenen Haltestellen, die sich durch ihre Adressen unterscheiden, ein- oder ausgeladen werden.

Ob an einer Haltstelle (Adresse) gelesen oder geschrieben werden soll, bestimmt die Read/Write-Leitung. Ist sie high, so wird gelesen, ist sie low, dann wird geschrieben. Natürlich kann immer nur ein Datenwort je Zeiteinheit auf dem Bus von/zur entsprechenden Adresse transportiert werden. Klar ist auch, daß nur eine Einheit – gewöhnlich der µP – adressieren und die R/W-Leitung steuern darf. Ein Computer enthält also zwei Bus-Systeme: Den Daten-Bus (gewöhnlich 8 Bit oder 16 Bit breit) und den Adress-Bus (16 Bit und mehr), sie entsprechen etwa dem Kreislaufsystem des Menschen, das alle Organe miteinander verbindet. Entsprechend sind die verschiedenen Einheiten, (von denen wir bisher nur die CPU und den Speicher betrachtet haben,) an beide Bus-Systeme angeschlossen (Bild 27.9).

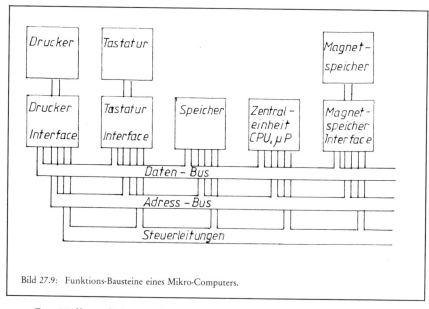

Bild 27.9: Funktions-Bausteine eines Mikro-Computers.

Der Vollständigkeit halber sei erwähnt, daß es neben den RAM's auch ROM's (Read Only Memory), Nur-Lesespeicher gibt. In ihnen sind feste Werte, etwa häufig benützte Programme, gespeichert. Sonderformen sind EPROM's (UV-Erasable Programm-ROM), die mit

UV-Licht gelöscht und dann mit neuen Festwerten versehen werden. Der Vorteil dieser letzteren Speicher ist, daß ihr Inhalt nach Abschalten des Rechners erhalten bleibt.

Eingabe/Ausgabe-Einheiten

Neben den Speichern und der CPU sind an den Bus auch I/O-Einheiten (Input/Output) angeschlossen. Wenn sie adressiert werden, senden sie Daten auf den Bus (Input-device) oder empfangen Daten vom Bus (Output device). Die Einheiten sind von großer Vielfalt. Es seien stellvertretend drei herausgegriffen: Die Tastatur, der Drucker und eine Kassetteneinheit.

Eine TASTATUR, etwa nach obigem System entprellt, besteht nur aus Tasten, die so in einer Matrix angeordnet werden, daß die Kombination von Spalte und Zeile eine Taste definiert und die entsprechende Bit-Kombination einer Norm (etwa ASCII, d.h. American Standard Code for Information Interchange) entspricht. Diese Bit-Kombination, die der gedrückten Taste entspricht, wird an einer adressierbaren Speicherstelle zwischengespeichert (gepuffert). Aus dieser Speicherstelle (Register) wird – wenn ein entsprechender Code-Befehl im Programm vorkommt – der Code der zuletzt gedrückten Taste vom Prozessor (CPU) über den (Daten-)Bus geladen und gemäß Programm weiterverarbeitet.

Beim *Drucker* vollzieht sich ein vergleichbarer Vorgang in umgekehrter Richtung: Gemäß Programm sendet der Prozessor eine Bit-Kombination, die dem zu druckenden Zeichen entspricht, an eine definierte Speicherstelle (Output-Register). Zwischen dieser (zum Rechner gehörenden) und dem Drucker liegt die «Schnittstelle» (Interface), welche über eine Anzahl von Leitungen geschlossen wird. Im Drucker werden nun diese Zeichencodes so umcodiert, daß sie z.B. die 8x8 Nadeln eines Matrix-Druckers zu steuern vermögen. Das Prinzip des Matrix-Druckers besteht aus einer 8x8 Matrix, die aus Nadeln besteht, von deren jede durch einen Elektromagneten gegen die Papierfläche geschlagen werden kann. Ein zwischen Nadeln und Papier liegendes Farbband hinterläßt nach einem solchen Anschlag einen schwarzen Punkt. Die Druckzeichen werden aus solchen Kombinationen von Punkten zusammengesetzt. Um den Drucker richtig ansteuern zu können, muß noch mindestens eine Steuerleitung neben den – meist 8 – Datenleitungen vorhanden sein, die signalisiert, daß der Drucker den Druckvorgang beendet hat und bereit ist, das nächste Zeichen zu empfangen.

Bei einem *Kassettengerät* als externem Speichermedium liegt eine Kombination von Eingabe- und Ausgabegerät vor. Die Modulation des Magnetbandes der Kassette erfolgt wie bei jedem gewöhnlichen Audio-Kassettengerät: Es werden zwei verschiedene Töne benutzt, um die 1-bzw. 0-Zustände als Magnetisierungen des Bandes darzustellen. Die Daten werden hier allerdings – im Unterschied zum Drucker, dort wurden immer 8 Bit parallel (gleichzeitig) ausgegeben – Bit-seriell ausgegeben, da sie nacheinander – Bit für Bit – auf die Magnetspur kommen. Wieder werden die Daten 8 Bit-parallel vom Datenbus an das I/O-Register ausgegeben. Von dort aus werden sie dann mit einem sog. Shiftregister (Schieberegister) Bit um Bit auf die Ausgabeleitung geschoben. Ein Maß für die Leistung der Übertragung ist die Geschwindigkeit, in der das geschieht (Bit/s). Beim Lesen des Bandes vollzieht sich der gleiche Vorgang in umgekehrter Reihenfolge. Zusätzlich braucht man Steuerleitungen für die Positionierung des Bandes. Bandeinheiten haben den Nachteil, daß sie sequentiell aufzeichnen. Es kann ein bestimmter Datensatz nur erreicht werden, wenn alle vorausgehenden Daten gelesen bzw. interpretiert worden sind. Dies vermeiden Speicherplatten, die mit magnetisierbaren Schichten versehen sind. Die heute verbreiteste Form ist die Floppy Disc, eine verformbare magnetisierbare Scheibe von 8 1/2" oder 5" Format. Eine solche Platte speichert bereits Informationsmengen von 1 M Byte = $1000 \cdot 2^{10} \cdot 8$ Bit und man kann an jede Stelle direkt zugreifen. Die Zugriffszeit ist hier für die Übertragungsgeschwindigkeit wichtig.

Die Software eines Rechners

Analog zur Hardware spricht man von den «weichen» Teilen, den Programmen als Software.

Kern und bestimmende Größe eines Rechners ist sein Prozessor (CPU). Er legt die möglichen Grundbefehle fest. Hier haben sich verschiedene Familien herausgebildet, die sich in ihrem Befehlsvorrat und in der Struktur ihrer schnellen Zwischenspeicher (Register) unterscheiden. (Die Befehlsklassen sind aber durchaus vergleichbar).

Es gibt:

a) Speicherbefehle
b) Sprungbefehle
c) Vergleichsbefehle
d) Arithmetische Befehle
e) Logische Befehle
f) Spezialbefehle.

zu a) Im wesentlichen gibt es 2 Sorten von Speicherbefehlen: Wert vom Prozessorregister in die Peripherie (Massenspeicher, I/O-Geräte), den Store-befehl und die umgekehrte Richtung: Wert in Register laden, den Load-befehl.

zu b) Bei den Sprungbefehlen geht es um bedingte und unbedingte Sprünge. In jedem Fall werden Befehle, die gemäß Programm in einer Reihenfolge im Speicher stehen, übersprungen und das Programm an der im Sprungbefehl angegebenen Adresse fortgesetzt. Bei den bedingten Sprüngen wird nur verzweigt (gesprungen), wenn eine gegebene Bedingung erfüllt ist (z. B. ein bestimmtes Bit in einem bestimmten Register gesetzt ist ($=1$).

zu c) Die Vergleichsbefehle sind in der Lage, solche Bedingungsbits (vgl. b) zu setzen ($=1$) oder zu löschen ($=0$). Der Vergleich findet gewöhnlich zwischen einem Prozessorregister und einer Speicherstelle statt. Typische Vergleiche: $=$, $<$, $>$.

zu d) Bei den arithmetischen Befehlen hängt es von der Art des Prozessors ab, ob er nur addieren und subtrahieren oder auch multiplizieren und dividieren kann. Kann er nicht hardware-mäßig multiplizieren/dividieren, so müssen diese Befehle durch kleine Programme ersetzt werden, die z. B. die Multiplikation auf fortgesetzte Addition und Shift zurückführen. Bei den Shift-Befehlen wird das Datenwort um ein Bit nach links (Multiplikation mit 2) oder nach rechts (Division durch 2) geschoben.

zu e) Bei den logischen Operationen kommen hauptsächlich die schon erwähnten «UND», «ODER», «NICHT» in Betracht.

zu f) Schließlich gibt es noch eine Reihe Spezialbefehle, die besondere Zustände des Prozessors steuern können, auf die hier aber nicht näher eingegangen werden soll.

Nun ist die direkte Programmierung des Prozessors sehr unhandlich, denn jeder Befehl ist durch eine Zahl oder Zahlenfolge ausgedrückt, die als Programm irgendwo im Speicher steht. Nur solche Zahlenfolgen können den Prozessor steuern. Um nun etwas komfortabler programmieren zu können, werden mnemonische Abkürzungen aus Buchstaben definiert, etwa «asl» für «arithmetic shift left».

Nun bedarf es eines Programmes, das einerseits die eingegebenen Abkürzungen in die zugehörige Zahlenfolge umwandelt, andererseits dem Programmierer die Berechnung von Sprüngen abnimmt. Diese Programme, die sehr Prozessor-spezifisch sind, werden Assembler genannt.

Doch ist auch die Programmierung im Assembler nicht komfortabel, dafür allerdings sehr vielseitig. Um komplexere Probleme, etwa (mathematische) Rechnungen durchzuführen, bedient man sich sog. höherer Programmiersprachen; die in den µC meistverwendete ist BASIC. Das Programm, das ein solches in Basic geschriebenes Programm in die Maschinensprache übersetzt, heißt (BASIC) Compiler. Wenn das Programm das BASIC-Programm nicht als ganzes übersetzt, bevor es ausgeführt wird, sondern der BASIC-Code Befehl für Befehl in Maschinensprache übersetzt und ausführt, spricht man von Interpreter. Mit letzterem lassen sich Programme gut korrigieren, da man nur die fehlerhafte Stelle in Programmen ändert und ausführt, nicht aber erst das ganze Programm zu übersetzen braucht. – Der Vorteil der compilierten Programme liegt in ihrer wesentlich höheren Geschwindigkeit.

Der Aufbau von solchen Betriebs-Programmen ist recht komplex. Folgende Funktionen werden durchgeführt:

Lesen des Basic-Codes
Analyse des gelesenen Befehls
Analyse der zugehörigen Operanden
Zerlegen des Befehls in ausführbare Maschinenschritte
Prüfung auf Programmierfehler, ggf. Fehlermeldung
Speicherverwaltung
I/O-Steuerung (Tastatur/Bildschirm).

Aus der Vielfalt der zu lösenden Aufgaben sei die Berechnung des Logarithmus einer Zahl herausgegriffen. (Für sin/cos/exp/tan/atn etc. ist das Verfahren analog).

Voraussetzung ist, daß ein Multiplikationsprogramm existiert. Das Logarithmieren wird auf die Berechnung der ersten Glieder einer Potenzreihe zurückgeführt. Dabei ist die Anzahl der berücksichtigten Glieder maßgebend für die Genauigkeit der Berechnung.

$$\ln(1 + x) = x - \frac{x^2}{2} + \frac{x^3}{3} - \frac{x^4}{4} + \ldots$$

Auf diese Art wird jede höhere Rechnungsart auf die vier Grundrechnungsarten zurückgeführt. Allerdings ist die Berechnung sehr zeitaufwendig. Vergleichsweise am längsten dauert das Potenzieren, weil hier die Basis zunächst logrithmiert, dann mit dem Exponenten multipliziert und schließlich delogarithmiert wird.

Damit sind die Grundbestandteile eines Rechners beschrieben. Für das weitere Studium sei auf die Spezial-Literatur verwiesen.

28. Technischer Anhang

1) *Kleiner Netzgleichrichter für +/- 1240 Volt.*

Das Gerätchen enthält eine Spannungs-Vervierfacherschaltung mit 4 Gleichrichter-Dioden BYX 10 und 4 Speicherkondensatoren 0,1 μF/630 V, sowie einen zweipoligen Umschalter. Dieser ist dafür vorgesehen, daß entweder an der + Buchse eine positive Spannung von 1240 V gegen 0, oder an der – Buchse eine ebensogroße negative Spannung gegen 0 verfügbar wird. Die beiden je nach der Schalterstellung spannungsführenden Buchsen bzw. Apparatklemmen sind über je einen Schutzwiderstand 10 MOhm angeschlossen. Damit sind ungewollte Berührungen für den Experimentierenden ungefährlich. Vorsicht ist allerdings geboten, wenn mittels des Gerätchens ein Kondensator größerer Kapazität aufgeladen wird. Jeder irgendwie aufgeladene Kondensator für höhere Spannungen kann bei Berührung gefährlich werden!

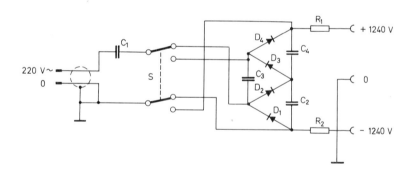

Bild 28.1: Kleiner Netzgleichrichter für +/– 1240 Volt, als Spannungs-Vervielfacher geschaltet. Je nach der Stellung des Schalters S ist an der Plusklemme oder an der Minusklemme die angeschriebene Spannung gegen Null verfügbar. Versehentliche Berührung ist ungefährlich!

2) *Universal-Netzgleichrichter für Starkstrom-Versuche mit Gleichspannung.*

Das Gerät darf nur von Personen mit ausreichenden Starkstrom-Kennt-

294

nissen betrieben werden. Es enthält eine Brückenschaltung mit 4 einzelnen hochbelastbaren Silizium-Gleichrichterdioden (2 x BYX 38 -1200 und 2 x BYX 38 - 1200 R) auf 2 größeren Kühlkörpern, sowie einen Speicher aus 10 Einzel-Elektrolytkondensatoren 250 µF/350 V; ferner eine 10 A-Sicherung im Wechselstromzweig und eine 6 A-Sicherung im Gleichstromzweig. Außerdem sind 3 Buchsenpaare vorgesehen, um den Gleichrichter verschiedenen Aufgaben anzupassen, sowie ein zweipoliger Trennschalter auf der Gleichspannungsseite. Das Buchsenpaar 1-2 ist wechselstromseitig für einen Längswiderstand oder eine Längs-Induktivität vorgesehen, welche zur Begrenzung der Ladestromspitzen vor allem bei großer Strom-Entnahme gebraucht werden.

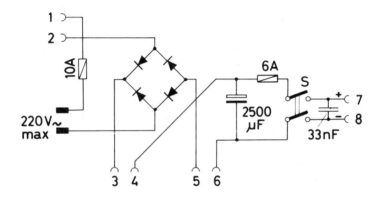

Bild 28.2: Universal-Netzgleichrichter für Starkstrom-Versuche mit Gleichspannung bis maximal etwa 300 Volt; Stromstärken bis etwa 5 Ampere. Der Gebrauch setzt zureichende Kenntnis der Strom-Gefahren voraus!

Der Universal-Netzgleichrichter kann auf dreierlei Arten benutzt werden:
a) Als Brückengleichrichter ohne Speicherkondensator.
Einspeisung mit zweiadrigem Netzkabel, ggf. über einen Stell-Transformator, auf das Stiftepaar. Buchsen 1 - 2 über Schutzwiderstand (mind. 6 Ohm) oder Schutz-Induktivität (mind. 40 mH) oder im Fall eines vorgeschalteten Stelltransformators mit getrennter Sekundärseite direkt verbunden. Gleichstrom-Abnahme von den Buchsen 3 (+) und 5 (–).

b) Als Brückengleichrichter mit Speicherkondensator.
Einspeisung und Schaltung der Buchsen 1 - 2 wie oben. Die Buchsen 3 - 4 und 5 - 6 durch je einen Kurzschluß-Stecker verbunden. Gleichstrom-Abnahme von den Buchsen 7 (+) und 8 (-).
c) Als Einweg-Gleichrichter mit Speicherkondensator.
Einspeisung über Einzel-Verbindungslitzen: Spannungsführender Pol, ggf. über Schutzwiderstand oder -Induktivität, an Buchse 2, Rückleitungs-pol an Buchse 6. Buchsen 3 - 4 durch Kurzschluß-Stecker verbunden. Gleichstrom-Abnahme von den Buchsen 7 (+) und 8 (-).
Besonders sei noch auf das Folgende hingewiesen: Wenn der Universal-Netzgleichrichter in Brückenschaltung direkt, oder über einen Stelltrafo mit nicht galvanisch getrennter Sekundärseite, benutzt wird, so führen beide Buchsen 7 oder 8 zusätzlich eine nichtsinusförmige Wechselspan-nung gegen Erde. Dies bedeutet Berührungs-Gefahren auch auf der Rückleitungsseite und oftmals sonstige Schwierigkeiten. Beides vermei-det man am besten durch Vorschalten eines Isolier-Stelltrafos!

3) Elektrometrischer Verstärker (Ladungsverstärker).

Die 'Empfindliche Platte' (EP) kann entweder durch Influenz oder di-rekt durch berührende Übertragung eine elektrische Ladung zur Mes-sung aufnehmen. Zur Eigenkapazität dieser Platte gegen Gehäuse/Erde können mittels eines 'Empfindlichkeitsschalters für Ladungen' über ei-nen Beruhigungswiderstand R_1 drei verschiedene Kapazitäten parallel ge-schaltet werden. Der zweipolige Empfindlichkeitsschalter hat insgesamt 5 Stellungen. Im Uhrzeigersinn folgen aufeinander:

Stellung 1   0,22 nF höchste Empfindlichkeit
Stellung 2   Entladung der Platte nach Gehäuse
Stellung 3   2,2 nF mittlere Empfindlichkeit
Stellung 4   Entladung der Platte nach Gehäuse
Stellung 5   22   nF niedrigste Empfindlichkeit

Dem Aufbringen einer Ladung Q entspricht eine Spannung $U = Q/C$ an der eingeschalteten Kapazität. Sie wird über einen Widerstand R_2 (zum Verhindern wilder Schwingungen) einem Operationsverstärker (OV) mit MOS-FET-Eingang zugeführt, und am Ausgang des OV ist ein Meßinstrument mit Zeiger und Skala angeschlossen. Ein Bereichs-Schal-ter erlaubt die Wahl verschiedener Verstärkungsverhältnisse des OV, in-dem die Spannungsteilung im Gegenkopplungszweig verändert wird.

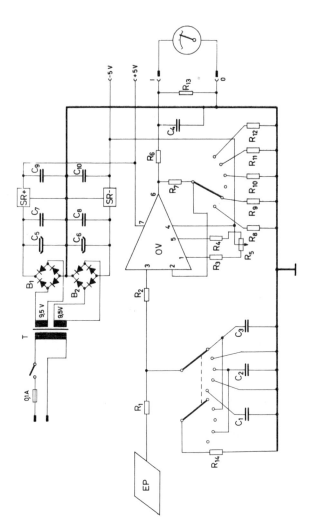

Bild 28.3: Elektrometrischer Verstärker für die Messung kleiner elektrischer Ladungen bei Elektrostatik-Versuchen (bis maximal 10 Nanocoulomb) oder für Gleichspannungsmessungen ohne Strombelastung in den Bereichen 100 Millivolt, 0,2 - 0,5 - 1,0 Volt. Das Gerät wird mit abgeschirmtem Kabel aus der Netzsteckdose betrieben.

Von den 6 Stellungen dieses Schalters erlauben die Stellungen 1 und 2 eine direkte Ablesung in Pico-Coulomb bzw. Nano-Coulomb (pC bzw. nC); die Stellungen 3 - 6 Spannungs-Ablesungen mit den Bereichen 1 V, 0,5 V, 0,2 V, 0,1 V. Für die Stellungen 1 und 2 des Bereichs-Schalters gelten dann je nach der durch den Empfindlichkeitsschalter für Ladungen gewählten Kapazität für die letzteren die folgenden Meßbereiche:

	0,22 nF	2,2 nF	22 nF
Stellung 1	20 pC	200 pC	2 nC
Stellung 2	100 pC	1 nC	10 nC

(1 pC = 10^{-12} Coulomb = Ampere-Sekunden, 1 nC = 10^{-9} Coulomb.)

Der Ausgang des OV ist auf ein Anzeige-Instrument mit Nullpunkt in Skalenmitte und den Bereichen + 1 mA und – 1 mA angepaßt. Die Speisung des OV mit + 5 V und – 5 V erfolgt aus einem Netzgleichrichter über je einen Spannungsregler (SR + und SR –). Das Netzanschlußkabel ist mit einem Abschirmschlauch umhüllt, damit kapazitive Einwirkungen der Netzwechselspannung auf die EP vermieden werden.

Es seien noch die folgenden Empfehlungen für den praktischen Gebrauch des Gerätes gegeben:

Die Null-Kontrolle vor einer Messung wird zunächst in der Stellung 4 des Empfindlichkeits-Schalters vorgenommen, und für die Messung dann auf Stellung 5 geschaltet. Wenn der Ausschlag zu klein ist, wird für nochmalige Null-Kontrolle auf 2 und für empfindlichere Messung auf 3 geschaltet. Die Stellung 1 kommt nur für feinste Einwirkungen in Frage. Zeigt sich in dieser Stellung schon bei geschlossenem Deckel über der EP ein Ausschlag, so wird der Deckel nur ein wenig geöffnet und z.B. mit einem kleinen Schraubenzieher der Spalt zwischen EP und Gehäuse kurzzeitgleitend überbrückt, um eine eventuelle Rest-Ladung von C_1, C_2 oder C_3 zu beseitigen. Dann erst wird durch volle Deckel-Öffnung Meßbereitschaft erstellt. Schon irgendwelche Bewegungen des Experimentators in der Nähe bringen dann deutliche Ausschläge hervor, welche auf statische Aufladungen hinweisen.

Einbauteile des «Elektrometrischen Verstärkers»:

R_1	Widerstand	330 kOhm			T	Netztransformator 220 V/ 2 x 9,5 V,
R_2	"	820 Ohm				0,1 A
R_3	"	4,7 kOhm				
R_4	"	4,7 kOhm			B_1	Brückengleichrichter
R_5	Potentiometer	2,2 kOhm			B_2	"
R_6	Widerstand	800 Ohm	± 1%		SR_+	Festspannungsregler für + 5 V
R_7	"	47 kOhm	"	"	SR_-	" " - 5 V
R_8	"	4,7 kOhm	"	"		
R_9	"	39 kOhm	"	"	OV	Operationsverstärker mit MOS-
R_{10}	"	47 kOhm	"	"		FET-Eingang CA 3140 T.
R_{11}	"	11,8 kOhm	"	"		
R_{12}	"	5,2 kOhm	"	"		
R_{13}	"	10 kOhm				
R_{14}	"	1 kOhm				
C_1	Präzisionskondensator	200 pF	± 1%			
C_2	"	2,2 nF	"	"		
C_3	"	22 nF	"	"		
C_4	Folienkondensator	47 nF				
C_5	Elektrolytkondensator	470 µF				
C_6	"	470 µF				
C_7	Wickelkondensator	470 nF				
C_8	"	470 nF				
C_9	"	1 µF				
C_{10}	"	1 µF				

4) *Hochspannungserzeuger 2 x 20 kV.*
Der Hochspannungserzeuger wird an eine Gleichspannungsquelle angeschlossen, welche etwa 12 bis 35 V mit einer Stromstärke bis etwa 4 A liefern kann, bei sich wiederholenden Stromspitzen von maximal 9 A.

Das Gerät arbeitet mit zwei Auto-Zündtransformatoren und einem
elektronischen Unterbrecher für deren Primärstrom. Die Steuerung der
Unterbrechungen kann entweder durch einen internen Taktgeber mit
einer Impulsfrequenz von etwa 500 Hz oder durch einen externen Recht-
ecksignal-Generator mit Frequenzen von wenigen Hz bis etwa 700 Hz
erfolgen. Die Zündtransformatoren können gleichphasig oder gegenpha-
sig mit beliebiger Polarität der Hochspannungsspitzen geschaltet werden.

Dafür sind 2 zweipolige Umschalter in den Primärzweigen der Transformatoren vorgesehen.

Die Schaltung funktioniert folgendermaßen:

a) mit eingebautem Taktgeber: Zwei Transistoren Tr 1 und Tr 2 sind als astabiles Flip-Flop geschaltet. Am Verbindungspunkt R_3 – C_4 entsteht eine Rechteckspannung, welche über R_2 mittels des Schalters S_1 an den Eingang der Unterbrecherschaltung gelegt werden kann (s. weiter unten!).

b) mit äußerem Taktgeber an Buchse b über R_1 und den Schalter S_1 auf die nun zu beschreibende Unterbrecherschaltung. Zwei Transistoren Tr 3 und Tr 4 sind als monostabiles Flip-Flop geschaltet. Durch die negativen Spannungsflanken der am Eingang liegenden Rechteckspannung werden die Transistoren Tr_3, Tr_4, und Tr_5 stromführend, und nach einer Zeit, welche wesentlich durch die Kapazität C_7 und die Widerstände R_8 und R_9 bestimmt ist, kippt die Schaltung zurück in den stabilen Zustand. Mittels des Stellwiderstandes R_8 kann diese Zeitspanne verändert werden. Über einen Treiber-Transformator T_1 wird die Parallelschaltung der Leistungstransistoren Tr 6 und Tr 7 angesteuert, so daß während der Stromflußzeiten der vorausgehenden Transistoren auch die letztgenannten Strom führen. Beim Unterbrechen desselben entstehen dann jeweils die Hochspannungsimpulse.

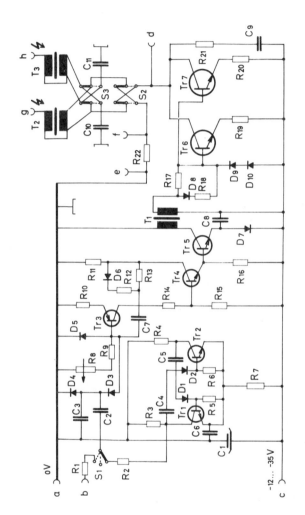

Bild 28.4: Hochspannungserzeuger für 2 × 20 kVolt. Speisung aus externem Netzgleichrichter mit max. etwa 35 Volt, 4 Ampere. Der Apparat mit eingebautem elektronischem Unterbrecher liefert Induktionsspannungsspitzen an den Klemmen g und h, so daß z. B. über zwei externe Hochspannungs-Gleichrichter eine Leidener Flasche auf 40 000 Volt aufgeladen werden kann. (Größte Vorsicht bei diesem Versuch: Entladung über den menschlichen Körper wäre höchst gefährlich!).

Einbauteile des Hochspannungsgerätes 2 x 20 kV.

Tr1, Tr2	Transistoren BC 108 b		C_1	Elektrolytkondensator	15 000 μF,	
Tr3	Transistor BC 177				40 V	
Tr4	Transistor 2N 3440		C_2	Wickelkondensator	2,2 nF	
Tr5	Transistor BU 105		C_3	"	1 "	
Tr6, Tr7	Transistoren BU 108		C_4	"	68 "	
D1, D2	Dioden BAX 13		C_5	"	68 "	
D3, D4, D5, D6	Dioden BYX 10		C_6	"	1 μF	
D7, D8, D9, D10	Dioden F 111		C_7	"	32 nF	
R_1, R_2	Schichtwiderstände	3,3 kOhm	C_8	"	1 μF	
R_3, R_4	"	600 Ohm 1 W	C_9	"	0,33 μF 6	
R_5, R_6	"	56 kOhm	C_{10}	"	2,2 nF 5C	
R_7	Schichtwiderstand	1 kOhm 1 W	C_{11}	"	2,2 nF 5C	
R_8	Schicht-Drehwiderstand	10 kOhm				
R_9	Schichtwiderstand	820 Ohm				
R_{10}	"	100 Ohm				
R_{11}	Drahtwiderstand	220 Ohm 5 W				
R_{12}	Schichtwiderstand	6,8 kOhm				
R_{13}	"	10 kOhm				
R_{14}	"	2,35 kOhm 1 W				
R_{15}	"	4,7 kOhm				
R_{16}	"	270 Ohm				
R_{17}	Drahtwiderstand	10 Ohm 5 W				
R_{18}	"	1,8 Ohm 5 W				
R_{19}	"	0,27 Ohm 5 W				
R_{20}	"	0,27 Ohm 5 W				
R_{21}	"	5,6 Ohm 5 W				
R_{22}	"	0,10 Ohm 5 W				
T_1	Transformator auf Blechkern M 55					
	w_1 = 198 Wind. 0,6 Ø					
	w_2 = 36 Wind. 0,8 Ø					
T_2, T_3	Auto-Zündtransformatoren PX 12 - 103 R (Fabrikat «Prüfrex»).					
S_1	Drehschalter 1 x 3					
S_2, S_3	Umschalter, zweipolig, (2 A, 250 V)					

5) Experimentier-Oszillator mit Leistungstransistor.
Einbauteile.

A   Amperemeter mit Bereichsumschaltung extern in der Plus-Zuleitung, am besten mit vorgeschalteter flinker Sicherung 250 mA.

R_1 Widerstand 21 kOhm 1 W, oder 3 Metallfilmwiderstände 62 kOhm parallel

R_2 Widerstand 33 Ohm

R_3 Drehwiderstand 10 kOhm logarithmisch

R_4 Widerstand 1 Ohm, zwecks geringster Induktivität in Gestalt zweier parallelgeschalteter Metallfilm-Widerstände je 2 Ohm

R_5 Drahtwiderstand 47 Ohm 5 W

C_1 Kondensator 22 nF, in Gestalt von 2 Parallelschaltungen mit je 2 Präzisionskondensatoren 22 nF/500 V in Reihe

C_2 Wickelkondensator 8,2 nF/500 V

C_3 „   2,2 µF/250 V

$L + L_R$ Spule mit 17 Windungen aus blankem Kupferdraht 4 mm Ø, Windungs-Durchmesser 156 mm, Ganghöhe 10 mm, freitragend auf Isoliergestell, angezapft bei 2 Windungen für L_R. Induktivität L der oberen 15 Windungen (für den Schwingkreis) 25 µH.

D_1 Germanium-Golddraht-Diode AAZ 15

D_2 Siliziumdiode BA 148

D_3 „   BY 208 – 1000

Tr   Schalttransistor BU 105.

Schaltzeichen

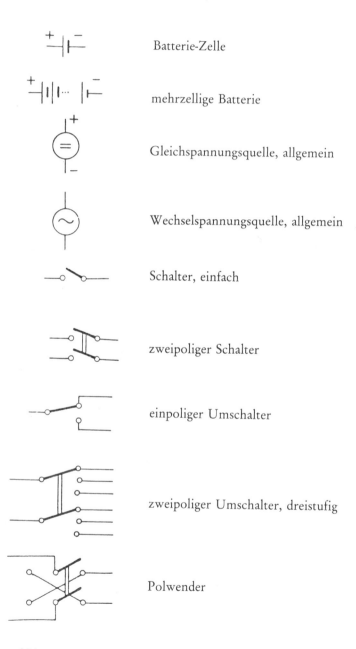

Batterie-Zelle

mehrzellige Batterie

Gleichspannungsquelle, allgemein

Wechselspannungsquelle, allgemein

Schalter, einfach

zweipoliger Schalter

einpoliger Umschalter

zweipoliger Umschalter, dreistufig

Polwender

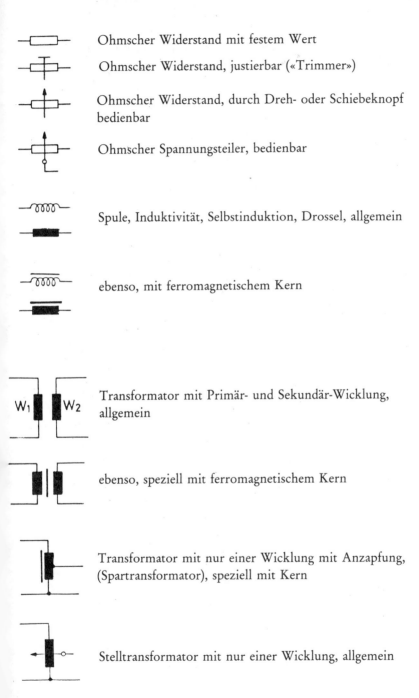

Ohmscher Widerstand mit festem Wert

Ohmscher Widerstand, justierbar («Trimmer»)

Ohmscher Widerstand, durch Dreh- oder Schiebeknopf bedienbar

Ohmscher Spannungsteiler, bedienbar

Spule, Induktivität, Selbstinduktion, Drossel, allgemein

ebenso, mit ferromagnetischem Kern

Transformator mit Primär- und Sekundär-Wicklung, allgemein

ebenso, speziell mit ferromagnetischem Kern

Transformator mit nur einer Wicklung mit Anzapfung, (Spartransformator), speziell mit Kern

Stelltransformator mit nur einer Wicklung, allgemein

305

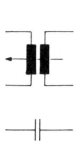 Stelltransformator mit galvanisch getrennten Wicklungen für Primär- und Sekundär-Seite

 Kondensator, Kapazität, allgemein

 Elektrolyt-Kondensator

 Drehkondensator

 Trimm-Kondensator, Kapazitätstrimmer

 Verbindung nach «Masse» oder Gehäuse

 Verbindung nach Erde

 Sicherung (Nennwert 0,2 Ampere)

 Gleichrichter-Diode

Flächentransistor npn

Flächentransistor pnp

Feldeffekt-Transistor (mit Isolierschicht)

 Mikrofon

 Schallstrahler, Lautsprecher

 Fernhörer

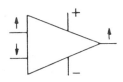 Operations-Verstärker

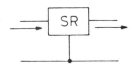 Spannungsregler

Schlußbetrachtungen

Bei einem Blick auf die Gesamtheit des Gebietes von Elektrizität und Elektromagnetismus kann uns eine beträchtliche Anzahl von polaren Begriffspaaren auffallen, wie sie in der folgenden Tabelle, ohne Anspruch auf Vollständigkeit, aufgeführt sind:

1 Leiter / Isolator
2 Plus / Minus
3 Ein / Aus
4 Nordmagnetisch / Südmagnetisch
5 Stromquelle / Verbraucher
6 Elektrisches Feld / Magnetisches Feld
7 Gleichstrom / Wechselstrom
8 Generator / Motor
9 Kapazität / Induktivität
10 Sender / Empfänger
11 Fühler / Steller
12 Verstärker / Abschwächer
13 Eingang / Ausgang
14 n - leitend / p - leitend
15 Hochpaß / Tiefpaß
16 Anfachung / Dämpfung (von Schwingungen)
17 Zeitverlauf / Frequenzspektrum
18 Analog / Digital

Elektrizität verbindet und trennt die Verhältnisse an verschiedenen Orten. An die Stelle eines ganzheitlichen Naturprozesses treten Teilprozesse an den einzelnen Orten; zwischen den Teilprozessen bestehen ganz bestimmte einzelne Beziehungen. Auch sind die Teilprozesse im allgemeinen verschiedenartig und oft von einem entsprechenden Blickwinkel aus eben gerade polar zu anderen. Auch komplizierte elektrische Anlagen sind so entworfen und aufgebaut, daß sie eine Anzahl völlig gesonderter Einzelfunktionen enthalten, welche wie die Glieder einer oder mehrerer Ketten aneinandergesetzt sind. Dies im Gegensatz zur natürlichen Umwelt oder auch großen Kunstschöpfungen, wo alles mit allem lebendig zusammenwirkt. Schon das Licht, das auf unsere Umgebung fällt, zeigt uns diese in einem universellen «Erscheinungs-Zusammenhang» [24]. Die in einer Apparatur wirksame Elektrizität erweist sich demgegenüber als etwas von Baustein zu Baustein stückweise einzelne Dinge Vollführendes. Dieses Reich der Elektrizitätstechnik zeigt sich damit nach Worten Rudolf Steiners ganz besonders als «nach unten hin von der Natur emanzipiert» [42].

Blicken wir noch auf besondere Folgen von Elektrizitäts-Anwendungen. Der Arbeiter, der ein Elektrowerkzeug gebraucht, wird dadurch im einfachsten Fall von einem großen Teil willentlicher Kraftanstrengung entbunden, oder er kann weit über Menschenmaß hinausgehende Kraftleistungen erbringen. Präzise Automaten ersetzen das genaue Beobachten der Vorgänge am Werkstück durch einen Handwerker und machen dessen Geschicklichkeit überflüssig. Und auf einer nächsten Stufe springt an Stelle logischer Verstandesarbeit und Rechnung der Computer ein, bis der Mensch schließlich nur noch die richtigen Drucktasten zu wählen hat. Er ist aber als ein Wesen veranlagt, das nur in vielseitiger, übender Bemühung von Denkkraft, Feinfühligkeit und willensmäßiger Gliedmaßenbetätigung wirkliche Befriedigung finden kann. In seinem Buch «Die Magie der Drucktaste» zeichnet *Emil Kowalski* psychologische Folgesituationen einer solchen Technik [21].

Gehen wir weiter zur Informationstechnik, besonders zur Fernseh-Journalistik. Es wird oft euphorisch von deren raum- und zeitüberwindenden Verbindungsmöglichkeiten gesprochen. Doch sollte unser Bewußtsein auch auf die trennenden Kehrseiten gelenkt werden. Erleben wir denn noch eine Wirklichkeit, wenn uns ein Fernseh-Team eine zur «show» gemachte Reportage vermittelt? Rudolf Steiner sah schon 1924 auf die Anfänge der Funk-Übermittlungstechnik und sprach aus, daß sie dazu führen werde, daß die Menschen diese Nachrichten «nicht mehr kapieren». Und was haben wir heute? Mit Bezug auf eine Rede von *Neil Postman* aus USA anläßlich der Entgegennahme seines Preises des Deutschen Buchhandels 1984 [31] bemerkt *Christoph Lindenberg*, daß wir, (z.B. als Tagesschau-Betrachter) verleitet werden, auch das Ernsteste als Unterhaltung zu konsumieren, auch Katastrophenbilder aufzunehmen «wie Buntes aus aller Welt» [22]. So sind wir innerlich von dem Geschehen doch wieder wesentlich getrennt.

Mit der Elektrizität treten gegenwärtig in einem nicht mehr zu überblickenden Umfang Angebote aller Art wie Versuchungen an uns heran.

Wir sind in der Lage des Faust, als Mephisto sich ihm zu Diensten bereitstellt. Mephisto hat von Gott die Erlaubnis dazu erhalten. Auch die Elektrizität ist uns rechtmäßig als Zivilisations-Einschlag unserer Epoche zugekommen. Wir können im Einzelfalle unser Bewußtsein auf den Unterschied lenken, ob eine technische Errungenschaft allgemein menschlichen Interessen dient, d. h. jedem zugutekommen kann, oder ob sie im Dienste von Macht- oder Mammons-Interessen zum Einsatz kommt. Bezüglich des Maßes der Anwendungen wird es immer dringlicher, die ökologischen Zusammenhänge mit in Betracht zu ziehen. Und im Blick auf die Heranwachsenden sind psychologische Folgen noch weit umfassender zu untersuchen.

Zu Beginn der Ausführungen dieses Buches war uns schon die Merkwürdigkeit der Kräfte entgegengetreten, die über Abstände hinweg zwischen Körpern wirken. Die Elektrophysik hat auf ihrem Weg über die Atom-Modelle in ihren Konsequenzen dazu geführt, daß wir auch das Festsein von Gegenständen nur noch als Wirkung solcher Kräfte-Arten zu verstehen haben; daß Stofflichkeit überhaupt als «Maya» erscheint gegenüber einer realeren Ebene von Kräften. Aber diese elektrischen und magnetischen Kräfte, wie auch weitere, von der modernen Physik postulierte Wechselwirkungskräfte, unterstehen unabänderlichen Gesetzmäßigkeiten. Es wäre Widersinn, diese dem Reich des Leblosen und Absterbenden zugehörigen Kräfte als die führenden der Welt-Evolution verstehen zu wollen. Es ist dem Menschen überlassen, diese seinem analytischen und kombinierenden Verstande adäquaten Gesetzmäßigkeiten zu seinen praktischen Zwecken auszunützen; aber auch, im Blick auf deren philiströsen und das Seelenleben eher aushöhlenden Charakter, Wege zu höherführender Menschen- und Welterkenntnis zu suchen.

Benützte und weiterführende Literatur

1 *Bauer, Hermann:* Vom Wesen der Elektrizität. In: Erziehungskunst, Jahrg. 47, 12. S. 738-742.

2 *Bockemühl, Jochen:* Elemente und Aether – Betrachtungsweisen der Welt. In: Erscheinungsformen des Aetherischen. Verlag Freies Geistesleben, Stuttgart, 2. Aufl. 1985.

3 *Cantz, Rudolf:* Vom Ausgangspunkt der Elektrizitätlehre. In: Elemente der Naturwissenschaft 11, Jahrg. 1969. S. 8-11.

4 *Cantz, Rudolf:* Der Mensch inmitten der heutigen Elektrokultur. In: Das Goetheanum 49. Jahrg. 6, 1970, S. 41-43.

5 *Cantz, Rudolf:* Das Anschlußkabel. In: Elemente der Naturwissenschaft 14, 1971, S. 31-36.

6 *Cantz, Rudolf:* Im Zeitalter der Elektronik. In: Das Goetheanum 56. Jahrg. 49, 1977, S. 389-391.

7 *Cantz, Rudolf:* Zur Sinnes- und Bewußtseinsproblematik elektromechanisch wiedergegebener Klänge. In: Elemente der Naturwissenschaft 35, 1981, S. 1-14.

8 Fachkunde Elektrotechnik. 8. Aufl. Verlag Europa-Lehrmittel Wuppertal-Barmen 1970.

9 *Fellbaum, Günther / Loos, Wolfgang:* Phonotechnik ohne Ballast. Franzis Verlag München 1978.

10 *Fraunberger, Fritz:* Elektrizität im Barock. 2. Aufl. Aulis Verlag Deubner u. Co., Köln.

11 *Fraunberger, Fritz:* Vom Frosch zum Dynamo. Aulis Verlag Deubner u. Co., Köln.

12 *Genrich, Volker:* Elektromagnetischer Smog. In: Funkschau 1984, H.5. S. 39-41.

13 *Gergely, Stefan M.:* Mikro-Elektronik. R. Piper u. Co. Verlag München-Zürich 1983.

14 *Gitt, Werner:* Ordnung und Information in Technik und Natur. In: Bericht ATWD – 18 der Physikalisch-Technischen Bundesanstalt Braunschweig Okt. 1981. S. 165-204.

15 *Goethe, J. Wolfgang:* Sprüche in Prosa 165 und 377. Taschenbuch Verlag Freies Geistesleben Stuttgart 1967.

16 *Graetz, Leo:* Die Elektrizität und ihre Anwendungen. 19. Aufl. Verlag J. Engelhorns Nachf. Stuttgart 1919.

17 *Hamann, Carl H. / Vielstich, Wolf:* Elektrochemie I. Verlag Chemie Weinheim 1975.

18 *Hamann, Carl H. / Vielstich, Wolf:* Elektrochemie II. Verlag Chemie Weinheim 1981.

19 *Jecklin, Jürg:* Musikaufnahmen. Franzis Verlag München 1980.

20 *König, Herbert L.:* Unsichtbare Umwelt. Der Mensch im Spielfeld elektromagnetischer Kräfte. Eigenverlag Herbert L. König München. 2. Aufl. 1977.

21 *Kowalski, Emil:* Die Magie der Drucktaste. Econ Verlag Wien/Düsseldorf 1975.

22 *Lindenberg, Christoph:* Die Abschaffung der Argumente und Ideen. In: Die Drei. Zeitschrift für Wissenschaft, Kunst und soziales Leben. H. 12., 1984.

23 *Maier, Alfred:* Über Feldkräfte. In: Mathemat.-Physikal. Korrespondenz 43, Dornach 1963.

24 *Maier, Georg:* Vom Erscheinungszusammenhang des Weltbildes am Licht. In: Erscheinungsformen des Aetherischen, 2. Aufl.,Verlag Freies Geistesleben Stuttgart, 2. Aufl. 1985.

25 *Meinke, Hans Heinrich / Gundlach, Friedrich Wilhelm:* Taschenbuch der Hochfrequenztechnik, 3. Aufl. Springer Verlag Berlin-Heidelberg-New York 1968.

26 Müller-Pouillets Lehrbuch der Physik, Bd. 4. Verlag Vieweg & Sohn Braunschweig 1914.

27 *Newton, Isaak:* Mathematical Principles of Natural Philosophy and his System of the World (1679), App. p. 633, 637, 674, 675. Berkeley University, California Press 1947.

28 *Nührmann, Dieter:* Das große Werkbuch Elektronik. Franzis Verlag München 1984.

29 Philips Lehrbriefe Elektrotechnik und Elektronik Bd. 1, 9. Aufl. 1979 und Bd. 2, 6. Aufl. 1976. Philips GmbH Hamburg.

30 *Pitsch, Helmut:* Lehrbuch der Funkempfangstechnik, 3. Aufl. Akad. Verlagsges. Geest & Portig KG, Leipzig 1964.

31 *Postman, Neil:* Rede am Vorabend der 36. Frankfurter Buchmesse 1984. Besprochen von Christoph Lindenberg, s. oben (22)!

32 *Senn, P.:* Telefon-Apparate. 7. Aufl. Verband Schweizer Elektro-Installationsfirmen Zürich 1975.

33 *Steiner, Rudolf:* Goethes Naturwissensch. Schriften. Kap.: Goethes Weltanschauung in seinen Sprüchen in Prosa. Bibl. Nr. 1 («1») Rudolf Steiner Verlag Dornach 1973.

34 *Steiner, Rudolf:* Grundlinien einer Erkenntnistheorie der Goetheschen Weltanschauung. 7. Aufl. «2» Dornach 1979.

35 *Steiner, Rudolf:* Wahrheit und Wissenschaft. 5. Aufl. «3» 1980.

36 *Steiner, Rudolf:* Die Philosophie der Freiheit. 14. Aufl. «4» 1978.

37 *Steiner, Rudolf:* Theosophie. Einführung in die übersinnliche Welterkenntnis und Menschenbestimmung. 30. Aufl. «9» 1978.

38 *Steiner, Rudolf:* Wie erlangt man Erkenntnisse der höheren Welten? 22. Aufl. «10» 1975.

39 *Steiner, Rudolf:* Die Stufen der höheren Erkenntnis. 6. Aufl. 1977. «12» 1979.

40 *Steiner, Rudolf:* Die Geheimwissenschaft im Umriß. 26. Aufl. «13» 1977.

41 *Steiner, Rudolf:* Anthroposophische Leitsätze. Kap.: Menschheitszukunft und Michael-Tätigkeit. 8. Aufl. «26» 1982.

42 *Steiner, Rudolf:* a.a.O. Kap.: Von der Natur zur Unternatur.

43 *Steiner, Rudolf:* Die Welt der Sinne und die Welt des Geistes. 1. und 2. Vortrag. «134» 1979.

44 *Steiner, Rudolf:* Individuelle Geistwesen und ihr Wirken in der Seele des Menschen. Vortrag v. 16.11.1917. 3. Aufl. «178» 1980.

45 *Steiner, Rudolf:* Lebendiges Naturerkennen. Intellektueller Sündenfall und spirituelle Sündenerhebung. 12. Vortrag «220» 1982.

46 *Steiner, Rudolf:* Allgemeine Menschenkunde als Grundlage der Pädagogik. 8. Vortrag. «293» 8. Aufl. 1980.

47 *Steiner, Rudolf:* Geisteswissenschaftl. Gesichtspunkte zur Therapie. 3. Vortrag. 3. Aufl. «313».

48 *Steiner, Rudolf:*Geisteswissensch. Impulse zur Entwicklung der Physik. I. 6., 9. u. 10. Vortrag. «320» 1964.

49 *Steiner, Rudolf:* Geisteswissensch. Impulse zur Entwicklung der Physik II. 14. Vortrag «321» 1972.

50 *Steiner, Rudolf:* Grenzen der Naturerkenntnis. 5. Aufl. «322» 1981.

51 *Steiner, Rudolf:* Der Entstehungsmoment der Naturwissenschaft in der Weltgeschichte und ihre seitherige Entwicklung. 3. Aufl. «326» 1977.

52 *Steiner, Rudolf:* Geisteswissensch. Grundlagen zum Gedeihen der Landwirtschaft. Vortrag v. 16.6.1924, Fragebeantwortung. 6. Aufl. «327» 1979.

53 *Tietze, Ulrich / Schenk, Christoph:* Halbleiter-Schaltungstechnik. Springer Verlag Berlin-Heidelberg-New York 1969.

54 *Unger, Georg:* Vom Bilden physikalischer Begriffe II. Verlag Freies Geistesleben Stuttgart 1961.

55 *Webers, Johannes:* Handbuch der Film- und Video-Technik. Franzis Verlag München 1983.

56 *Wüstehube, J.:* Feldeffekt-Transistoren. Valvo GmbH. Hamburg 1. 1968.

57 *Pogacnik, Miha:* Über Schallplatten. In: Interview durch Harvith. Deutsche Übersetzung von Alice Pracht. In: Nachrichtenblatt/Beilage von «Das Goetheanum», 62. Jahrg. (1983) Nr. 43.

58 *Dix, Günther:* Das Videobuch von Philips. Philips GmbH. Hamburg 1984.

59 *Cantz, Rudolf:*Kerze, Tram und Blitz. In: Elemente der Naturwissenschaft 42, 1985, S. 41–47.

Bemerkung: Heute allgemein gebräuchliche Physik-Lehr- und Schulbücher sind nicht mit aufgeführt.

5.3   *Graetz, L.:* Die Elektrizität und ihre Anwendungen, 19. Auf., S. 458. J. Engelhorns Nachf. Stuttgart 1919.

5.4   ebenda

5.7   ebenda S. 425

5.8   ebenda S. 441

5.9   ebenda S. 440

14.1   Philips Lehrbriefe Elektrotechnik und Elektronik 1, 9. Aufl, S. 242. Philips GmbH Hamburg 1979.

17.3   *Graetz, L.:* Die Elektrizität...(s. oben) S. 575

17.4   ebenda S. 575

18.1   ebenda S. 677

18.2   ebenda S. 679

18.4   ebenda S. 705

19.9   *Wüstenhube J.:* Feldeffekt-Transistoren, S. 25 Valvo GmbH Hamburg 1968.

19.10   ebenda

20.2   Der Große Brockhaus, Band 3, S. 99. Leipzig 1929.

24.1   Der Große Brockhaus, Band 17, S. 736 (Tafel). Leipzig 1934.

26.2   *Dix, Günter:* Das Videobuch von Philips. S. 93. Philips GmbH. Hamburg 1984.

26.3   ebenda S. 94

26.4   ebenda S. 90

26.6   Philips Lehrbriefe Elektrotechnik und Elektronik 1. 9. Aufl., S. 284. Philips GmbH. Hamburg 1979.

26.7   ebenda S. 289.

26.8   ebenda S. 289.

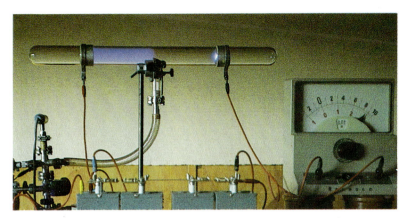

Bild 3.5: Röhre an Hochspannungs-Gleichrichter mit maximal 12 000 Volt. Rechts Strommesser (8 Milliampere). Luftdruck 4 Millibar.

Bild 3.6: Anordnung wie in Bild 3.5, jedoch Luftdruck einige Zehntel Millibar. (Farbige Abb. siehe Seite 317)

Bild 3.7: Anordnung wie in Bild 3.5, jedoch Luftdruck etwa 0,1 Millibar. Grüne Glasfluoreszenz, rechts Kanalstrahlen.

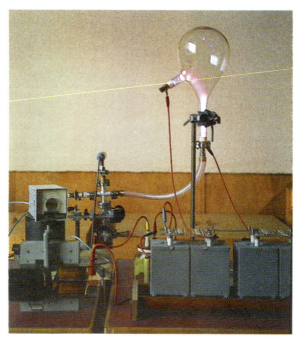

Bild 3.8: Entsprechende Anordnung wie in Bild 3.5, jedoch mit weiter Glasröhre. Anode links, Kathode ganz unten. Luftdruck einige Zehntel Millibar.

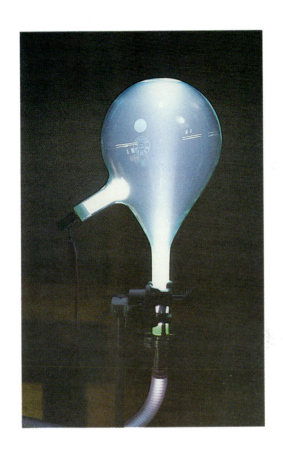

Bild 13.1: Teslatransformator mit Funken-Übergang.
Unten: Aluminiumchassis auf Isoliersäulen. Mitte: Primärwindungen mit weitem Durch-
messer. Innerhalb derselben Sekundärwicklung auf langem Isolierrohr mit oberem
Abschluß durch Metallkugel. Rechts Funkenstrecke.

Bild 13.4: Teslatransformator mit Sprüherscheinung an der Spitze.

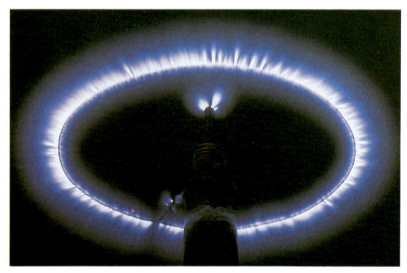

Bild 13.5: Corona-Plasma um Drahtring oben am Teslatransformator. (Erscheint im Foto heller als in Wirklichkeit)-

322

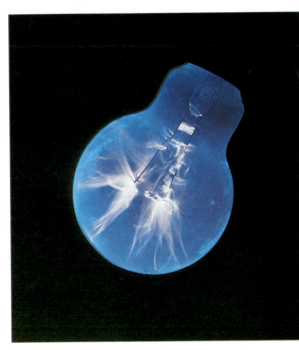

Bild 13.6: Sprüherscheinung in Glühlampe älterer Bauart mit Stickstoff-Atmosphäre. Teslatransformator nur schwach eingestellt.

Bild 13.7:
Glaskugel («Tesla-Kugel», NEVA Geräte für Physik), evakuiert und mit Inhalt von Neon-Gas mit dem geringen Druck von 4 Millibar versehen, konzentrisch von einer Tesla-Primärspule mit 3 Windungen umgeben.
Im Gasraum bildet sich ein sekundärer Plasmastrom in Form eines in sich geschlossenen Ringwulstes aus.

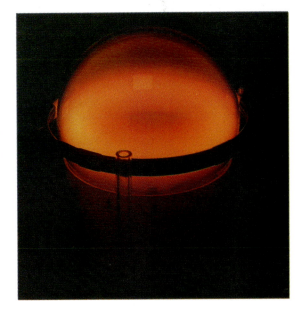

Sachwortverzeichnis

332

342

344